U0193314

·经典珍藏本·

爱因斯坦的圣经

[美]萨缪尔 / 著

李 斯 马永波 / 译

海南出版社
·海口·

版权合同登记号： 图字： 30-2023-088 号

图书在版编目（CIP）数据

爱因斯坦的圣经 /（美）萨缪尔 (Samuel) 著；李
斯，马永波译 . -- 海口：海南出版社，2024.4

书名原文：The Bible According to Einstein

ISBN 978-7-5730-1507-5

Ⅰ . ①爱… Ⅱ . ①萨… ②李… ③马… Ⅲ . ①自然科
学 - 普及读物 Ⅳ . ① N49

中国版本图书馆 CIP 数据核字 (2024) 第 009072 号

爱因斯坦的圣经
AIYINSITAN DE SHENGJING

作　　者：　［美］萨缪尔
译　　者：　李　斯　马永波
责任编辑：　周　毅
策划编辑：　李继勇
封面设计：　海　凝
责任印制：　杨　程
印刷装订：　涿州市荣升新创印刷有限公司
读者服务：　唐雪飞
出版发行：　海南出版社
总社地址：　海口市金盘开发区建设三横路 2 号
邮　　编：　570216
北京地址：　北京市朝阳区黄厂路 3 号院 7 号楼 101 室
电　　话：　0898-66812392　010-87336670
电子邮箱：　hnbook@263.net
经　　销：　全国新华书店
版　　次：　2024 年 4 月第 1 版
印　　次：　2024 年 4 月第 1 次印刷
开　　本：　787 mm×1 092 mm　1/16
印　　张：　31.75
字　　数：　367 千
书　　号：　ISBN 978-7-5730-1507-5
定　　价：　88.00 元

对读者的重要建议

　　阅读《爱因斯坦的圣经》的方式取决于一个人的背景与目的，正如大多数人不会从头至尾地阅读《圣经》一样，读者也不必按图书的编排次序阅读《爱因斯坦的圣经》，可以按任意次序阅读各书。更明确一些讲，读者可集中阅读其所感兴趣的那些主题。与《圣经》一样，《爱因斯坦的圣经》的每一书都可分开阅读，当然，在不同部分之间亦有关联存在，这些关联为《爱因斯坦的圣经》赋予了某种力量。然而，我们郑重建议没有科学背景的读者不要从"创世记之第一书：普朗克时代"开始。创世的最初时刻对今天的人来说是非常陌生的——作为最遥远的过去的"开端"，如果没有"新约"中的知识，那也许是最不易理解的。非科学专业的读者应从"新约之第一书：大地有人"开始。这样的读者可进行到"新约之科学十诫"，越过电磁理论史、基本粒子和现代科学，以后再回头读它们，然后可以阅读"物理学之书"中的若干部分。这时，有许多可行的选择：对生命好奇的读者可跳到"地球演化之书"，浏览关于进化的章节——"地球演化之第三书：太古代之二""地球演化三部曲之第一卷：古生代""地球演化三部曲之第二卷：中生代"及"地球演化三部曲之第三卷：新生代"。想了解地理学、地球与行星的读者可跳到"太阳系之书",然后浏览《旧约》中有关地球演化的章节。希望了解未来的读者可翻阅"新约之最后一书:先知书"。最后,渴望了解一切是如何开始的,也就是宇宙的诞生的读者,可以阅读对宇宙最初三分钟的描述,它们包含在"创世记之第一书:普朗克时代"及"创世记之第二书:大爆炸"之中。科学专家可能需要从"创世记之第一书:普朗克时代"开始,一直读到"创世记之第五书:星系诞生",从此处可跳至他最感兴趣的主题。所有读者都应阅读"新约之最后二书:最后一诫"——这也是你的诫命。

你们看见光的将了解光。

你们了解光的将理解光。

新约之科学十诫

你应谨守我的诫命。

① 你只可信仰一个且唯一的自然之律，宇宙之律。甚至在它们处于支离状态下，你也应遵守它的原理。

② 你应服从引力，因为你应在时空的自然构造中沿着一定的曲率移动。此种弯曲运动将构成引力。

③ 你应服从电磁力。如果你是一个电荷，你将被与自己相同的电荷所排斥，被与你相反的电荷所吸引。磁力将是电力与电荷运动的结果。

④ 你既不能摧毁也不能创造电荷。

⑤ 你应服从弱力和强力，它们统治核世界和亚核世界。

⑥ 你不可偷窃能量、动量或角动量，所以你应使它们守恒。能量既不能产生也不能消失，只能从一种形式转变成另一种形式。动量在三个空间方向的任一方向上都既不能产生也不能消失，只能单纯地在你、你的同行和你的邻居中间变换。角动量，是物体的旋转和亚原子微粒的转动，它既不能产生也不能消失，只能在你、你的同行和你的邻居中间传递。

⑦ 你不能以超光速旅行。无论你是在运动还是在静止，光速都是不变的。

⑧ 你可将物质变成能量，能量变成物质。所以你可将能量看作物质，将物质看作能量。静止不动的物质的能量等于其质量乘以光速的平方。

⑨ 你应服从量子力学的原理。你不会知道微观状态是粒子还是波，因为微观状态有时像粒子有时像波。这样的状态将由量子波等式来测定。你不会同时无限精确地知道物体的位置和动量，所以你将凭不确定性和或然性前行。

⑩ 如果你是半整数自旋，你就是费米子，服从泡利不相容原理，你不会占据你兄弟的状态。如果你是整数自旋，你就是玻色子，你将与你的同行形成完美的对称。

这知识的十诫，

将是文化与科学的财富。

科学的黄金律，

将服从宇宙的规律，

它将包含十诫，

及其自身。

目 录

前言

新 约

新约之第一书：大地有人 —— 002

■ **列王记**

列王记之前言 —— 021

列王记之第一书：佛陀 —— 022

列王记之第二书：福音书之福音 —— 039

列王记之第三书：灾祸 —— 067

列王记之第四书：牛顿 —— 081

列王记之第五书：达尔文 —— 085

列王记之第六书：爱因斯坦 —— 101

新约之科学十诫 —— 111

■ **物理学之书**

物理学之第一书：物质 —— 113

物理学之第二书：力 —— 120

物理学之第三书：经典物理学 —— 122

物理学之第四书：热力学 —— 135

物理学之第五书：狭义相对论 —— 145

物理学之第六书：广义相对论及引力 —— 151

物理学之第七书：量子力学 —— 158

物理学之第八书：亚核物理学 —— 166

物理学之第九书：核物理学 —— 171

物理学之第十书：原子物理学 —— 178

■ **新约之化学书** —— 180

■ **新约之生物学书** —— 185

■ **宇宙学之书**

宇宙学之第一书：神话 —— 198

宇宙学之第二书：太阳 —— 199

宇宙学之第三书：地球 —— 206

宇宙学之第四书：月球 —— 218

宇宙学之第五书：彗星 —— 221

宇宙学之第六书：流星 —— 226

■ **新约之最后二书**

《新约》之最后一书：先知书 —— 228

《新约》之最后二书：最后一诫 —— 237

旧 约

■ 创世记

创世记之第一书：普朗克时代 —— 248

创世记之第二书：大爆炸 —— 249

创世记之第三书：类星体 —— 250

创世记之第四书：恒星诞生 —— 257

创世记之第五书：星系诞生 —— 261

创世记之第六书：螺旋星云 —— 265

创世记之第七书：核起源 —— 268

创世记之第八书：地球诞生 —— 278

创世记之第九书：初生地球 —— 285

■ 地球演化之书

地球演化之第一书：太古代之一 —— 294

地球演化之第二书：生源论 —— 303

地球演化之第三书：太古代之二 —— 317

地球演化之第四书：原生代 —— 325

地球演化三部曲之第一卷：古生代 —— 358

古生代之第一书：寒武纪 —— 360

古生代之第二书：奥陶纪 —— 374

古生代之第三书：志留纪 —— 379

古生代之第四书：泥盆纪 —— 384

古生代之第五书：石炭纪 —— 391

古生代之第六书：二叠纪 —— 397

地球演化三部曲之第二卷：中生代 —— 402

中生代之第一书：三叠纪 —— 403

中生代之第二书：侏罗纪 —— 409

中生代之第三书：白垩纪 —— 416

地球演化三部曲之第三卷：新生代 —— 436

新生代之第一书：古新世 —— 441

新生代之第二书：始新世 —— 446

新生代之第三书：渐新世 —— 456

新生代之第四书：中新世 —— 460

新生代之第五书：上新世 —— 468

新生代之第六书：更新世 —— 472

前　言

　　《圣经》是有史以来出现的最伟大的典籍之一。它是基督教和犹太教的基础和教义的总成。它出现于几千年前，至今仍有大量的人在阅读。

　　在欧洲的一所画廊中，有一幅中世纪的绘画，画中一个胡须浓密的老人正在光线暗淡的屋中坐在桌前读书。一支蜡烛照亮了书及阅读者的脸和桌上的一小块地方。老人透过眼镜凝视着书页，这本书就是《圣经》。

　　从古至今，有多少像画中老人这般虔诚的男男女女，为了寻求道德真理而反复研读《圣经》。在漫长的岁月中，《圣经》一直是无数人心中一股强大的支配力量。它代表了上帝之言。对于有些人，它讲述的是何为正确何为错误的道理。例如，在十诫中列举了最基本的道德准则：

　　（1）除了我，你不可有别的神。

　　（2）不可为自己雕刻偶像，也不可做什么形象，仿佛上天、下地和地底下、水中的百物。

　　（3）不可妄称耶和华神的名。

　　（4）当纪念安息日，守为圣日。六日要劳碌做你一切的工，但第七日是向耶和华神当守的安息日。

（5）当孝敬父母。

（6）不可杀人。

（7）不可奸淫。

（8）不可偷盗。

（9）不可做假见证陷害人。

（10）不可贪恋人的房屋，不可贪恋人的妻子、仆婢、牛驴，并其他所有的。

这些戒条和《圣经》中的其他说法组成了西方社会道德基础的大部分。这些道德真理被注入现代民主社会的律法之中。今天我们生活的世界是任何人都不应偷窃、撒谎或杀人的世界。人们必须孝敬父母，尊重同伴。人们相信这样的道德训导是民主得以运转和实行的前提。

对有些人来说，道德真理依循的是一条基本的为人准则："无论何事，你愿意人怎样待你，你也要怎样待人。"这个准则也许是所有道德教条中最伟大的一条。

所以，今天的道德准则最终与《圣经》最初出现时的道德戒律统一起来。其他的宗教经典，如《可兰经》《吠陀》和《奥义书》，也包含有近似的道德原则。可以这样说，基本的道德真理在几千年前已经被人发现并记录在宗教典籍中。这些真理今天仍然有效。三千年前正确和错误的东西，今天也近乎如此。道德真理缺乏进化是令人吃惊的。在此期间，几乎所有其他的人类生活领域都已发生了变化。这或许暗示着道德真理是普遍和绝对的。既然人们已经了解了道德与品行的准则，现代社会所面临的主要问题便是对其做出补充和完善。

我们生活在浩瀚宇宙中一颗小小的行星上，人类在地球上的存在就像太平洋中一片浮叶上的蚂蚁。蚂蚁会组成群体，会疯狂地到处乱爬寻找食物，为了生存会与外来昆虫战斗，但如果叶子沉没了，这对太平洋的影响是微不足道的。地球上发生的一切对于宇宙和别处无数天体的影响是非常微弱的。然而，在我们的小世界中，有一种普遍存在的归宿和道德感。

如果在宇宙的其他地方有和人一样的智慧生命存在，他们会遵循与我们相似的法律和规范吗？也许答案是肯定的。对上述道德戒条的破坏将产生社会动荡，并导致某种文明形态毁灭。一个拥有一座大型核兵工厂的希特勒式领袖，只须轻轻按一下按钮便可以毁灭全人类。如果人们不服从道德真理和其他生存法则，人类将遭受巨大苦难，甚至灭绝。人们普遍服从道德真理是因为它们提供了一种更为稳定的生活方式。简言之，道德法则不是必须服从的，但这样做对我们是最有利的。

与几千年前发现并一直基本保持不变的道德准则不同，物理学定律处于不断发现与提炼之中。这些法则决定着自然的运动。一个球遵从牛顿的万有引力定律落向地面，这条定律精确地描述了球是如何坠向地球表面的。牛顿于 17 世纪发现了这条定律。在某些情况下，人们提出的物理学定律在后人看来是错误的。例如，从前人们相信太阳和行星是围绕地球转动的。16 世纪，哥白尼在对行星的轨道进行分析之后，创立了"日心说"，认为包括地球在内的行星都绕着太阳旋转。然而，直到 17 世纪，"日心说"才被广泛接受。当然，在浩瀚无际的宇宙中，太阳沿银河系中的一条轨道运行，银河系又在它所处的星云中朝着其他的星系运动，由于宇宙膨胀，我们所在的星云又朝着背离其他星云的方向运动。所以我们的运动远比围绕太阳的旋转要复杂得多，因为太阳也在运动。在浩瀚的宇宙中，地球只是被巨浪颠簸着的一片小小的叶子。

我们在宇宙中所担当的卑微角色以及我们有限的体能与智力，使我们难以发现所有科学规律。我们也许只在有限的范围以有限的方式理解了自然。我们发现了许多物理规律，但我们不知道还有多少未知规律存在，也许我们仅仅发现了自然规律的极小一部分。如果确实如此，那么科学领域还会有大量的工作要去做。

总的说来，科学规律与宗教准则之间的区别是这样的：物理规律是不断被发现和修正的，道德准则则在数千年前即已决定且变化甚小；物理规律必须被服从，道德准则却经常被个人、组织和政府所打破；履行道德戒律是社会的主要目的，发现自然的基本规律则是科学的责任。

在最近几千年中人们有了许多科学发现，宗教对有些物理规律的描述业已过时。这刚好与《圣经》对道德、历史与文学的影响相反，这些影响已经随时间而传承下来。《爱因斯坦的圣经》一书的目的在于，以近似《圣经》的风格与形式来表述现今人们对自然规律的最佳理解。毋庸置疑，《爱因斯坦的圣经》在若干年后也需要修订。然而，我们希望此书能成为人们理解自然规律的一把钥匙，该书的体例试图模仿在 20 世纪书写《圣经》所应采取的方式。对大爆炸后一百亿分之一秒的宇宙的描述是根据现代物理理论所做的猜想。本书其他方面的某些内容，如生命起源，也包含了有根据的猜想。但是，书的内容是建立在已确立的科学思想之上的，虽然它的写法并不是科学家式的。尤其是，大部分原本是为高声朗诵而写的。

读者应意识到在《爱因斯坦的圣经》中使用并融入了诗歌、散文等文学风格，把如此迥异的表达结构与模式结合起来是不常见的。它像岩石。沉积岩是松脆而稀少的，只在地球表面可以发现。在各个地层中，沉积岩包含了浓缩的地理信息，它丰富多样且异常美丽，在某种感觉上像诗歌一样。与沉积岩相对而言，火成岩则坚硬且无所不在，它构成了地幔。火成岩数量虽多，却很难从中提取信息，它几乎是一成不变的，在感觉上近乎散文。在《爱因斯坦的圣经》中，诗歌与散文是混在一起的，格律、韵脚和推理也是互相融合的。此处上演了某种变形魔术，最美丽的岩石也许是变质岩，它由沉积岩和火成岩组成。

宗教与科学是无法混合的，它们就像油和醋。但是如果油和醋加以充分搅拌并添加合适的调味品，那么某种既不太酸也不太油腻的东西便会产生。这种可口的调制品是可以想象的。

黑色是美的，白色也是美的，灰色是单调的，但是黑白图案也许是最美的。它们组成了印刷文本，如此，人的想象便不会模糊。

虽然通常认为科学与宗教迥异，但事实上，它们有着某些共同之处，至少在某种程度上，两者都企图解释自然现象。《圣经》之《创世记》第一章描述了世界之伊始，现代宇宙论也提出了一幅称为"大爆炸"的创世图景。虽然《圣经》关注的是道德问题，但有些部分涉及的却是自然规律。虽然科学主要涉及自然规律，有时它也会引发道德问题。科学与宗教均试图描述宇宙的终极命运。依据《圣经》，世界终结于最后审判日。依据现代宇宙论，宇宙有三种可能的命运：（Ⅰ）继续无休止地膨胀；（Ⅱ）终止膨胀，转而缩小、崩溃并经历与大爆炸相反的大收缩；（Ⅲ）它也可能选择前两者之间的一条道路，以越来越低的速度膨胀，最后终止膨胀。

科学与宗教都有一组信条，宗教信条是诸如十诫这样的道德准则，科学信条则是物理规则。科学与宗教都寻求真理，宗教寻求的是道德真理，而科学则寻求自然真理。科学家们经常以为他们理解了一条独特的自然规律，后来却发现它是错的或者是不精确的，或者只在一个特定条件下才是有效的。人们有时会误解道德真理，随着时间的推移，人们似乎会获得对道德真理更确切的理解。

古时候人们建造了巴别塔，试图以此来接近天堂和上帝；科学家们制造了显微镜和望远镜来观察近处和远处，制造了高能粒子加速器和充满复杂设备的宇宙飞船，进一步探索微观与宏观世界。科学家的要求与神职人员的要求并非十分不同，前者探索自然规律，后者探索宗教与道德教义。两者都企图更好地理解已知的一切并发现未知，去见前人所未见，去理解似乎不可理解的事物，去给似乎无意义的赋予意义——这些便是宗教与科学的目标。

宗教经常涉及寻求得救的种种努力。在许多宗教中，得救是经由在尘世上追求一种美好生活来达到的，最终的得救是进入天堂。科学则是由更好地理解自然的需求所驱动，这样的理解通常会带来巨大的技术成果和实际利益。这也许不是它的本意，但科学给人类带来了巨大好处。也许某一天科学会将人类从灭绝的边缘拯救出来。某一天，一块巨大的陨石会撞击地球，如果在那时人类依然存在，撞击也许会毁灭人类，在这样一种情形下，有可能采取预防措施来拯救全部或部分人类。再举一例，一种致命病毒，可能会传染给所有个体，由此使人类濒于灭绝。那时，找到一种治疗方法便是生物学家和医学家们的最高使命。最后，在遥远的未来，太阳将爆炸，吞没地球并摧毁所有生命。从这种命运中唯一可能获救的方法就是逃到附近的星系中去。

与发现神与神谕相对应的是科学发明。宗教中的启示经常是通过精神经历、历史事件、宗教学习或神秘体验而发生的。科学发现则经常是通过实验或者基于美学或数学原理来实现的。有时，发现也是偶然的。在许多情况下，发现的过程几乎显得十分神秘。

在宗教与科学中都会发生顿悟，当一个人第一次突然理解了一项新的教义，那将是一个奇异与兴奋的时刻，会有一种欢欣鼓舞的感觉。当一个科学家做出一项发明时，也会同样激动。

科学与宗教都会做出预言，《圣经》包含有灾祸降临和许多其他事件的预言，比如《旧约》预言救世主的出现，科学则企图预言物质在未来的运动，如球体、火车、飞机、波、行星、导弹、分子和电子。人们通过自然规律做出这些预言，当一个新规律被发现时，预言会显得很神秘。最初量子力学和相对论的预言就被普通人看得很神秘，随着时间的推移人们才能熟悉这样的新现象并自然地接受它们。

也许很少有人会认识到，科学对信仰所起的作用相当之大。最简单的例子发生在中学和大学，学生们阅读课本，被告知科学真理及结论。学生们通常接受他们所读所听的一切，这与是否做过使其信服的实验无关。科学研究也类似，个人做实验，推理计算并在杂志上发表结论，其他科学家只须阅读杂志，通常不做进一步证实便接受他们所读的东西。有时一个或几个小组会做一项验证实验，甚至在这样的情形下，科学界的大多数人也不会做任何明确研究便接受前人的结论。科学家们基于信赖接受他人的工作与结论，他们彼此信任。

　　关于最初的宇宙及其形体小于一百亿分之一米的物理特性的猜想，依据是包含所有自然规律的普遍规律。"普遍规律"这一术语不是物理学家们所使用的，然而，这一概念存在于"超弦理论"及"万有理论"之中。对物理学家而言，普遍规律也许是《圣经》中"黄金规则"的对应物。

　　与宗教一样，科学也有它自己的"牧师"，这便是普通的科学家和解释知识的教师。在科学课上学生们被告知要相信什么，而大多数学生会相信他们被告知的一切。和宗教一样，科学也有自己的圣徒，那便是做出巨大科学贡献的伟大人物。诺贝尔奖获得者经常受到科学信徒的"崇敬"。这些著名的科学家及其成就被载入史册。牛顿、爱因斯坦、达尔文和其他一些伟大的科学家，他们的名字已被刻在纪念碑上以供后人仰慕。

　　科学因其有用而存在，在中世纪，炼丹术和化学无甚区别。不成功的炼丹术作为一门科学而消失，而成功的化学却流传了下来。宗教的存在是因为它给生前和死后都赋予了意义，它提供道德准则指导人们的日常生活，是人们的精神支柱，甚至那些不相信宗教的人必须承认宗教对人的心理有益。

　　科学有用是因为自然似乎是依循一组普遍规律运行的。当一名科学家完成了一项实验，证实了预期的结果，他会因看到自然服从规律而满足。技术装置有用是因为它们背后的科学在起作用，也是因为自然确实遵从自然法则。

今日的科学在我们生活中已如此普及，以至我们习以为常地接受它的成就。我们经常忘记甚至像灯泡这么简单的东西是科学的产物。没有电视、汽车或计算机，我们许多人便不能生活。现代医药已戏剧性地改善了我们的生活质量。科学充满了今日的世界，这与宗教在中世纪及中世纪以前的情形非常相似。

由于科学与宗教之间的这些相似性，也许可以将科学视为一种宗教。对某些人来讲，科学可作为理解自然和决定行为的框架，科学可在我们的生活中充当助手。

作为科学如何处理问题的例子，看看科学是如何看待"死后生命"的。依照物理学、化学和生物学，一旦个体死亡，生物过程即开始终结，腐烂开始出现。最后尸体会解体，其分子将发散。在这样一种状态下，这个人并不是活的，不存在任何"死后生命"。对于死者，只有虚无：没有思想，没有意识，没有恐惧，没有悲伤，只是纯粹的虚无。然而，却有一种"死后存在"。一个人仍作为一具腐烂的尸体而"存在"。尸体可能成为其他生命形式（如细菌）的寄主，它甚至会成为动物的食物或植物的肥料。最后，一个人不是作为统一体而是作为分子和原子发散到宇宙中而存在的，这就是科学对死后生命的解释。

在科学中，是什么在扮演上帝的角色？是自然，自然是万物存在的一种抽象形态，自然无处不在，自然通过时间和偶然创造了生命，自然的领土是宇宙，它是全部。如果把"上帝"一词替换成"自然"，那么《圣经》之《创世记》第一章便多少有了些科学意义。以类似的方法，读者会发现，用"上帝"替换"自然"，把"自然的"替换成"神圣的"，《爱因斯坦的圣经》的某些部分也会获得宗教意义。

与《圣经》一样,《爱因斯坦的圣经》分为两部分:《旧约》与《新约》。《旧约》是历史,它讨论宇宙的创造、星系及太阳系的出现,讲述地球的进化与生命的发展。一些章节被完整包括进来,因为其目的在于讲述自始至终的整个历史。虽然《新约》涉及某些近期历史,但它主要关注的是人和人的科学知识,它陈述了物理学定律、化学规则以及生物学的基本原理。它以现在科学家们的理解,编入了关于世界的信息,披露了物质的基本构成。

出于完整的考虑,《爱因斯坦的圣经》在两处列举了事实。这与《圣经·民数记》并无太大区别。《民数记》中列举了以色列之子的名单。读者只须大致浏览,除非有特殊的需要。

在《爱因斯坦的圣经》中,隐喻有时代替了复杂的物理学概念。这种形式可能会招致异议。然而,一种可理解的隐喻,也许胜过常人不可理解的精确科学术语。

在叙述宇宙历史时,我们面临的问题是如何描述现在并不存在的事物。其中有一些类似今日的事物。在这种语境中,我们用"原"这个前缀来表明"在此之前存在并演变成此"。下面是若干例子。原恒星是一种紧密浓缩的气体,其核燃料将在几百万年后燃烧而产生光线。原恒星产生光线后,变成了恒星。原非洲是几亿年前存在的大陆并最终变成非洲。原人类是猿人或者猴子。原则上,前缀"原"几乎可加在任何名词之前。

《爱因斯坦的圣经》通常使用物种的名称来指代个体成员而不是动物种类。"人"几乎总是指人类而非纯粹指男性个体。

《爱因斯坦的圣经》应反复阅读:读得越多,发现也越多。《新约》中的知识为《旧约》的《创世记》提供了理解基础。《爱因斯坦的圣经》是读者了解广泛的科学领域的一个绝好机会。研读此书的读者将获益良多。

《旧约》和《新约》是互相关联的。理解过去有助于更好地理解现在,同样，理解现在也有助于更好地理解过去。事实上，地理演变的历史主要是从对今天发现的遗物与化石的研究中推断出来的。举另外一个例子，对宇宙的观察是现代科学家利用现在的理论与实验来实现的。20 世纪所获得的物理学知识使人们更好地理解了大爆炸之后所发生的种种事件。

对自然历史的再现类似罪案的调查，证据是可以获得的，必须一丝不苟地搜集和检验，从证据可以引出结论。在这里，警官、侦探、验尸官和检察官被称为地理学家、古生物学家、考古学家和宇宙学家。例如，在考察地球与生命进化时，证据位于沉积岩中，化石就像指纹，远古动物的脚印，像犯罪现场的脚印一样，指明了个体是如何运动的。一片贝壳指示了一层沉积岩的年龄，恰似一个被损坏的钟表固定了一场现代罪行发生的时间，放射性同位素分析表明了史前动物存在的时间长短。对被谋杀者进行尸体解剖揭示了其死亡时间及其原因，同样，对已灭绝生物保存下来的软组织的解剖也会揭示出许多信息。DNA 测试不仅用于刑侦案件调查，同样也用于测定生命的进化树。通过 DNA 分析，可以判断物种是如何进化的。

科学文献已经断断续续告诉我们世界的起源，《爱因斯坦的圣经》则讲述了从始至终的全部故事。写下即将展开的历史是容易的，故事线索无须发掘，你只须去看去听，去看见和听见宇宙所讲述的一切。你只须去"感觉"原子和原子核，只须去检验生命的细胞。你只须去阅读岩石，只须去理解星星中的信息。因为故事写在分子的微观世界中，故事写在地球上，故事写在天空中。

你能感受原子，抚摸岩石，倾听天空，你也能阅读和理解。

想好了，离开了森林，你的子孙就再也不会爬树了。

我站起来了。

手臂与膝关节，而猿人则以两腿直立行走。

　　而那些大脑稍大一些的南方古猿，能更好地利用棍子和石头，发明了各种不同的觅食技巧，学会了各种随机应变的方法避开鬣狗、狮子、豹、豺、野狗。大脑发达的南方古猿寿命更长，交配得也更多，子嗣也越来越多。而大脑较小的南方古猿成了捕食者的牺牲品，挨饿且交配更少，于是它们的数量变得稀少。在几百万年之间，南方古猿的大脑变大了一些。

　　那些强壮的南方古猿过得也更好一些，在食物不足时，它们为了食物征服其他猿人，它们可以更好地防御地球上的捕食者，于是较强壮的南方古猿数量变得更多。时光流逝，较小较弱的南方古猿数量更少了。

　　50万年过去，南方古猿已从肯尼亚扩张到埃塞俄比亚和坦桑尼亚。在埃塞俄比亚住着一个叫"露西"的猿人，露西活了40年，死后她的骨头被埋入地下。有幸的是露西的颅骨和身上其他部分的骨头留存至今。1974年，考古学家在埃塞俄比亚发掘出她的遗骸，从骨头可以得知露西的样貌。在附近另外13个与她一样的遗骸也被发现，因为他们生活在一起，他们将被称为"最早的家庭"。

　　时间如梭，300万年前，南方古猿已迁移到非洲南部。现在它们的头更圆更大了。与最早的南方古猿相比，脑髓已增大了十分之一，有450立方厘米。脖颈更细，鼻子变小了，但鼻子仍相当之大，牙齿与人类的牙齿更加相像了，但嘴和下颌仍像类人猿一样突出。

　　又50万年过去，在非洲东部和南部，南方古猿在进步，生存斗争使肌肉更发达，体形更大。与它们的身材相比，它们的大脑并不太大。他们行走时，已接近直立。但它们仍保留着原始的生活方式，搜寻死动物吃，用棍子挖掘，用石头砸坚果。再过100万年左右，这个种族灭绝了，除了骨头什么也不会留下。

第2章　能人

地上要有人类。

让他统治海中的鱼，

空中的鸟，

地上的牲畜，

并地上潜行的一切爬虫。

事即这样成了。

时为 200 万年前，肯尼亚和坦桑尼亚的南方古猿的颅骨体积增大了，颅中有 650 立方厘米的脑髓。这"更聪明的南方古猿"有一个新名——能人，意即"灵巧的人"。

能人的颈部肌肉与类人猿一样有力，他的前额向后倾斜，他有着突出的颧骨，浓密的眉毛和一张毛茸茸的脸。但是这种猿人更像人而不像猿。与南方古猿相比，他的下颌没有那么突出，他的前齿更小更薄也更锐利，这更利于撕咬，他的双手也更灵活了。

能人住在大地上僻静之处，很少爬树。有时他们在野外搜索被食肉动物杀死的动物，他们拿起新近被杀死的动物骨头，用石头把骨头砸开，然后吃其中的骨髓。

5 万年过去。

一个能人用两只强壮的手，把一块沉重的石头举过头顶，小心地把它搬走、丢下，石头落在埋于土中的一大块平石上，沉重的石头撞成碎片。在碎片当中，有一块有着锋利的边缘，他拾起这块碎片把它当成工具，能人已用石头造出了工具，这个时期标志了石器时代的开始。

第3章 直立人

> 他们离开非洲，
>
> 进入足迹所至的他乡。
>
> 漫游在沙漠中，群山间，
>
> 也入溪谷洞穴。

160万年前，在东非，能人终于向后倾斜并能完全直立行走。能人有了一个新名，直立人，意即"直立行走的人"。

那直立人是当时地球上最聪明的生灵，他的大脑是南方古猿的两倍。和现代人一样，直立人的头更小一些。与类人猿相比，他的脸不再突出，其轮廓是半个椭圆，从眉毛到嘴唇大体垂直。他的后齿更小，与现代人一样。但他的嘴唇肥厚，有些突出，鼻子又宽又扁，前额仍很小，略微后倾，眉骨粗大，从头到脚有深棕色的毛发。这种生灵为人猿。

直立人吃鸟蛋、鸟、乌龟、蔬菜、包括老鼠在内的小动物、其他大型哺乳动物的死尸、蜈蚣和蝗虫这般昆虫、水果、鱼、浆果、坚果并植物根。

10万年过去，有一日，一个直立人从树上折下几根大树枝，把它们堆成一堆。另一直立人从堆中取出一根树枝，除掉小杈和叶子，树枝成了3米长的树棍，第三个直立人用手中的石头把树棍磨光。到此，直立人已工作了一早晨，到了中午，他们有了一堆树枝和四根树棍。他们把树枝和树棍拢在一起，向丛林走去。

那3个直立人来到一个洞穴前，那里有4个女人和5个孩子在等待，树枝和树棍被放在一堆拳头大小的圆石旁边。

刚到下午，人猿们就收起工具：3个男人拾起树棍和一些石头，两个女人尽可能多地抱起树枝，3个男人和两个女人离开了洞穴。

在丛林中，他们走了整整一个下午。刚好在日落之前，他们发现了一只猎豹，猎豹已杀死一只绵羊。绵羊的咽喉还在淌血，猎豹正在咬绵羊的脖颈。两个男人把圆石放在地上，躲在茂密的树枝后，女人们在前，两个男人站在女人后面握着 4 根树棍，把它们穿过树枝向前伸出。第三个男人等在后方，手里拿着拳头大的石头。

这 5 个人蹑足前行，女人们摇动树枝，男人们大声叫喊，猎豹抬起头好奇地张望。这时后方的男人抛出一块石头，几乎击中了野兽。猎豹惊得后跃一步。树枝和树棍又前进了一点儿，第二块石头抛出，击中了猎豹的爪子。猎豹咆哮起来，露出尖利的牙齿。后方的男人抓起地上的石头向猎豹投去，女人们更猛烈地摇动树枝，男人们凶猛地叫喊，前后刺戳着树棍。猎豹四肢抓地向前走了两步做进攻状。又一块石头抛出，击中猎豹的身体，猎豹呻吟着跑开了。

死绵羊被拖回洞穴，就在洞穴外面，一个直立人用一块边缘锋利的石头，把绵羊切开，血滴在地上。在接下来的三天中，人猿们吃着生羊肉——他们并不经常吃肉。

一个直立人把整张羊皮带到附近的溪边洗净，带回洞里，堆放在其他兽皮旁。

夜幕降临，直立人撤回洞穴。女人们收集起所有树枝，成一堆放置在入口处，洞穴几乎被封住了。羚羊和绵羊皮铺在地上，所有的直立人躺下，开始入睡。

20 万年过去。6 个直立人出发步入丛林，带着一些木棒和两块大石头。他们穿过浓密的树林步行了半个小时，最后有一个人发现了一头野猪，他触碰其他人的肩膀用手指点着。于是这 6 个男人小心翼翼地前进，在毫无察觉的野猪周围围成一圈。领头的举手发出信号，6 人向野猪冲去。那野猪飞快地乱跑，一根棒子击中了它的脑袋，野猪发出一声尖叫。第二棒打在了它的脖子上，晕头转向的野猪试图逃走，这时又一根尖棍捅入了它的肚子，野猪号叫着倒下。在它再次站起来之前，另一个人用双手把石头举过头顶用力砸下，击中了野猪的脑袋，野猪死了。

那直立人很少为吃肉而猎捕动物，大多数小哺乳动物跑得太快，其他的如大象、河马与犀牛又太大了，而猴子、猿和松鼠又可以爬到树上逃生。

有一族25个直立人住在一洞穴中，每晚，为决定谁睡在洞内，彼此咕哝、推搡，有时甚至互相打斗。通常，最强壮的那些睡在洞内，而其他的则不得不睡在外面。一天，一个男人在两天的丛林旅行中归来。他跳上跳下对其他人咕咕哝哝。第二天拂晓，10个男人带着几根树棍和许多沉重的石头离开洞穴，黄昏时来到一座山上，弯下腰，蹲在地上。下面有一个洞穴，洞穴前一些南方古猿或走或站，或坐或吃。10个人一直等到天黑，然后蹑手蹑脚走下山，来到山洞入口。他们悄悄地走进山洞，7头南方古猿正在洞内呼呼大睡。10个直立人中的7个在南方古猿身边站好位置，每人把一块大石头举在头顶，其余3人握着树棍，待领头的点了一下头，石头便砸在南方古猿的头上，在梦中它们发出尖叫。石头一次又一次砸中它们的头，树棍刺入它们的腹部，血从几个死者头上滴下，从其中一个的腹中溅出，树棍一次又一次刺戳。

四天后，其他16个直立人到达。他们举行庆祝，南方古猿的肉非常好吃。一些直立人搬到南方古猿的洞穴中留下，部族分裂为二。

一些直立人来到一条溪水旁，赤裸着，没有任何蔽体之物。他们弯下身，把清澈的溪水掬在手中洒向天空，水珠在阳光中闪耀。他们把水洒在自己身上，用这溪水洗浴，这是最纯净的水。

东非其余的地方，直立人在狩猎。这些地方，南方古猿成为直立人石头与棍棒下的牺牲品。虽然有的南方古猿比直立人有更强壮的肌肉，但没有武器，跑得也不很快，它们也不太大，也不会爬树。属于南方古猿的洞穴被直立人占领。5万年之后，东非的南方古猿消失了。

别处的南方古猿数量亦在减少。随着数量的减少，南方古猿终于灭绝了。

> 人与猿没了联系，
>
> 头脑与体力竞技，
>
> 大脑终获胜利。

在更新世的剩余时间中，大脑继续获胜。直立人的数量大大增加，直立人开始迁徙，从东非，向南进入南非，向北进入北非。在10万年中，他们游荡到中东。在另外10万年中，他们冒险涉足东南亚。在公元前100万年，他们抵达了爪哇。

第4章　工具

> 于是自然在大地中留下
>
> 古老过去的刹那。

一个直立人把一块坚硬的扁平石头放在地上，抓起一块石英石，把它砸在扁平石上。石英石碎裂开来，他选中了那些有着锐利的边缘的石片。

这是100万年以前，一个直立人左右手各握着一块石头，然后用右手的石头砸左手的石头，一个碎片崩裂下来，这个碎片的一面是钝的，而另一面却是锋利的，这个直立人是最早制造工具的人之一。

几十万年过去，一个直立人拾起一只死瞪羚的腿骨，用一块锋利的石头修着骨头。在骨头的一端变尖之后，他把它与其他削好的骨头堆成一

一只动物喂火。既然肉是他们爱吃的，肉也应该是火爱吃的。他们似乎崇拜火。对于他们，火是一个神明。

有一天，一个直立人急于吃东西。他走近一处已被抛弃的宿营地，火仍在那里闷燃着，火中有一只烧着的动物。他用一根棍子把动物翻了个个儿，然后拾起来。可是它是烫的，他丢下它甩着手，等了几分钟，他知道喂给火的食物，如木头，最终会冷却下来。当他第二次拾起那动物时，它不烫了。他吃了肉且味道非常之好。后来，这个直立人便故意把死动物投入火中，因为对于他，烤过的肉味道更香。

不久，其他直立人也发现某些食物烤熟后更好吃。他们烘烤种子，有时烤坚果。他们虽然吃的多半是植物与水果，但烤熟的肉是他们最爱吃的，于是他们开始更频繁地狩猎。

火就这样给了直立人，如果他的手冷了，火可以取暖。火可以安在棍子上成为火把，火把挥舞起来，使野兽害怕，不得近身。

第6章　人类

大地上的第一人。

仿佛有一只神秘而朦胧的手掠过地球，给生存竞争与进化带来了变化。这便有了直立人身体的改变：他头部的骨骼变得更轻盈也更精致，下颌骨变轻，更为精致，前突的眉弓消失了，头部更圆更精致，牙齿更小更为专门化，脑壳更像球体，容量更大，却又薄又轻。

直立人的身体还有了其他变化，前额和下巴向前突出，面部轮廓基本上是垂直的，鼻子不那么扁平了，而是更尖更精致，向前伸出。颈部的肌肉已经缩小。在最近几十万年中,直立人一直很少啃咬,他们使用工具代替牙齿进行撕咬,所以下颌的肌肉虽然仍十分有力,但已经变小。

直立人的手指异常灵活,他们可以像拿钢笔一样握住一根细枝,随心所欲地操纵,用这样的手指和手可以造出更好的工具。

缓慢而稳步的进化已使直立人成了"新人"。直立人更聪明了,便有了一个新名字——智人,这个名字的意思为"智慧的人"。这是40万年前,人终于是人了。

> 要庆祝这新的创造,
>
> 某处歌声在缭绕。

丛林中站着那最初的夫妇,男子叫亚当,女子叫夏娃。夏娃之所以叫夏娃,是因为她是男人之母。近处,一条蛇蜷缩在果实累累的树枝间。

亚当和夏娃有了许多儿女,他们是第一代。在那些日子里,男人和女人都赤身裸体,没有羞耻感。

这些古人听到自然的召唤:"去到荒野中让你们的种子增加一百倍。"古人如是做了。

当10万年过去,制造工具的技艺进步了。在一个阳光明媚的日子,一个古人把一块结实的平石放在地上——这是块砧石。他用右手拾起一块结实的长方形石头——这是锤石,用左手抓起一片燧石放在砧石上,垂直地敲打着燧石,碎片迸裂开来。他选中了一块大碎片,然后把锤石放在一边,抓起一块一端呈 V 字形的石头——这是凿石。用这个工具他反复地凿击那大石片,削掉小石屑。最后,他拿起一块尖石刻下一些刻痕。当他做完后,燧石片便成了一把削得很好的斧子,非常锋利。

几十万年之后,木头和石头组合到一起,有了一端安着石斧的木矛,有了带花岗岩锤头和木柄的锤子。现在，现代人用金属替代了木头和石头。最后，弓和箭将出现。在一个时期内，这样的武器将控制世界。在全新世，更复杂的武器将会出现，它们将统治世界。

在一处宿营地，一堆火苗突然熄灭了，留下的是炽热的余烬。一个古人在这将熄的火畔堆起叶子和木头。他拾起两根带叶的短树枝，把它们编成一把树枝锹，用这把树枝锹，铲起一些余烬，运到树叶和木头堆旁。他跪下来吹着那余烬，它们炽热变红，不久树叶开始冒出火焰，于是营地中又燃起了一堆新火。

第7章　词语

太初有言。

那是更新世晴朗的一天，一个部落的女人和儿童们坐在洞穴外的阳光下，一个婴儿向树林爬去，她的母亲站起来叫道："哪，哪，哪。"她前后挥着手，孩子爬到了一丛灌木后，母亲急忙赶过去把他领回来。

这样古人似乎学会了为他们发出的咕哝声赋予意义。

这只是时间问题，声音将变成信号，信号将变成词语："Ya"将代表接受，"na"将代表拒绝，而"aahh"将表明痛苦，"mama"将代表母亲，"dada"将代表父亲，等等。最后，词语将组成句子和言语，人类将通过声音进行交流。现在的书写将在以后出现，正式的书写语言直到全新世才会形成，它将以一个人用小棍在泥地上做标记开始。起初，这些标记看上去像他们所描绘物品的图画。这些最早的象形文字将是向词语对词语交流迈进的巨大一步，以后，抽象概念用于表达。最终的书写词语将出现。

第8章　遍布四方的人

尔必遍及西方、东方、

北方和南方。

子嗣如尘繁茂永昌。

　　古智人的进化在世界各地不同的时刻相继发生。在公元前 40 万年，有
沃特斯佐洛斯人（Vértesszollos）住在匈牙利，斯旺兹肯姆人（Swanscombe）
住在英格兰。从公元前 40 万年到公元前 7 万年，奥姆人（Omo）和其他人
居住在东非。古智人在进步：从公元前 17 万年到公元前 4 万年，尼安德特
人（Neanderthal）占领了欧洲、西亚和中东。肌肉发达的尼安德特人学会了
在更新世寒冷多变的气候下生活，他们在洞穴中使用火。

　　然后大约在公元前 8 万年的非洲，有些古智人肌肉变小，骨头变轻，现
代人诞生了，被称作"智慧人"。智慧人繁衍、扩张并定居在全非洲，迁移
入中东。从那里，他们向西进发，这是人类种族区分的四个方向之一。于
是，在公元前 4.5 万年他们进入欧洲，在那里他们被称为克罗马努人（Cro-
Magnon），"文化革命"便发生了：克罗马努人制造雕塑、雕刻，把动物画在
洞壁上，地球有了最初的艺术。克罗马努人奉行神秘主义并举行宗教仪式。
他们精心掩埋死者，有时在墓茔上放鲜花，于是地球有了最初的宗教种族。
从中东开始，智慧人向亚洲漫游，遍布欧亚各个角落。他们横越寒冷结冻的
白令海峡来到北美北部，继续向南，穿过中美然后到达南美。耸立的高山，
蜿蜒的溪流，多风的平原，到处都是人——人遍布四方。

列王记

列王记之
前言

人来自泥土，
人由口鼻吸入生命之气，
人是活着的灵魂。

今天，人的精神与技能都得到发展。精神领袖与导师启蒙信徒的心灵，他们带给尘世另一种光，此光不同于物理世界的星光、灯光，此光为宗教之光。

宗教之光不同于科学之光，科学之光丰富人的头脑，宗教之光启迪人的心灵。那些混淆这两种光之人，会给自己的生活带来无尽烦恼。

宗教的兴起与传播都很自然。起初，火在人看来，也是神秘之物。他们将火赋予特别的精神含义，上帝之火也由此产生。太阳的升落对人也是一个谜。因而，人也赋予太阳以精神含义。由此，有了太阳神。人对月球也做如是说。人还须用神灵解释风云的变幻，这样就有了许多神。

后来人建了神庙、教堂。人在这里祈祷、求愿。

再后来，在地球上出现了伟大的宗教导师。他们是摩西、佛陀、基督、穆罕默德。在本书，我们讲述两位宗教导师的故事。

列王记之第一书：

佛陀

如是我闻。
这是佛陀的故事，亚洲人的精神领袖之一。

第1章 佛陀的早年生活

公元前 6 世纪的迦毗罗卫国，有一对富有的国王和王后，他们的名字是净饭王和摩诃摩耶。那是转世被当作教义接受的古代：没有人真正死亡，死亡即再生。

摩诃摩耶做了一个梦：她梦见一头美丽的白象。她的身体张开一个洞，白象通过她的体侧进入体内。

第二天，她问祭司："这个幻象意味着什么？"他们对她说："你将有一个儿子，你的儿子将面临两条道路：他或为人君，或为人师。像一条分岔的道路，这两种命运将呈现在他面前，有四个迹象将向他明谕要走的路。"

9 个月后，在公元前 563 年 5 月的一个满月之日，在一个绿色花园的阴凉处，摩诃摩耶分娩了——她贡献给世界一个儿子。

国王最年长最智慧的星相家阿私陀来看望新生儿，阿私陀仔细在新生儿皮肤上察看能说明问题的种种迹象。突然，阿私陀的脸焕发出光彩，他狂喜得不知所措，因为皮肤上的图案预告了这个男孩将成为一个佛陀。但随后一层阴云蒙上了阿私陀的面容，他哭了起来，因为他知道在这个王子成为佛陀前的一瞬间即是他的死期。

阿私陀向国王报告了他的发现。阿私陀和国王在这孩子面前跪下、祈祷。

5天后，被召集来的祭司们为孩子取名叫悉达多，意为"成就一切"，他的姓是乔达摩。在众祭司中有8个识别身体胎记的专家，这8个人仔细察看了孩子的皮肤。有7个人为悉达多的命运做出了预言：如果他留在家里，他将成为世界的统治者，但如果他离开宫殿他就会成为一个佛陀。但第八名祭司康达纳说，悉达多毫无疑问将成为一个佛陀。

两天后悉达多的母亲去世，她的妹妹成为悉达多的继母。

几年过去了，有一天举行当年的丰收节，净饭王和他的大臣及农夫们来到乡野举行庆典。小王子悉达多也一同出行，他的侍女们在帐篷里照看他，当听见外面的欢歌笑语时，她们全都跑到外面嬉戏。她们的身心被尘世的欢乐所充满，又唱又跳又笑，有一个侍女记起了她们的责任是照顾净饭王的儿子，她们匆忙跑回帐篷，发现小王子坐在那里，双腿盘起，手放在膝上入定了。看见悉达多入定是件多么奇异的事！有人报告给净饭王。国王看见他的儿子像一个瑜伽信徒一样在那里入定冥思。第二次，国王在这孩子面前跪下祈祷。

悉达多已长成了一个健壮漂亮的小伙子。他美若天神，其美貌使美女都相形见绌。

净饭王不想让王子离开宫殿，他不忍心看到他的儿子，一个王子，像祭司们预言的那样，成为一个剃着光头四处漫游的修道者。净饭王决意使他的儿子成为一位皇帝，于是让悉达多与外界隔绝，不让他看到任何诱使他做一名僧侣的东西。

国王为王子建造了几座莲花池，一个池中是红莲花，另一个池中是蓝莲花，还有一个池中是白莲花。悉达多穿着最好的衣服，他的仆人早晚侍奉他。悉达多吃最好的食物，在他进餐时，有女乐师弹奏演唱，美妙的乐音与歌声充满他的双耳。有三座宫殿为他而建，一座冬宫，一座夏宫，一座用于雨季。

就这样，悉达多在奢侈中度过了他的青春，他没有看见乡村中农民的悲惨生活。

在他的堂姐妹中，有一位花容月貌的美人，她的名字是耶输陀罗。在她16岁时，国王宣布举行一次技巧与力量的比赛，获胜者将娶其为妻。同样16岁的悉达多参加了比赛，但无人能比得过他，悉达多和耶输陀罗结婚了。

第2章　四种迹象

悉达多在奢侈安逸中度过了许多年，他有可爱的妻子、金钱和健康，拥有上千件个人财物，拥有美貌、魅力和个性，他擅长所有的事情，他拥有大多数人所谓的一切，在他的宫殿中悉达多幸福地生活着。

但他仍有些缺憾，于是悉达多开始研究宗教。

在29岁时，王子开始对外面的世界感到好奇。有一天，他招来驾车的侍臣，两个人乘一辆彩车离开了宫殿。瞧，他们遇见了一个弯腰驼背的老人，拄着一根拐杖艰难行走。悉达多问："那人出了什么事？"他的侍臣说："那个人老了，所有的人最后都会变老。"除了赏心悦目的美景什么都未见过的王子，内心闷闷不乐。

过了一段时间，悉达多再次乘车外出。这次他遇见了一个人躺在路上，这人病得很重，非常痛苦，可以闻见汗尿的恶臭。悉达多心绪不宁，问："那人出了什么事？"侍臣说："那人病了，所有的人都会生病。"

在桑树下留宿三夜，你就会爱上这棵树。

在另一次外出旅行时，悉达多和他的驭手遇见一具尸体。悉达多问："那人出了什么事？"侍臣说："那人死了，到最后，所有的人都会死。"

在第四次外出中，悉达多和他的侍臣遇见了一个剃着光头的人，穿着黄色的长袍。他的面容多么平静！悉达多感到很困惑，这个人怎么能在悲苦之中如此宁静？悉达多发誓解开这宁静与悲惨之谜。

悉达多看见了一点儿光，他稍微觉悟了一点儿，他认识到最初三个迹象是人类苦难的象征。现在这一切尤其令人烦恼，因为受苦的确是件可憎之事，但死后再生的生活仍是无尽地受苦，如此轮回，是任何人都无法忍受的可怕之事。

于是悉达多问自己："一个人如何能逃脱这诞生、受苦、死亡、再生、再受苦，直到时间尽头的无尽轮回呢？"现在悉达多还不知道答案，但他知道那穿长袍的修道者知道。

在回到宫殿时，有人迎上来告知王子好消息：他的妻子为他生下了一个儿子叫罗睺罗，意为"桎梏"。这简直是个反讽，因为不久，王子就会打破他家庭的束缚。

第 3 章　伟大的出家

悉达多的精神与灵魂变得困惑不宁，他因人类的苦难而烦忧，他如此渴望找到一种结束所有苦难的方法。他的家庭生活不再带给他乐趣，夜里他在床上辗转反侧，他似乎拥有一切，但他的内心却在受苦。

一天深夜，王子从床上起来，悄悄穿好衣服离开房间，在门口他回头看了看他的妻子和儿子。他将两次回头，这是第一次。

这时其他人都在梦乡，他骑上他最喜爱的马——犍陟，离开了他的宫殿和家。奇怪的是，犍陟的蹄子没有在地面上发出任何声响，身后是他青年时代生活过的净饭王的都城。

就在太阳升起之前，他来到一条大河边，转过身望着父王遥远的城市，这是他最后一次回头。他下马，抛掉王子的华服，穿上僧侣的长袍。重新骑上犍陟，他在桥边伫立片刻，望着如逝的流水，然后他穿过流淌的河水，用力摇动缰绳驭马驰去。

悉达多向南行去，在那里他遇见了频婆娑罗国王，他惊异于悉达多的美貌和宁静。发现这位修行者是位王子之后，国王对王子致以国礼，并为其提供了一处精舍。但悉达多说："我了解这些乐事，我正在寻找真谛，所以我必须离开。"于是国王说："我祈求你，在你发现真谛后回到这里告诉给我。"悉达多同意了。

第4章　寻求真谛

悉达多离开国王去寻找宗教导师。他跟一位大祭司进行修炼，练习自修与冥思。一天，他进入了冥思，忘记了自我和灵魂，达到了初级的超然状态。这将是通往更高冥思状态的第一步。

通过冥思，王子学会了达到一种"无物"状态。悉达多说："大师，请教我更多的东西。"他的老师说："你已经达到了我所知道的最高的精神与冥思境界，我没什么可以再教给你了。"

极少有人达到"无物"境界，悉达多仍未满足，于是他离开他的老师去寻求更深刻的普遍真谛。开始了对高级觉悟的探寻，开始了逃离人类永恒不变的苦难历程。

悉达多找到一个著名的冥思大师，悉达多学得了大师的全部智慧。一天，在入定时，王子忘记了自我和灵魂，周围的一切对于他都变得清晰透明，他已达到了"非想非非想"的更高境界。这种境界的确少有人达到，但王子仍未满足。他又离开冥思大师去寻求更高的境界。

悉达多旅行到乡野，在丛林中漫游。在那里他发现了一处宁静的自然环境——一片美丽的土地，有着可爱的树木、翠绿草地和一条清澈流动的蓝色溪水，他在那里过着隐士的生活。在那里他学会了新的冥思方法，他的自我修炼发展到一个更深的层次。这还不足够，悉达多灵魂的折磨虽然少了一些，但仍是在受苦。

那时他偶然遇到5个修道者，他看见那个预言王子有一天将成为佛陀的祭司康达纳也在其中。悉达多加入了这5名苦修者的行列，并实践他们的修炼方法——禁欲、自我否定和冥思。

因为缺乏营养他日渐消瘦，他的关节枯萎，背骨突出，眼窝深陷。肉体的这种悲惨要求他放弃和屈服，但他仍然坚持不懈，有6年他过着这种自我引导的苦修生活。

一天，他失去了所有的意识，周围的人以为他死了。确实，他已从死亡的边缘经过。他苏醒后，获得了一个启示：他认识到自己已误入歧途，通往涅槃的路不经过苦修之地。偶然地，他步入了一片"荒原"，不知怎么他已经迷途，他脚下不是土地而是"流沙"，于是他后退了。

王子放弃了苦修，他以正常的方式进食，他锻炼自己的身体以便可以更好地修炼他的精神。

他的5个修道的伙伴，为他的改变而悲哀，失望地离去。他们离开绿树流水的土地，继续踏上苦修之旅。

第5章 最后的觉悟

就像太阳每天都落下，如夕阳每日沉寂，

死者也这样离去。死者如斯别离。

在太阳升起的早晨，早晨朝阳升起，

人们再次出生。

人转世生息。在悉达多菩萨35岁时，他坐在一棵无花果树下。他发誓不离开此地，直到解决永恒受难之谜。他在那里盘膝而坐，合掌向天，闭上眼睑。不吃不喝，他冥思了49天。

魔罗——恶魔，来了。魔罗用许多方法试图打破悉达多的禅定，诱惑他误入迷途。首先，魔罗释放出一股旋风，卷起了树叶和尘土，悉达多前后摇晃但仍安坐不动；然后涌来无源洪水，汹涌的水流没到了悉达多的下颌，他仍没有退缩。接着大地颤动，颤抖的大地摇动了菩萨的躯体，但他的精神仍不动不摇。再然后出现了三个穿着透明衣纱的妖艳女人，她们在周围诱惑地舞蹈，并做着自我介绍，她们的名字是激情、欢乐和欲望。她们在菩萨面前环舞，她们的影像却没有进入他的精神之眼。

悉达多以十大德行保卫自己：智慧、努力、忍耐、真理、坚定、慈悲、克己、爱、道德与平和。

悉达多听到体内有声音说："看看你自己吧，你憔悴、苍白、几近死亡，你必须活着，生要强过痛苦，为什么要企求你无希望得到的东西？打破你的禅定，活下来！"这是魔罗的话。菩萨对他体内的声音说："欲望是你的第一武器，厌憎宗教生活是你的第二武器，第三是饥和渴，第四是渴求，第五是懒惰，第六是恐惧和怯懦，第七是怀疑，第八是虚伪和固执，第九是缺乏赞美、荣誉的虚假的荣耀，而你最后的武器是对他人的蔑视和自我的提升。任何软弱的人都无法抵御你的入侵，但只有摧毁它们，菩萨才能达至涅槃。如果退缩，我将感到耻辱。在战斗中死去要胜过苟且地活着。"菩萨的思想像无数支利箭迸射出来。

菩萨经受住了所有诱惑，战胜了所有进攻，在四十九昼夜的最后一天，魔罗恳求菩萨证明他的仁爱。菩萨以一拳击地，大地颤抖，像打雷一般。从轰鸣的大地中传出这样的声音："我是他的见证。"

魔罗溜走了。

深沉的冥思降落在菩萨身上，仿佛降自天堂。他仿佛做了1000个梦，在每一个梦中都有一个不同人的故事，但每个人都是他自己。以这种方式，他重获过去生活中的全部知识，于是获得了前世的经验。

在入定时他有一个幻象，幻象中有众多死者的幽灵。众尸飘向一条矗立着一道桥梁的大河，人群——成百万尖叫着的"尸体"——正在涌向那座大桥，他们像水一样流淌，这流水无止无休，幽灵般的尸体经过铁门。在第一根桥桩旁，他们的皮肤溶化。在第二根桥桩旁，他们变成血淋淋的肉。在第三根桥桩旁，所有的肉身化成蒸汽。在下一根桥桩处，它们只剩下了骨头，但在每个人的肋圈中都有一点亮光。在最后第五根桥桩处，连骨架也消失了，在河的对岸只有闪光的小球。在菩萨的眼看来，这闪光的流水是一幅美丽的景象，它们像移动着的模糊的烛焰。沿河对岸的闪光小球在流动。它们飘向另一座桥。这样它们便从河的对岸来到了此岸。当每一个光点重新渡河时，闪光的小球开始缩小。在另一扇铁门前，每点闪光都变成卵形，缩小。在它们到达河的此岸时，在各个方向闪射出光华。

菩萨获得了超人之眼，能看见人的前生与来世。

菩萨看见了他精神与肉体上的不完美，便净化了他精神与肉体上的所有瑕疵。

菩萨领会了四真谛，第一谛苦谛，痛苦是所有生命中固有的。从出生开始，它存在于疾病中并持续到老年，直至死亡。

第二谛集谛，关乎苦难的来源，便是人的欲望。"当欢乐与激情存在时，人认为那便是幸福。当欢乐与激情消逝时，欲望便导致了苦难。今日口渴的人可以满足于一杯酒，但明天口渴又会回来。饥饿可以吃一些面包来缓解，但第二天饥饿会重来，欢乐的渴求只能暂时得到满足。"这些是菩萨认识到的思想。于是生活便成了饥渴与欲望的无尽循环，生之欲是再生之源，再生之后将是欲望的再一次开始。

第三谛灭谛，关乎苦的终止。"放弃欲望将使你克服你的渴望。克服了你的渴望你将自由。"这些便是菩萨的思想。

第四谛道谛，描述了通往消除欲望的道路，为八正道：正见、正思维、正语、正业、正命、正精进、正念、正定。遵从八正道便会根除欲望，一旦欲望根除，人就将从苦难中获救。

菩萨看见了光，他看见了全部的光。他已解决了永恒受难之谜，他知道选择什么样的道路能使人摆脱苦难。顿悟之后，他成了佛陀。

现在为使自己摆脱苦难，佛陀乔达摩继续冥思，通过冥思他走上了正道。

在另一个49天之后，佛陀双腿伸开，手腕放在膝上，他深深地呼吸着。一阵深深的轻松通透全身，他有了另一次超觉入定。他的皮肤消融了，他可感受到他周围的存在。在某种感觉中他的周围就是他的皮肤。然后他的肉体消融了，他的肉体和周围的一切融为一体，他和自然合而为一。他存在的领域在增长，他的精神天体般扩大，他感觉到了宇宙的外延，宇宙与他合而为一。

宇宙的全部历史穿过他的大脑，无知被远远抛开，黑暗消退，光明上升，他的精神获得了解放。

当他从禅定中醒来，他的精神与灵魂获得了全然永恒的宁静。他处在宁静洞察的完美境界，他冷静沉着智慧，已达至涅槃。

于是在两个 49 天之后，5 月的一个月圆之日，在一棵菩提树下，佛陀乔达摩就这样获得了超觉自由。他不再受制于生存与再生的悲哀。有一个声音闪耀，它说：

"你将达到灵魂完美的境界。

你将追随一个佛陀的脚步，

你将发现涅槃。"

第 6 章　传播真谛

佛陀乔达摩看见了与前人不同的宇宙，一切都是相关并相互依存的，不存在永恒、持久、不变的事物，甚至灵魂也不是永恒的。

佛陀坐在一棵榕树下宣布："我发现了一条伟大的真谛，它艰深而难以理解，那些怀着激情的人无法领会这个真谛。这样的人只能看见围绕着这深奥难解之真谛的黑暗。"因为这真谛如此深奥，佛陀很犹豫是否把它宣讲给在他面前的僧侣们。"其他人怎么能理解我所理解的事情？"他想，"这真谛太深奥了。"此时一位聪明的僧侣说道："在一个莲池中有许多莲花，有的莲花位于水下，有的漂在水中，但仍有另外的莲花在水上展开了花瓣。和莲花一样，人的思想也是如此。"于是佛陀认识到在他面前的人中，有一些至少可以理解这真谛的一部分。佛陀决定传播真谛。佛陀让僧侣们把自己的感觉放在一边，并将他们的精神与灵魂置于一种平静状态。然后佛陀对他们解释他刚刚发现的真谛，开始担当起一名伟大的宗教导师的角色。

佛陀寻找其他能领会真谛的人，因为他们领会了之后，也可以传播真谛。他回到过去一同修道的五个修道者那里，宣布："我是完美者，我是觉悟者，我是一个将超越尘世的人。我来到这里传授佛法。"他们不相信他的话，因为他们认为通向完美之路存在于苦行之中。放弃了通向完美之路的乔达摩，现在怎么能是一个"完美者"？乔达摩回答道："你们没有看见你们面前如此改变了的人吗？以前我向你们说过这些话吗？"确实，他以一种令人震惊的坦率态度说话，并带有一种他们从未听闻的令人敬畏的智慧。

佛陀乔达摩开始传道。他讲述一个人如何离开奢华舒适的家去过一种苦行生活，后来这人明白了"获得真谛"的方法在于中道。中道亦即八正道，包含了觉悟、真谛、幻象、宁静、认知与涅槃的方法。八正道由八种正确之物组成。他解释了这八种正确之物又讲授了四谛："首先要知道人的一生中充满了悲哀、矛盾、痛苦与折磨，这是第一谛——苦谛。第二要知道这一切都缘于人的欲望——无止休的饥饿，不间断的干渴，对尘世之物的渴望，对快乐的企求及冲动，甚至赴死之渴望也是一种欲念，是为第二谛——集谛。第三要知道人类确实可以从所有这一切之中解脱，这称为涅槃，是为第三谛——灭谛，通往超然自由之路之所在。最后要知道这条路便是八正道，是为第四谛——道谛，你应遵循八正道。"

这五名苦修者因这些话而觉悟，他们鞠躬说："我主佛陀乔达摩。"他们成了最早的五比丘。

传道被称为"转动真谛之轮"，于是真谛之轮开始转动。

几天之后，佛陀乔达摩再次说法。这次的主题是"无我"。"从自我到无我，这将是你们的目标。你们应了解业的规律，每一个业都有其来因，每一个业也都有其后果。"五名比丘理解了，他们成为完美者。他们离开苦修之地，出发去传播真理了。

正如预言的那样，佛陀成了伟大的宗教导师。他周游各地宣讲佛法。祭司们受到启蒙，转变了。他们也出发去传播真谛。不久许多僧侣成了佛陀的追随者，佛教出现了。

佛陀宣讲同情、和平与智慧："我，佛陀乔达摩，已超脱了束缚——人世的束缚和神的束缚，所以你们也将摆脱神和人世的束缚。当你们获得自由后，应继续前行周游各地以传扬佛法。为众人之善，为精神之至福，为世界之慈悲，去传授佛法，因为佛法在最初是善，在中间是善，在最后是善。"

60 名信徒听到他的话而获自由，他们是完美者。他们出发去传播佛法。没有两个完美者选择同一条道路，他们沿 60 个不同的方向出发。

佛陀遇见了三个头发虬结的苦修者。他对他们说："有欲望之火存在，有憎恨之火存在，有妄见之火存在。人的全部存在都在这些火的焚烧之中。人们感到必须满足这些火，它们和欲望一样，你必须消灭这些火焰。"他的追随者将这些话名为佛陀之"火戒"。

使其不再燃烧。

这伟大的导师说道："要知道人之束缚于苦难是与生俱来的，因为想做一个个体是自然的。但是个体性导致了局限，局限引发欲望，欲望又导致痛苦，诸行无常持久——生、异、灭。"

"所以第一步是摆脱自我，达到无我就是打破世俗之物的束缚。"

他继续说："善有善报，恶有恶报，因果相续。这就是因果报应律。"

他传道越多，获得的信徒便越多。他的智慧之言像风一样在大地上传播。僧侣们组成了僧团，建立了可以冥思与寻道的寺院，他的知识和法门被广为传授。他的信徒学习自律。他们寻求解脱永恒受难的自由之路，他们试图达到涅槃。

通过互敬与互爱，佛陀乔达摩维持了一种秩序和僧众间的戒律。

有人说他的行为是奇迹。

佛陀不仅向僧侣们传道，也向普通人传道。他指导信徒如何合乎道德地行事，如何正确地生活。佛陀乔达摩在恒河平原四处旅行，宣讲新的教义与佛法。在那里，这位大仁慈者说："精神完美由慷慨、谦恭、非暴力、同情、自律组成。"

在所有道路中选择正道。

他去看望寺院中的病人。一个小和尚大着胆子说："佛陀怎么可以在病人身上浪费时间？"佛陀这样回答他："看顾病人者也看顾我。"

像许诺的那样，乔达摩回到频婆娑罗王那里。他向他讲述了佛法与真谛。"脱出出生死亡然后再生的循环，那就是目的。那些死后仍要再生的人是不幸的。"频婆娑罗王于是受戒成为一名和尚。

各地的人民都向佛陀鞠躬。他们以这样的头衔称呼他，释迦牟尼、成就一切者、伟大者和上主。

这伟大的圣人说："一个人如何知道有一种非在的境界存在呢？答案是这样的：从无中生有。如果有在，便也有非在。"

在恒河的山谷中有更多寺院建起来。佛陀的追随者人数剧增。

他对着人群说法："达到那洞察的至福境界，与宇宙合一，解脱苦难与欲望，达到精神完美的境界，获得这一切就是进入了涅槃。"

在凉爽的洞穴中没有燃烧的火。

佛陀乔达摩回到他童年的城市。他挨家挨户乞讨食物。他的父亲净饭王听到这个消息，十分沮丧、悲伤。他召见了他的儿子。乔达摩回答他的父亲说："你不知道吗？所有的佛陀都应挨家挨户地化缘，被佛陀乞讨是一种祝福，来自一个有福者的赐福。"

佛陀去看他的妻子，他已很多年没有看见她了。她仆倒在他面前，用双手抱住他的脚踝，把头放在他的脚上。佛陀的所有家人都皈依佛门。

第 7 章　佛陀的圆寂

死亡即涅槃，

伟大之解脱，

终极之宁静，

最后之和平。

佛陀乔达摩在他有生之年宣讲佛法，八正道、四谛、涅槃及觉悟。随着年龄渐增，他的信徒与追随者对他也越发崇敬。

佛陀的堂兄弟提婆达多，渴望僭越年长的佛陀。他要求乔达摩把佛教领导权传给他，可是佛陀说："不存在任何能引领道路的人，所有完美者将共同引领道路。"然后佛陀乔达摩将这些戒律宣谕为未来的佛教戒律。

提婆达多并不满足，发誓对佛陀进行报复。提婆达多派出一头疯象跑到佛陀所经之路上。当佛陀看见大象时，挥舞起手臂在空气中画出一道神圣的祥和之气，大象便在佛陀面前跪了下来。一个目击者说："一头疯象也不能动摇佛陀的道路。"提婆达多第二次试图杀害佛陀，但又失败了。他愤怒地离开佛教组织开始组织自己的僧团。提婆达多很快就病倒了，高烧像炎热的沙漠击倒了他。他被痛苦折磨了 9 个月，然后是他，而不是佛陀，死去了。

在 80 岁时佛陀向北方出发，一大群追随者跟在他后面。乔达摩宣称："三个月后我将死去。"不久佛陀便染上了重病，但他用意志推开了痛苦。他的内脏在衰朽，他的脸上仍保持镇静。但他在行走时，确实显得有些异样。

有一名完美者请他为佛教组织做出指示，佛陀这样回答道："你们不需要这样的指示，因为你们有法。法将是你们的导师。"

三个月过去了。佛陀召集虔诚的僧侣进最后一餐。在众僧之中有一个叫昆达的烹饪了许多美味佳肴。现在佛陀要昆达为他特制一份猪肉。他告诉昆达："只有我可以吃这食物，剩下的你要将其埋在洞里。"

在餐后佛陀便病倒了。他的体内非常痛苦，但他的外表仍十分平静。乔达摩秘密地对他最虔诚的一个僧侣说："有人会说那成就一切者因昆达的食物而死。告诉昆达不要自责，告诉昆达在生命中有两种伟大的供奉。它们同样有收益和回报。第一种伟大的食物供奉是在觉悟之前，第二种伟大的食物供奉是在一个完美者的死亡之前。"然后乔达摩说，"我很快就会入灭。"这位僧侣流下了眼泪，他说："大师，如此善待我的大师，我祈求你不要离开我。"佛陀说："不要哭泣。我已多次告诉过你，与身边的和你喜爱的一切分离——是不可避免的。有生必有灭，就是这样。"

在好一阵之后，这位僧侣问道："我们怎么对待你的遗训呢？"佛陀说："不要让你们的心神被我的遗训所占据。让普通的追随者去处理它们吧。你必须忘掉这样的事情，而向着精神圆满努力。在我走后，你仍拥有法，法将是你的导师。"

在 5 月的月圆之日，佛陀乔达摩坐在两棵树中间，两棵菩提树下——他因这自然的安排而愉悦。他盘起双腿，双掌指向天空，就在那里圆寂了。他的灵魂脱逸到一个永远宁静与和平的自然之所。对佛陀而言，他这次的死亡是宁静的最后的死亡。

佛陀的灵魂渡过河的彼岸，

一去不返。

列王记之第二书：

福音书之福音

他的洗礼不是用水
而是用圣灵。

第1章　序

对宇宙而言，只有一个白天和一个夜晚。那个白天持续了最初的30万年，从那时起便一直是黑夜，黑夜持续了约150亿年，不要被太阳的假象所迷惑，即使现在也只是宇宙的黑夜，你每日看见的白天是由地球的旋转所创造的。当你所在的地球的那部分面向太阳，你看见太阳，你拥有白天。当你那部分地球背对太阳，你拥有黑夜且看见宇宙自身，它黑暗一片，于是夜的黑寂便是宇宙的黑寂。

为了照亮黑夜，一颗星星诞生了。宇宙寥廓无边且十分黑暗，星星只照亮了巨大宇宙很小很小的一部分。于是星星大量诞生并形成巨大星系，但宇宙仍然又空阔又黑暗。每个星系只照亮宇宙的很小一部分，于是星系大量诞生，星系照亮了宇宙，但宇宙依然暗淡。

宇宙，寥廓而黑暗，现在、过去、将来，都被自然所创造的星与星系所暗淡地照亮。

第 2 章　耶稣的家谱

一个神圣的领路人和宗教先知把自己献给了地球的人类。他在阴影之中投下一个灵魂和一束光。那先知的名字就是耶稣，他是人类的第 92 代。[①]

亚当与夏娃生有几个儿子，其中一个名为塞特。塞特生以挪士，以挪士生该南，该南生玛勒列，玛勒列生雅列，雅列生以诺，以诺生玛士撒拉，玛士撒拉生拉麦，拉麦生挪亚，挪亚生闪，闪生亚法撒，亚法撒生该南，该南生沙拉，沙拉生希伯，希伯生法勒，法勒生拉吴，拉吴生西鹿，西鹿生拿鹤，拿鹤生他拉，他拉生亚伯拉罕，亚伯拉罕生以撒，以撒生雅各，雅各生犹大，犹大生法勒斯，法勒斯生希斯仑，希斯仑生亚兰，亚兰生亚米拿达，亚米拿达生拿顺，拿顺生撒门，撒门生波阿斯，波阿斯生俄备得，俄备得生耶西，耶西生大卫，大卫生拿单，拿单生玛达他，玛达他生买南，买南生米利亚，米利亚生以利亚敬，以利亚敬生约南，约南生约瑟，约瑟生犹大，犹大生西缅，西缅生利未，利未生玛塔，玛塔生约令，约令生以利以谢，以利以谢生约细，约细生珥，珥生以摩当，以摩当生哥桑，哥桑生亚底，亚底生麦基，麦基生尼利，尼利生撒拉铁，撒拉铁生所罗巴伯，所罗巴伯生利撒，利撒生约亚拿，约亚拿生犹大，犹大生约瑟，约瑟生西美，西美生玛他提亚，玛他提亚生玛押，玛押生拿该，拿该生以斯利，以斯利生拿鸿，拿鸿生亚摩斯，亚摩斯生玛他提亚，玛他提亚生约瑟，约瑟生雅拿，雅拿生麦基，麦基生利未，利未生玛塔，玛塔生希里，希里生约瑟，约瑟与玛利亚生耶稣。

这些早期各代形成了人类的基本元素，他们就像自然的元素一样，在

[①]　计算有出入，有人统计圣经里耶稣的家谱为 60 代，此处说 92 代，但下文统计不足 92 代。——编注

这最初的 92 代基础上将确立未来的各代人类。

亚当像一个原子，夏娃也如此。

后来，十一使徒将继承耶稣的遗产。他们是西门·彼得，他的兄弟安得烈，西庇太的儿子雅各和雅各的兄弟约翰，腓力和巴多罗买，马太和多马，亚勒腓的儿子雅各，奋锐党的西门，雅各的兄弟达太。这十一使徒也将是人类的元素。

第十二使徒，将成为叛徒的加略人犹大，不会存在下来。后来，又增加了一些使徒，如保罗和巴拿巴，他们将加入原始的十二使徒行列并继承《圣经》的教诲与传统。

以下的内容已写入《圣经》，此处仅是一简单的梗概，《圣经》的福音书中有详尽的记述。

第 3 章　耶稣的诞生

公元前 7 年，大卫与圣灵的化身耶稣，在玛利亚的腹中孕育。此后不久，在一颗明亮的星星下，在一头公牛和一头驴中间，一个婴儿在伯利恒降生了。这是一个非凡的时刻。

宇宙，黑暗的宇宙，有了光。
地球，死寂的地球，有了生命。

太初有言，

这言与上帝同在，

这言就是上帝，

这言由肉体组成，

并居于众人之间，

但是言并不总是被人听见。

新生儿叫拿撒勒的耶稣，"耶稣"意为"耶和华拯救众生"。耶稣是众先知预言的先知，他是弥赛亚（救世主），大卫之子，人子，神之子和上主，后来，他成为圣灵。

第4章　希律企图杀害婴儿耶稣

希律王听到这婴儿的诞生十分烦恼，他命令几名博士从耶路撒冷去伯利恒侦察。他们受命带回关于这"犹太人之王"的信息。天空中一颗亮星引导他们穿过沙漠，但当博士来到伯利恒见到婴儿耶稣时，他们看见了一束更明亮的光。他们没有回到希律那里，而是去了一片陌生的土地。

担心遭到希律王的迫害，玛利亚与约瑟带着耶稣逃到了埃及。

有声音在说话，

但希律没有听见：

"生而为人的是人。

生而为灵的是灵。"

希律屠杀了伯利恒的所有婴儿，耶稣幸免于难。

亚当与夏娃。

第5章 基督显圣

玛利亚、约瑟和耶稣住在埃及，他们等待着。希律死于公元前4年。他死后，一个有翅膀的天使引领玛利亚、约瑟和耶稣返回神允诺的土地以色列。在那里，施洗者约翰用圣灵之水和火为耶稣行了洗礼。

耶稣冒险进入了荒原，开始了四十昼夜的禁食。一个长角的魔鬼从地底下钻出来，给他一些石头当作面包。但耶稣没有碰那食物，他恪守禁食，智慧与灵魂迅速升华。

他开始布道：

> "将你的房屋建在岩石上。
>
> 用墙保护它，
>
> 雨淋、水冲、风吹
>
> 打击着你的房子，
>
> 房子却总不倒塌。"

> "上帝的信使已经派出。
>
> 让他的话声闻各地。
>
> 尔等有罪之人，应忏悔。
>
> 现在和永远，相信他的言。"

有人听到了他的话，有人听到了他的教诲，但另外的人对他的智慧充耳不闻，并关上通往天国的门。

他召集起十二信徒，渔夫、农民、工匠、一个税吏和几名奋锐党人，渔夫成了得人的渔夫，而不是得鱼的渔夫。

他沿着加利利的海边行走，他提出道德问题，教导人们应公正并宣谕上帝之言。他的话充满了宗教洞察力，他开始编织一个道德真理，他的追随者开始看见了光。

在迦南，在加利利，他把水变成婚宴上的酒，这标志着奇迹的开端。

第6章 登山训众

他登上山顶布道：

"凡饮用井水者

必再次干渴。

凡饮用我赐予之水者

必永不干渴。"

"最初将是最后。

最后将是最初。"

沉渴慕义的人有福了，

因为他们必得饱足。

那些跪拜的谦恭者有福了，

他们将拥有坚强的灵魂。

清心的人有福了，

因为他们必见上帝。

"爱你的敌人。

善待那些憎恨你的人。

祝福那些诅咒你的人。

为迫害你的人祈祷。"

"别人不能处决你,

用舌头用剑都不能。

别人不能审判你。

这些权力归于上帝我们的主。"

这些话中的智慧使许多人充满敬畏。现在,他有时说些不可能的事:

"聋子将听见。

跛子将行走。

哑巴将讲话。

死人将复生。

盲人将看见。"

他的话,像天空中的星星,在黄昏后很快出现,给黑色的天幕带来了光。

第7章　耶稣在乡间传道

耶稣在庙宇中传道,沿着湖岸,在群山与山谷中,在乡间的路旁:

"冒险进入荒野。

寻求真理。

低下你的头祈祷。

把你的眼望向天空。

主的国就在你的屋顶之上。"

"你们祈求，就能得到。

寻找，就能找到。

敲门，就能给你们开门。

因为凡祈求的，就能得到。

寻找的，就能找到。

敲门的，门就能开了。"

这些是耶稣传道的例子。

第8章　耶稣治愈病人

耶稣徒步在神圣的土地上旅行，他治愈了那些有信仰的病人。

在路边，村庄中，树下，

疯子被赋予了理智，

跛子起身行走，

愚蠢的人获得了智慧，

残废的人获得了四肢，

盲人睁开了眼睛。

但仍有一些能见物的人是瞎子。

真理将使你自由。

许许多多人听到他的话相信了，他们成了他的追随者。他将罪恶的灵魂从躯体中赶出。

他的传教声势浩大，他的思想广为人知，十二使徒被派往四方传播上帝之言。

第9章　驳倒法利赛人的谗言

伪善的法利赛人，看见耶稣和他的信徒在安息日摘玉米穗子。一个法利赛人说："你们不知道今天吃东西是不合法的吗？"耶稣反驳说：

"即使在安息日人子也是上主。"

耶稣治愈了一个手掌萎缩的病人。一个法利赛人说："你们不知道在安息日治病是不合法的吗？"耶稣反驳说：

"即使在安息日人之子也应劳动。"

耶稣转过身，对法利赛人说：

"他们有眼睛却看不见。
他们有手却摸不着。
他们有耳却听不到。"
在耶稣身后，走着成千上万的人。

法利赛人集会商议，他们中有人想杀死耶稣，但是无人能加害于他，因为他死亡的时辰尚未到来。

第10章　比喻

耶稣用比喻来传道："撒在路上的种子将被禽鸟啄食，撒在石头地上的种子不会生根，撒在荆棘里的种子将被窒息，但撒在好地上的种子将会有许许多多的果实。"

在田里，仆人将良种插下。一天晚上，有仇敌来，将稗子撒在麦子中间。仆人来问道："我们要去把稗子拔掉吗？"农场主说："不必。恐怕薅稗子会连麦子也拔出来，容这两样一齐长，等着收割。当收割的时候，先拔掉稗子，捆起来烧掉，然后收聚麦子，储藏在仓库中。"

第11章　死者复活

一个老人来到耶稣面前对他说自己的女儿快要死了。当女儿死的时候，老人泪流满面。"不要哭泣，"耶稣说，"她没有死，她只是睡着了。"他握住她的手说："起来。"于是她从床上起来，仿佛从死亡中站起来一样。

耶稣所到之处，邪恶的灵和不洁之物纷纷逃遁，它们就这样被驱逐到地下。

在另外的地方，他用手指轻轻一触，病人便痊愈了，盲人见物，跛子行走，聋子听见，青年和老人得到了祝福，罪人获得了宽恕。

第 12 章　约翰被斩头

留意那妇人，

她的美貌使男人软化。

在一座装饰着金子和鲜花的宫殿中，大希律之子希律·安提帕斯被一名妇人的舞蹈和美貌迷住了。她的芳香征服了他的感官。他对她说："无论你要求什么，我都答应你。"于是她要求以一个人的死作为礼物。

刽子手执行了命令。在另一间屋子里，一名侍女发出一声尖叫，听起来像一阵笑声。随后一名男仆端着一个盘子进来。施洗者约翰的头被盛在盘子里献在了这个妇人面前。

第 13 章　给五千人吃饱

耶稣听到了约翰的死讯，感到了危险，他和信徒们退避荒野。在那里，用五个饼和两条鱼，耶稣使 5000 人吃饱了。

"记住，

吃了这面包的人永远不会饥饿。

吃了这面包的人将获得永生。

"我来，不是为审判而是要拯救世界。

看见我的也看见那遣我来的他。

"如果一个人有手，让他触摸。

如果一个人有耳，让他听见。

如果一个人有眼，让他看见。

"赐予每一个祈求你的人。

"不议论人的也不会被人议论。

不谴责人的也不会被人谴责。

原谅别人你也将被人原谅。

给予别人你也将被给予。

"小心披着羊皮的伪先知。"

第14章　耶稣行于水上

耶稣和门徒们乘船，耶稣睡着了，失去引导的船迷航了。一阵猛烈的风暴袭来，巨浪撞击着甲板。他的门徒们真的惊恐起来，耶稣醒了，起身走到水面上，他的脚步使汹涌的海浪平息下来。他的门徒们听到他说："为什么你们的信心这么小？"他把手举过头顶，黑云变白，消散了，一片柔和的蓝天呈现。

这个人是谁？

谁能用他的手

命令风暴和海水？

有些人跑开，有些人留下。

有些人听到他的声音，

"这是我。不要害怕。"

但仍有持怀疑态度的人辩论他的身份。"他是谁，他是谁，在需要时可以行于水上？"

第15章　箴言

耶稣传道：

"不要评判他人，

因为你没有评判的权力。

嘲笑别人，

就是让别人嘲笑你。

"知识与宗教真理是最宝贵的财富。

"剃刀般锋利的舌头，

不会压倒你的敌人

而是你的嘴和你自己。

"怜悯柔顺和软弱者。

"愿富人倒霉。

因为富人进天国

比骆驼穿过针眼还难。

"新酒一定要装在新瓶中，

否则瓶子碎了酒就会浪费。

"谦卑者将被提升

自大者将遭贬低。"

第 16 章 改变形象

在一座山顶的一朵云中，耶稣与摩西、以利亚和上帝相遇。三座木棚建了起来，这礼仪被接受了。当云散去，摩西、以利亚和上帝也消失了。

第 17 章 上帝之言

耶稣派遣更多的门徒去传播上帝之言。他吸引众人，使他们与主合而为一。他教导他们如何祈祷。

"我们的天父，

愿人都尊你的名为圣。

愿你的国降临。

愿你的旨意行在地上，

如同行在天上。

我们日用的饮食，今日赐给我们。

免我们的债，如同我们免了人的债。

不叫我们遇见试探，

救我们脱离凶恶。

因为国度、权柄、荣耀，

全是你的，直到永远。

阿门。"

耶稣解释了律法、道德法，有些人听到了，有些人在听，有些人看见了。

耶稣说：

"我是永恒生命的面包。

凡以我的肉为食，

以我的血为水，

居住在我内部的人，将获得永生。"

然后他把双手合在一起。掬成杯状，他继续说：

"在最后一天，

凡居住在我内部的都将复活。"

第 18 章　耶稣预言自己的受难

他对门徒说："人子将被交到某些人的手中。他们将杀死人子。在他死后的第三天，他将复活。"他的门徒却无法理解。

第 19 章　基督与儿童

他用圣灵为婴儿洗礼。世界的孩子成了他的孩子。

第 20 章　耶稣的不同见解

有些人不相信他的话，有的向他抛石头。

而他说：

"相信我的，即使死了，也将活着。

不相信我的，即使活着，也是死了。

"凡想保全生命的，必丧掉生命。

凡丧掉生命的，必救活生命。"

第21章　拉撒路的复活

乞丐拉撒路死了，他一直是一个朋友和信从者。耶稣来了。"起来吧，拉撒路。"他说。话音刚落，拉撒路就睁开了眼睛。

第22章　祭司们进行密谋

耶稣的话和他的奇迹传遍了圣地，越来越多的人信仰他，追随他。法利赛人觉得这很危险，他们和大祭司们商量该对"这所谓的人子"做些什么。在他们中间，有些人想让他死。但无人能加害于他，因为他死的时辰尚未到来。

第23章　基督的善行

他把那些迷途的人领到炼狱之门的近旁。

而那些弯腰曲背的因他而笔直屹立。

他荫蔽那些没有遮护的。

他给那些没有面包的带来面包。

他把信念灌入那些没有信念的。

在他所经之处，罪恶的灵魂逃遁无踪。

耶稣来到约旦，来到杰里科。

第 24 章　耶稣骑驴进耶路撒冷

耶稣来到耶路撒冷，解说善与恶，展示如何做一个上帝的孩子。他来到那里，实现一个许诺和一个命运。他骑着一头驴子进城，人们拥到街上欢迎他，许多人被感动了。

> 他引领他的人民像牧人引领羊群，
> 迷途的羊被找到和救活。

> 但是有少数不信者转过头睡去。
> "饱足者倒霉了，
> 因为你们必饥饿。
> 现在笑的倒霉了，
> 因为你们必悲伤哭泣。"

而他对他的门徒说：

> "小心披着羊皮的狐狸。"

耶稣进入教堂，有人在卖小摆设、鸽子和货物。他推翻了桌子，抛掉了椅子。钱币兑换商陆续溜出了教堂。

> "富人将变成穷人。
> 穷人将穿过针眼
> 变成富人。

"盲人能真的引导盲人吗?

难道他们不会都掉入阴沟?"

然后他说:

"让死者由死者来掩埋吧。"

第 25 章　纳税给恺撒

耶稣谈论王和他的国,有些法利赛人试图以耶稣自己说过的话来捉弄他:"给恺撒纳税是否违背我们的法律呢?"耶稣说:"恺撒的东西归恺撒,上帝的东西归上帝。"许多法利赛人惊异于他的话,有些人甚至理解了耶稣的传道,他们很快成了他的信徒。但其他人继续用他的话愚弄他,但却不能得逞。

他有时易于被人曲解。

这会导致他的肉体死亡和他的受难。

第 26 章　耶稣对众人传道

耶稣在耶路撒冷街头布道,他传的是旧约的传统,但却给出了一种新诠释。众人领会了堕落之罪、忏悔的基本原则,以及赎罪的含义。

他修改了十诫。他使两条原则荣耀:

"你应爱上主你们的上帝

以你全部心灵，以你全部灵魂，

以你全部力量，以你全部精神。"

"你应爱你的邻居如同爱你自己。"

第27章　预言灾祸

　　他预言了寺庙的崩溃及更多的灾祸："有一天太阳将变黑，月亮不再反光。有一天星星从天上坠落，宇宙将毁灭。虚无将存在，虚无将是一切。"

"守夜人，夜怎么样了？

早晨降临，夜晚也会降临。"

第二次降临将会到来。

"信仰者将获救。

不信者将遭谴。"

"不要做没有油来点亮油灯的

夜晚的处女。"

第 28 章　耶稣预言他的死亡

在人群当中，有些人想让他死。这次，他死亡的时辰就要到了。

"我的眼泪将是你的甘泉，

我的肉体将是你的面包。"

他说。

凭幻象，

他预见了他的受难

和他的复活。

他的死亡是一种期待，

他的死亡将是解脱。

第 29 章　犹大出卖耶稣

加略人犹大，十二使徒之一，去见祭司长。

他们低声讲话——低声耳语经常是在讲隐秘之事。犹大将出卖耶稣，他揣起 30 个银币离去。

第 30 章　最后的晚餐

耶稣和十二门徒围坐在桌边吃晚餐，对耶稣而言，这将是最后的面包和酒。耶稣说："正像写的那样，人子将离去。你们之中有人出卖人子。"其他人不理解他的话。

耶稣拿起面包，先献上感恩的祷告，再把面包分给他的门徒，说："拿着，吃吧，这是我的身体。"接着他拿起杯，说："拿着，喝吧，这是我的血。"杯子在众使徒间传递。

这酒是新约之血，这血将为许多人而流。

耶稣把水倒入盆中，他对门徒们说："你们并不全是干净的。"他弯下身给他们洗脚。

他发出最后的训诫：

"彼此相爱，正如我爱你们。"

他们开始唱圣歌，他们没有意识到他们正为他而唱。

第31章　预言彼得不认主

耶稣转向彼得："在鸡叫两遍之前，你会三次不认我。"彼得回答："哦不，主人，我不会的。"

第32章　花园中的痛苦

他们来到客西马尼花园做祷告。在单独的房间中耶稣召见了彼得、雅各和约翰，他们十分忧伤。

第 33 章　耶稣被带走

犹大和其他人携带刀棒而来，犹大走上前来亲吻他的老师的脚。存在着两种吻，爱的吻和背叛的吻，而这吻便是背叛之吻和死亡之吻。

士兵们带走了耶稣，他们把他带到祭司长该亚法掌管的宫殿。彼得跟随着耶稣和众士兵。

耶稣被蒙上眼睛受审问，长老们出示了伪证，沉默是他最初的防卫。

然后祭司长问道："你是基督，上帝之子吗？"耶稣打破他的沉默，说："这是你说的。"然后他又补充说："有一天你们将看见人子坐在那权能者的右边，驾着天上的云降临。"

"你们都听到了这亵妄的话，他是有罪的，对他的惩罚将是死亡。"有人叫道。

一个使女看见彼得在宫殿中便问："你不是和拿撒勒的耶稣在一起的人吗？"彼得很害怕，说："我不是。"其他人过来，彼得被捉住。另一个人问他："你认识这个人吗？"彼得说："我不认识。"又有一个人问："你是和他一伙的。"彼得说："我不是。"这时彼得听到了公鸡的叫声。

第 34 章　耶稣在彼拉多面前受审

耶稣被带到总督彼拉多面前，彼拉多听了祭司们的请求，总督向耶稣提问，耶稣用沉默和似乎无意义的话来保护自己。

"我的国不在这个世界上。"

彼拉多找不到控告的理由，这时传来了祭司们的叫嚷："把他钉十字架！把他钉十字架！"彼拉多迫于压力同意了。

> 于是，犹大认识到了危险，
>
> 他犯了一个重大的错误，
>
> 他的堕落缘于对财富的贪慕，
>
> 于是犹大悔罪自缢而死。

耶稣教育了民众，治愈了病人，医治了不治之症，使丧失神志的疯子恢复了理智。他建立了基督教与上帝的王国，他没有否认，他没有撒谎，他只是说出了真理与智慧，为了这些他将被钉上十字架？！

第35章　基督的受难

> 那两根主要的
>
> 支撑庙宇的柱子颤抖了。
>
> 当它们彻底崩断，
>
> 庙宇坍塌成一堆废墟。

在那个星期五，耶稣被带入乱哄哄的人群。他们剥掉他的衣服，嘲笑他，向他脸上吐口水，打他的头，把他带到遍地骷髅的各各他，门徒们从各地赶来为他哭泣。他说："不要为我哭泣，为你们自己和你们的孩子哭泣吧。"人们拿了醋给他喝，暴民们用钉子钉透他的双手把他钉在十字架上。他们拿着他的衣服离开，把衣服撕成许多块。他悬在另两个被吊死的窃贼中间。

在中午的时候，黑暗笼罩大地。到了下午 3 点，耶稣大声呼喊。一名士兵把剑刺入他的肋侧，血水涌出来，大地颤抖起来，寺庙裂为两半，圣徒们的坟墓张开，灰尘像活的幽灵一般升入空中。

他宣讲了宗教教义，澄清了道德真理。为此，他被钉上了十字架去受难？！他把慈悲、同情与爱赐予了受苦的人、罪人和被抛弃的人。为此，他被钉上了十字架去受难？！他教导人们去爱他们的邻人与敌人。为此，他被钉上了十字架去受难？！他传扬了上帝之言，他教导人们爱他人和上帝。为此，他被钉上了十字架去受难？！在他 30 岁的时候，他死去。

第 36 章　基督的葬礼

耶稣的尸体被用布包起来埋入地下，一块石板上刻下这样的字句：

耶稣基督，

亚伯拉罕之子，

圣灵的孩子，

犹太人之王，

上帝的羔羊。

基督，弥赛亚

世界的救主。

然后几名强壮的男人滚来一块大石头把墓封住。很快士兵们就被派来看守这块石头。

第37章　基督死后

星期一，大石头被一场地震的余震所摇撼，滚了下来。底下的坟墓是空的。上帝之子的尸体消失了。

和平归于你。

在《圣经》的福音书中记载着他的灵魂就这样在死后升天，这就是复活与升天，上帝之子获得了最后的提升，他已归定，他坐在主的右边。

第38章　永不磨灭的遗产

他试图创造一个世界
在其中狮子和羔羊能共同生活。

这是拿撒勒的耶稣的一生：从道成肉身至蒙羞，从复活到荣耀。耶稣，宗教精神的伟大创造者。

此后许多个世纪，基督徒将重复这个故事，耶稣将受到神一般的尊崇，基督徒将说他就是圣父、圣子和圣灵。

有些人仍会提出这样的问题：魔术师，人，还是上帝之子？对于不信者，他一生的故事将显得像一个谜。

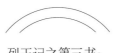

列王记之第三书:

灾祸

民要攻打民,
国要攻打国,
多处必有饥荒、
瘟疫和地震。
这都是灾难的开始。
——《圣经》

第1章　自然的话

你会无来由地恐惧自然吗?

自然将像她必需的那样行事,因为她是由物理学的规律驱动的,这些规律支配一切。人是强大的,但经常比不过自然力的强大。

当自然开口讲话时可能十分可怕,她可能像澳大利亚的术士。你心怀希望进入一个屋子,希望遇见一个友善的术士,她会解决你的困难。但是,屋里一片神秘阴森,充满了火焰和恐怖,这里看不见一个术士。相反,一个深沉的、令人不安的声音在叫喊,这声音斥责你扰乱了她的平静,你恐惧得浑身战栗。

只在后来你才认识到帷幕后面是一个胆怯而懦弱的术士,屋子不过是一种伎俩。

一个声音响起,说:

"她是自然,她不听你的祷告。"

以下是自然发生异常时的一些例子。

第2章　维苏威火山

那时，因他发怒，地就摇撼颤抖；

山的根基也震动摇撼。

从他鼻孔冒烟上腾，

从他口中发火焚烧，连炭也着了。

他又使天下垂，亲自降临，

有黑云在他脚下。

他坐着基路伯飞行，

他借着风的翅膀快飞。

他以黑暗为藏身之处，

以水的黑暗、天空的厚云为他四围的行宫。

因他面前的光辉，

他的厚云行过，便有冰雹火炭。

他射出箭来，使仇敌四散；

多多发出闪电，使他们扰乱。

耶和华啊，你的斥责一发，

你鼻孔的气一出，

海底就出现，

大地的根基也显露。

——《圣经》

挪亚：儿子们，洪水退后，世界就是你们哥仨的，你们要发誓永远不相互争斗。

公元62年2月5日，一场地震摇撼了那不勒斯的东南地区。在以后的17年中，在这个堪称宁静的绿色土地上，将会发生许多起地震。那里的罗马人将习惯于这间歇性的震颤而毫不忧虑，他们将继续在维苏威山周围覆满厚厚灰烬的葡萄园中种植和收获。农夫和市民们不知道那有着绿色缓坡和肥沃山肩的维苏威不仅仅是一座山。他们不理解，通过震动，那自然的声音在试图告诉他们。他们不明白维苏威的震动将把对上帝的恐惧注入他们心中，警告他们即将降临的厄运。

有时，一场地震会使一个罗马人的墙上出现裂缝，震断一根柱子甚至使一所房屋倒塌。有一次，庞贝的神庙毁坏了。在这些情况下，罗马人重建房屋，固定柱子或者修补墙壁，他们以纵饮来庆祝神庙的重建。修缮后，公民们继续每天的日常生活。太阳升起，他们在和平的乡野散步。黄昏，他们观望太阳沉入那不勒斯湾；夜里，他们在安逸中入睡，享受着罗马帝国鼎盛期的繁荣。

在公元79年，震动变得频繁起来。罗马人穿着白色长袍走来走去，抱怨着仆人、侍女和奴隶的不良行为。

而后在8月24日的中午，阳光明媚，一朵神秘的云出现在维苏威上空。云彩迅速生长，伸展开它的手臂，像一棵地中海的松树，树干光秃而树冠枝叶繁茂。云彩垂直扩张，其顶部和底部同时向上下延伸，最低点触到了山坡，它开始向维苏威撒下雪花，但飘落下来的却不是雪，而是白色的灰烬。像一个罗马人一样，维苏威山披上了一件白色长袍。

伍尔坎，罗马的火神，猛然伸出他的火舌——维苏威喷发了。伍尔坎大发雷霆达两天之久。

云彩变得更暗、更大，吞没了山顶，黑色的阴影投在绿色宁静的乡野。云彩变得更大、更黑，下沉得更低，火焰从维苏威山体中喷射而出，维苏威成了一座火焰的喷泉，葡萄园中的农夫们四下逃窜。

维苏威的核心爆炸了，熔岩流下斜坡。一根由烟、蒸汽和灰烬形成的柱子喷薄而起，它升高到 10 千米。它向东南方移动，黑暗降临在周围的大地上。

云彩释放出它所含之物，不是雨水，而是灰烬和密集的浮石。炽热的赤炭从天而降。自然之火从天而降。

白色的灰烬落在附近的城镇，庞贝和赫库兰尼姆。有些市民抓起他们最贵重的财物，金银珠宝，逃走了。富有的罗马人乘马车离开，穷人则步行逃命。他们到达那不勒斯湾，上船驶离。

但大多数罗马人留了下来，他们不相信自然的愤怒能够多么激烈。他们回到家中等待天空的坠尘消散。灰尘和浮石堆积在街道和屋顶上。

田野中，炽热的石块从天而降，引燃了树木和野草。

像雪一样，浮石在庞贝城中堆积了一米厚，屋顶凹陷下来，震动摇撼着房屋和躲在里面的人，这次他们害怕了。有更多的罗马人离开他们的房子奔出城去。

下午 5 时半，天已黑。闪电抽打着维苏威的山巅，仿佛一场灰烬暴风雨。

庞贝城中，浮石的重量越来越重，屋顶开始塌落，大批的居民被压死。那些活着的抓起枕头冲出屋外，穿过灰烬跋涉。虽然仍是白天，他们摸索着前行仿佛身陷黑夜一般，那些有火把的试图照亮道路，有枕头的把枕头顶在头上，但是片片浮石从天而降，打在枕头和人们的手臂上。他们在灰烬中跋涉，更多的黑色碎片雨一样落在他们身上，不久他们就被涂成了黑色，穿过街道的人群就像一群死魂灵在游行。

有的在无光的黑暗中摸索，像醉汉一样跌跌绊绊，被频繁的强烈地震所摇撼。硫黄味使他们窒息，他们嘴中的口水变成了酸，他们渴望有一杯水来冷却他们灼热的咽喉。

雷声响彻了天空，闪电照亮了大地，大地在摇撼、战栗。

午夜降临，维苏威再次猛烈喷发。一根岩屑柱高高射向天空，到达顶点然后坠落，灼热的灰烬和大大小小的浮石落入 10 千米外的那不勒斯湾，岩屑也在下坠，打在维苏威山顶上。一股炽热的灰烬像巨浪涌出维苏威山，飞速泻下山坡。浪潮涌向低处，所经之处树木倾倒。

这紧贴大地的浪潮，以每小时 100 千米的速度前进，6 分钟后席卷了赫库兰尼姆城。人、狗和马匹消失在空气中，房屋像纸一样被吹走。

8 月 25 日，早上 6 点 15 分，维苏威以无法想象的力量爆发。又一根岩屑柱升上天空，到达顶点，坠落，发出一股时速 100 千米的白炽浪潮。这一次，灼热的巨浪径直向南涌向庞贝城。城中，热气、灰尘和风吹跑了屋顶。每一个留下的罗马人做出最后一次扭曲的挣扎后，便丧失了生命的力量。房屋起火，烈火烘烤着尸体。这是维苏威的大屠杀，它鼻孔的气一出，人们便被毁灭。

上午 8 点，一阵更猛烈的热风挟带着灰尘袭击了"可怜的庞贝"，两米厚的灰尘夷平了一切。庞贝被斩首了，它的人民被处决。

在等着上船的时候，岸上的罗马人突然看到海向后退去，在沙岸上留下串串的贝壳和鱼。一个巨浪、海啸汹涌地扑来。浪头卷上海岸。死亡之手伸出，攫住了罗马人，几千人被拖入海中。海水呛满了他们的肺，他们死去，生命的灵魂逸出他们的身体。

现在是第二天的白昼，却像一个无日之夜，唯一的光亮是频频的闪电。在闪电的间隙，天黑得仿佛夜里一间熄灯的房屋。这是一片黑暗的土地，像黑暗本身，像死亡的阴影，没有任何秩序。

一块云彩洒下一场大雨，这次下的是真正的雨。雨打在地上，混合起灰烬和泥土形成泥浆。这泥浆漫下山坡与田野中的泥浆汇合，一股巨大的泥石流向那不勒斯湾汹涌而来。赫库兰尼姆正在它必经之路上，几分钟后，赫库兰尼姆被压倒，埋入 20 米深的黑泥浆下。

几天后，风清洁了空气，太阳穿透了烟霾。维苏威显现出来，但它的山顶却已消失，在原来的地方出现了一个两千米宽的火山口。维苏威已失去了它的山头，成了中空的锥体。庞贝城的建筑已经消失，埋在一米厚的灰烬中。泥浆和灰烬最终将把死者的尸体掩埋。

维苏威周围的森林、葡萄园和绿色的田野堆满了垃圾，这片灰烬与泥浆的棕灰色土地已无法居住了。

许多年过去，熔岩从地下隆起，一座新锥体出现在维苏威火山口中。自然就这样再造了维苏威的山巅，维苏威死而复生了。

公元 1738 年，赫库兰尼姆被发掘出来。10 年后，又发现了失踪的庞贝城。

现在，考古学家们扒开灰烬，发现了尸体已经腐烂的空空的腔体。他们将空腔填满熟石膏将尸体重塑出来，就像把幽灵变成石头。这样便得到了罗马人栩栩如生的雕塑，这些雕塑显示出濒死前人体怪异扭曲的姿势，显示出那些人死前脸上的怪相。

第 3 章　黑死病

一个神秘而无形的阴影

掠过大地。

1338 年一个无月的夜晚，一座港口中一艘船被波浪摇动着，第二天它将扬帆出航。一只老鼠跑上了甲板平台，这是一只不祥的老鼠，一只携带鼠疫的老鼠，它藏在船的厨房中伺机而动。早上，船员们走上船来互相开着玩笑，十分快活，即将返回故乡意大利使他们非常高兴。就这样船离开了中东，驶入地中海。

船在一天下午到达了意大利东部，所有船员都上岸去了，但是老鼠留在厨房中等待着。当夜幕降临，这带来不祥的老鼠从跳板跑到陆地上，老鼠沿月光照亮的街道的排水沟奔跑。它跑向一家粮店，躲在粮袋中间等待着。

拂晓，单身未婚的店主打开门准备营业。在老鼠的毛里，生活着一只跳蚤。它跳出鼠毛，落在店主的袜子上。一只手拂过来重重地拍打在袜子上，但跳蚤已经不见了。

5天过去，正当下午，突然，店主感到非常难受，他开始发抖，于是他早早停业回到家中。第二天，他的腹股沟淋巴结发炎，那一天他都躺在床上。下午的时候一阵高烧袭来，随后是一阵头痛，像一把刀，似乎要把他的头一劈为二，他的舌头覆满了白苔。

那天晚上他睡得很不好，打着寒战，早晨他开始呕吐，腋窝和脖子上也出现了淋巴结肿大，但只在他的左半身。他惊恐地从床上爬起来，跌跌撞撞地向一位医生的家走去。虽然这是个多云的日子，阳光依然令他睁不开眼睛。"为什么光线这么刺眼？"他想。一阵眩晕渐渐漫入他的大脑，走路时他前后摇摆着，附近的农民以为他喝醉了酒。

醒来，他发现自己在一条街的排水沟里，双腿、双臂和后背感到疼痛，他的眼睛火辣辣的，红得要冒火。他口干舌燥。他的大脑简直无法思考，他陷入了谵妄。现在，昨天的寒战消失了，代之以高烧，他觉得自己的头都要炸了，舌头的颜色已由白变黄。

一个过路人把他扶起来送回家。他俯卧在床上，一个腹股沟的淋巴结绽开，脓流了出来。他的肚子上布满了红色的斑点。

第二天，那位过路人回来，看看他情况怎么样了，但是那发灰的四肢和脸证明这人死了。

一周以后，镇上又有一个人死去。然后是又一个，又一个。不久有几十人染上了疾病，其中半数的人死去。

夜里，老鼠们出来了。它们沿着街边的排水沟爬动，躲藏在地窖和牲口棚中，像一片死亡的阴影，在全镇扩散。

9年过去了——这是1347年，黑死病已遍及意大利和希腊各地，城镇中有三分之二的居民病倒。一半以上的病人死去，当鼠疫菌渗透了肝、脾、骨髓和淋巴结，死亡便降临了。

在一个镇子上，一个衣衫褴褛的人鞭打着一匹拉车的马。他时不时地停下，从车上下来，抱起街上的死尸堆在马车上。几小时后，车上的尸体就堆成了一堆。这人把马车向镇子边赶去。在那里，他把尸体一具一具抛在一条壕沟中。附近是另外一些满是蓝灰色死尸的大坑，发出一阵刺鼻的臭气。

一年过去了，黑死病像一片黑云掠过整个欧洲。法国和西班牙被毁灭。当年的下半年，黑云又掠过英格兰，一半的伦敦人死去。在牛津大学，有三分之二的学生死亡。中学和大学中的教室都只是半满的。有的教师都不能完成他的一门课程的教学，接替者开始担任死去教师的工作。课程被压缩，因为只有极少的教授还活着，可以指导诸如几何学与拉丁语这样的课题。

一天黄昏，在马赛，一个码头工人发现有一艘船向岸边的港口漂来。它显得很奇怪，没有一个船员站在船舷上。船上也没有任何动静，没人收起拍打着的满是洞孔的灰帆。当风把船吹送到岸边时，码头工人走上甲板到处察看。他看见的只是死亡，死者蓝灰色的脸、四肢和脚踝———一艘幽灵船。

不久，出现了更多的幽灵船，因为人们不知道如何处理感染的患者。于是，在沿海城镇，病人常常被装上船，任由他们漂去、死亡。

一年过去了，黑云向北方和东方飘去，漫过欧洲中部和东部，斯堪的纳维亚和俄国。到1351年底，三分之二的欧洲人感染上了疾病。

在城市中，马车很难通行，因为病人就躺在街上。在乡下，田里长满了杂草，因为没有人手来耕作。一场经济灾难袭击了整个欧洲：商品产量下降，食品和衣物供应短缺，商品价格上升。

灾难一视同仁地袭击所有的人，富人的豪宅和农民的小屋一样，除了床上的死尸空无一人。油漆剥落，墙板破裂，窗帘垂下，许多人家都变成了"鬼宅"。

到处都是死人。

有些人仰望苍天祈求救助，有的诅咒着罗马教廷，有的甚至指责政府。

一座德国小镇，两个男人在中心广场轮流鞭打对方。其他人觉得这很奇怪，在一旁观看。当被人问起时，这两个男人说："人的困境是由于有罪。作为人，我们承认自己有罪。我们的惩罚就是鞭打。只有彼此鞭打才能获得宽恕。"在欧洲的一些地方，人们在公共场所彼此鞭打。在别的地方，农民们聚在一起，双膝跪倒，反复吟唱着神秘的词句，同时其他的人在街上换着腿单足跳跃，跳着类似原始社会的舞蹈。

新的宗教兴起。人们向神明和魔鬼祷告，其他人则崇拜偶像。

各地的失窃率都在上升，经济萧条在扩散。小偷的增多也是因为许多人丧失了信念。"如果世界是罪恶的，那为什么不去偷窃？"他们这样说。

瘟疫像风一般传播，到达了亚洲，在那里毁灭了 1500 万中国人。其他亚洲国家也有数不清的人死去。

现在只是个开始，鼠疫将肆虐几十年，规模相对较小的暴发将持续 3 个世纪。

这并不是第一场鼠疫，800 年前已经发生过一次，它在欧洲持续了 50 年。在《圣经》时代，鼠疫同样袭击过世界。这次也不会是最后的鼠疫。600 年后的 19 世纪后半叶，鼠疫将再次袭击人类，这次主要是在亚洲大陆。单是在印度，就会有 1200 万人死去。

正如太阳升起一样确定，疾病将再次袭击人类。致命的疾病将再次在地球上蔓延。人类将再次与死亡面面相觑。

第 4 章　万圣节的地震

大地张开，吞没达特汗，
遮盖了阿比拉姆的伙伴。

1755 年 8 月的第一天，葡萄牙里斯本虔诚的信徒们正在教堂中庆祝万圣节。上午 9 点 45 分，响起了一阵低沉的、几乎听不见的轰隆声。教堂中的人们抬头看见有光涌窗而入。随后大地不可遏止地摇晃起来，全欧洲都感到了这次地震。震动持续了 6 分钟，里斯本的教堂坍塌下来，压死了里面所有祈祷的人。死者的灵魂逸出他们的肉体。周围的几千座房屋倒塌。火灾很快就发生了，废墟中的木头和强劲的大风使火势更加凶猛。火焚毁了房屋。1.7 万座房屋就这样毁坏了，只有几千座没有倒塌。与此同时，幸存者为逃避蔓延的大火而慌乱地奔向码头，其他人逃到了海滩上。40 分钟过后，第二次震动刚好沿着码头震开了一道巨大的裂缝。码头和它上面的所有人都被吞没了，就像上帝审判日的罪人一样。而后大海突然退去，仿佛是退潮。三次海啸，每次有 15 米高，从大西洋中卷来。巨浪拍击着海滩，涌入内陆达几百米远。大海吞噬了站在岸上的人，夺去了他们的生命。大火在里斯本燃烧了 5 天，摧毁了里斯本和它的居民，最后 5 万多人丧生。

自然的震怒分不清
信者和不信者。

第5章　拉基裂缝

群龙将把火焰喷入大地。里斯本万圣节大地震之后 25 年，在北大西洋中有一片土地，土地上有雄伟壮丽的高山、葱绿宁静的幽谷、棕色安宁的平原和湍急流淌的温泉，它叫作冰岛。这片相对隔绝的土地表面上弥漫着宁静，但一种危险潜伏在地下。

1783 年 6 月的最初几日，地震摇撼着冰岛中南部。在第 8 天的时候，赫克拉火山喷发了。火山附近，大地裂开，地上突然出现了一条 25 千米长的裂缝。熔岩倾入邻近的斯卡普塔山谷，使之满盈，200 米深的炽热的岩浆溢出，流入一片低地，毁灭了田野和农庄。熔岩碎片从裂缝中喷射出来。65 千米长的一条岩浆激流，泻入第二条山谷。灰烬落在冰岛南部，大火烧毁了庄稼。

汹涌的熔岩流持续了 5 周，500 平方千米的土地被灰烬掩埋。20 个村庄被岩浆和灰烬消灭。有毒气体杀死了人、牛、猪和其他动物。

此后的数日，灰尘和雾霭充满了欧洲的天空，恶化的气候和酸雾杀死了冰岛四分之三的牲畜。随后发生的一场饥荒，使冰岛 3.6 万人的四分之一死于饥饿。

这条裂缝有一个名字——拉基裂缝。

第6章　神秘的脚印

1802 年，在麻省南哈德雷附近，沿着康涅狄格河的砂岩，一名村童偶然发现了一些鸟状足印。村童把足印指给他的父亲看，问父亲它们是什么。父亲说"我不知道"，就唤来了一位神父，把他带到发现脚印的地点。

父亲问神父它们是什么印记。神父回答："这些是 3000 多年前进入挪亚方舟的大鸦的脚印。"附近的居民十分恐惧，因为他们害怕上帝。"审判日肯定不远了。"他们想。

神父错了。22 年后，一块巨大的颚骨被发现，人们据此推测是某种灭绝了的"爬行怪物"。在随后的多年研究中，科学家们用脚印、骨头和化石还原出恐龙的形象。

第 7 章　自然的声音将被听见

哦，自然之神。

自然将继续惊动（有时是惊吓）世界，因为自然的行为常常是不可预料的。但在这些场景之后，她基本上是中立的，既不好也不坏，既不是破坏性的也不是建设性的。自然并不安排灾难，她只是遵从她自己的规律。问题在于，自然，有时过于强大。

这术士的声音时而令人惊恐，时而又非常羞怯。

自然把伟大之物送给世界。

自然也将任意地把它们取走。

列王记之第四书：
牛顿

主啊，给我启示。

自 1609 年以后，约翰尼斯·开普勒写下了行星运动三大定律，行星运动一下子有了数学描述。此后不久，伽利略观测了自由落体运动。他突然明白了自由落体的运动规律。他认识到所有物体的坠落速度都是相同的。他理解了炮弹的抛物运动。

于是，经典力学的种子播撒到一片肥沃的土地上，在这样的土壤上一个人会收获巨大。

1642 年伽利略逝世。伽利略的科学灵魂进入一个新生儿的躯体，他是艾萨克·牛顿。

那牛顿在青年时代，研读亚里士多德、笛卡儿和其他人的著作。牛顿说：

"柏拉图是我的朋友，

亚里士多德是我的朋友，

但我最好的朋友是真理。"

1687 年，牛顿写了一本书叫《自然哲学的数学原理》（以下简称《原理》），它将成为本书《旧约》中物理学的一部分。它解释了行星和月球的运动，并从这些基本原理中推导出了开普勒定律。人们理解了万有引力定律：地球始终被太阳吸引，月亮始终被地球吸引，雨始终是从天而降。突然，像一个启示，天体的运动被量化了，经典力学的三大基本定律被永远写下。圆周运动、抛物运动，基本上所有的宏观运动都得到了解释。像魔术一般，牛顿可以用几何学和微积分预测行星的位置。于是，当《原理》出版时，力学的基础就被确立了。

现在，万有引力就像一个奇迹——仿佛自然挥动了一根魔棒。对此，牛顿写道："这最美丽的太阳、行星和彗星的系统，只可能从一位智慧的、无所不能的上帝的计划与控制中产生出来。"对牛顿而言，自然规律仿佛就是上帝的律法。

牛顿接下来研究了光。牛顿看见了光。光变成了词语，因为《光学》，《旧约》的另一书出现了。到了 1704 年，光终于被理解了。衍射和折射得到了解释。白光通过棱镜分解成光谱，彩虹现象就被明晰与理解。然后牛顿把曲面的玻璃放在一根长筒里，这就组成了最早的反射望远镜。可以更近地观看天体了。现在有人说光是由波组成的，牛顿却说光由微粒组成。以后，人们会了解到光既是波又是微粒，既不是波又不是微粒。但对牛顿而言，光是微粒在以太中的运动。

1705 年，安妮女王封牛顿为爵士，缀在他肩头的宝剑闪烁着光芒。

就这样，在 85 年间，艾萨克·牛顿爵士写下了经典力学与万有引力的福音书。在《原理》和《光学》中，牛顿不是用两本书发表了关于物理学的定律，而是将其刻在两块石板上。

1727 年 3 月 20 日，牛顿逝世。他的肉体被安放在威斯敏斯特教堂的一座墓中。而躺在那里的只是肉体而不是灵魂，因为牛顿的灵魂与智慧逸出坟墓，升上天空，安坐在群星之间。

牛顿先生，您确定是苹果与您的头发生了碰撞吗？

列王记之第五书：
达尔文

强者将生存和繁衍。
弱者将死亡。
聪明的温顺者若想生存，
必须藏起来或披上伪装。
这些便是，适者生存的规律。

第 1 章　达尔文的早年生活

1809 年，拉马克发表了《动物哲学》，宣称生物进化是自然的一个普遍原理。虽然这种思想立即遭到了当时所有学者的反对，这一观念的灵魂却上升并进入了一个新生儿的心灵之眼。家人们围聚一旁为这个男孩取名为查尔斯。那年的 2 月 12 日，查尔斯·达尔文在英格兰诞生了。

查尔斯·达尔文天生便具有"生物学血统"：他的祖父，伊拉斯谟斯·达尔文是一位医生、植物学家、哲学家和诗人。他父亲，罗伯特·达尔文，也是一位有大量丰富经验的医生。

达尔文享受着无忧无虑的美好童年。在他的一生中，父亲的资助使他终生无经济之忧。但在他 8 岁那年，他的母亲去世了。年轻时他开始研究化学，他发现把化学物混合起来观察会有什么结果十分有趣。他花了数不清的时间收集贝壳、鸟蛋、蝴蝶和甲虫，昆虫和爬行动物吸引着他。现在，达尔文不得不在两种事业中进行选择：科学还是宗教。

16 岁时，他进入爱丁堡大学攻读医学，但是他对课程和书本不感兴趣，相反，他把大部分时间都用于和动物学家、地质学家交谈，自然界的动物和地球的结构吸引了他。而后有一天，班级的学生们去看一次手术。那是 18 世纪初期，还没有任何麻醉法。当着学生们的面，医生们切开一名患者的肉体，病人发出一声痛苦的惨叫。达尔文不得不离开手术室，他无法忍受这般痛苦的景象。此后不久，达尔文离开了学校，放弃了做一名医生。

第 2 章　事业的抉择

达尔文必须找到一个新职业。这时，达尔文像大多数英国人一样，是一个坚定的宗教信仰者。1827 年，达尔文进入剑桥大学的神学院，研究神学和上帝之言，准备成为一名牧师。但是他把许多时间花在狩猎动物和打鸟上面。他和朋友们一同骑马郊游，参加社交。

达尔文也想学习自然科学、生物和地质学，但那时的剑桥未设自然科学学位。不过，达尔文在剑桥结识了一大批杰出的科学家，其中有一位叫作亨斯洛的牧师和植物学家。达尔文常常和亨斯洛一起散步，熟悉动植物。达尔文为科学世界所吸引，这样，他研读神学的兴趣大大降低了，他觉得自己不适合做神职人员。1831 年达尔文放弃了在剑桥大学的学业，这一年将成为他事业的一个转折点。

达尔文决定去加那利群岛做一次科学考察旅行。为考察准备，他阅读了洪堡关于在南美北部进行科学旅行的一些著作。亨斯洛建议达尔文去访问威尔士，以获取地质勘查的实际经验。于是达尔文便去了威尔士，研究当地的地貌。

而后在 1831 年 8 月，亨斯洛举荐达尔文为皇家海军舰艇"贝格尔"

号的义务博物学家——"贝格尔"号是一艘有两个主桅的军舰。达尔文的父亲反对此次旅行，他觉得去南美和太平洋这样遥远地方的旅行是在浪费时间，对达尔文艰难起步的事业不会有什么帮助。12月27日，22岁的查尔斯·达尔文，从英格兰普利茅斯出发，乘"贝格尔"号驶入大西洋，离开了他的家庭。这次航行的目的是考察南美的西海岸，在太平洋建立测时站，航行预计只需短短两年时间。但旅行却持续五个年头。

第3章 "贝格尔"号的航行

以自然、同情、怜悯的名义。

"贝格尔"号向南进发。在驶往加那利群岛的特内里费火山岛途中，达尔文读完了地质学的最新理论。这个新理论论述了地貌如何随时间而缓慢改变，火山喷发、地震、风与水的侵蚀、江河带来的泥沙、沉积物的淤积等，所有这些自然力都影响地貌的形成。所以地球表面易受变化的影响，那是一种持续而渐进的变化。这种新观点不同于以往的理论，是上帝和戏剧性的短期事件使高山升起，大地下沉，或者创造了挪亚时代似的世界性洪水。现在很少有人，包括科学家和宗教思想家相信这种新观点。达尔文也同样感到困惑，因为他读过《圣经》，知道上面都说了什么。

在特内里费岛，达尔文研究了地球和它的地质构造，他在大地中寻找某项答案，但他在那里一无所获，却看见了一些自然奇迹，如蓝鸟和龙血树。而后"贝格尔"号继续向南行驶，到达了圣地亚哥，佛得角群岛之一，世界最干燥的岛屿。达尔文在那里继续探求真理。他看见一座悬崖上有一条白色夹层包含有许多贝壳，同样的贝壳在圣地亚哥海滩上也能找到。达尔文认识到这种结构是由熔岩流到一片有贝壳的海床上，而后海床隆起而形成。接着达尔文详细研究了岛上的陆地。他看见巨大的熔岩"舌头"彼此重叠着，他推断形成这样的结构需要许多次熔岩流。他得出结论，该岛的表面是由许多次熔岩流形成的。地球的真理近在眼前。

"贝格尔"号穿过大西洋。达尔文看见海中游动着海豚、抹香鲸和许多其他生物。风吹动着"贝格尔"号的船帆，驶向东海岸的巴西、乌拉圭和阿根廷。达尔文看见火烈鸟、大闪蝶和许多其他生物在天空飞翔。这些异国的风光使他陶醉。当他在阿根廷广袤的大草原上和加乌乔牧民一同策马疾驰时，他变得像牛仔一般狂野。他那在大学生涯中窒息的灵魂，像高耸的火焰一般燃烧起来，他已经被改造成了一个自然主义者。

"贝格尔"号访问了南美南端的火地岛。达尔文看见了麦哲伦海峡屹立的白雪覆顶的群山和山上的森林。在海边，在树林中，是印第安人，用达尔文的话讲，他们是贫穷的裸体民族，驾着漏水的船打鱼拾贝以维持可怜的生存。

"贝格尔"号到达了智利西海岸。达尔文冒险进入内陆，在那里他看见了安第斯群山。"它们多么雄伟、巨大、壮丽，"他想，"我面前的世界拥有伟大的真理。"在4000米高处，他在多岩石的群山中找到了贝壳的化石。"海贝在那里干什么？"他问自己。在日记本上，他写下了他的地质观察。他收集岩石为了进一步的研究和日后之用。

热带南美洲对于他就是一座乐园。他探索隐藏着奇异植物和动物的炎热而潮湿的丛林。虽然野生丛林中处处潜伏着危险，但好奇心使达尔文将危险忘在一边。他观察地上爬行的蜥蜴、甲虫、青蛙和其他生物，研究地上漫游的鹿、美洲鸵鸟、美洲豹、犰狳、美洲驼及其他生物。他发现了一块大型树懒化石和一块栉鼠祖先的化石。这些是真正的发现，因为这些生物的化石以前还无人见过。

当他发现化石时，便把它们带到"贝格尔"号上。这些化石将像自然的雕刻一般，写着关于古代生物的真理。

智利发生了地震，他看见大地上升了两米。当大地恐怖地颤抖时，它也震撼着达尔文的身体、心智和情感。大地的摇撼仿佛是要对他说些什么。达尔文明白，在大地的轰鸣中存在着"智慧"。这是达尔文生平第一次经历地震，它为达尔文带来了某种启示。

在"贝格尔"号离开智利北部的西海岸时，达尔文从他的地质学观察中，已经相信那新的地质理论是正确的：在美洲，他已经看见了规模雄伟的新地貌。他终于知道地球和自然是多么伟大。

达尔文看见了一点儿光。

现在，每到一处，他都采集标本，并随时在日记中记下他的发现。几个月的观察磨砺了他的眼光，几个月的写作也磨砺了他的文笔。通过这些活动，他收集资料的能力提高了。

1835 年，"贝格尔"号在加拉帕戈斯群岛靠岸。这些岛屿是生命的乐园。达尔文为自然的壮丽、为各种各样的动物而神魂颠倒，实际上他从未在其他地方见过这些动物。他走在一只大陆龟旁边，判断它爬行的步距。他了解到这些巨大的陆龟只产于加拉帕戈斯群岛。他被奇异的海鬣蜥迷住了，它们以海草为食，成百只成百只爬满岸边的礁石。他尤其困惑于雀科鸣鸟的喙和繁多种类。他详细记录了生活在这些孤绝岛屿上的 14 种雀鸟。在这些雀中，有两种利用仙人掌刺挖掘树皮中的昆虫。奇怪的是，在这些温暖的热带海岛上居然生活着与南极类似的有毛海豹和企鹅。达尔文还看到了鸬鹚，这种鸟不能飞，却可以像海豚一样游水、捉鱼。

他被地球和自然迷住了。他经历困惑，领悟自然。

"贝格尔"号向西航行。在太平洋中，"贝格尔"号就像一片有目的的叶子，它驶向塔希提岛。一路上，达尔文看了军舰鸟和翼宽两米的信天翁。令人惊异的是，这些鸟可以翅膀一动不动地滑翔好几个小时。

塔希提是个风景秀丽、诱人的岛屿，有着起伏的群山，塔希提很久以前就是在两座磨蚀的锥形火山上形成的。达尔文看见，在下大雨时，雨水如何变成湍急的溪流。多么奇异的塔希提！岛上长满了热带果树，珊瑚礁给它缀上了流苏。达尔文看见裸着胸脯的美丽妇女。这些由大家庭组成的民族在一位使用魔法的部落首领领导下，举行仪式并崇拜诸多神明。在温暖宜人的天气中，达尔文品尝着甘甜的水果和椰子。塔希提迷人的魅力诱惑他留下，但达尔文没有停留，而是继续随"贝格尔"号向南方其他群岛驶去。达尔文看见了鳞鲀和箱鲀这样奇异的鱼类。在太平洋的航行中，英国水手把钟表留在测时站上记录时间，但是达尔文在船上有记录历史不同的时间片段——化石，远古破碎的钟表。

达尔文研究岛屿及周边水域的地形，是火山导致海床上升，随后又缓慢下沉，这为地壳的大规模垂直运动提供了进一步的证据。后来，太平洋西南这片广袤地区将被命名为达尔文隆起。

在南太平洋群岛和美洲，达尔文观察过各种不同的陌生种族。他想："这些不同种族的部落，他们的文化、语言和生活是多么不同！他们的身材、皮肤和相貌多么不同！"

这一次，自然正在给他以暗示和象征。

在新西兰，他看见冰川如何在雄伟的雪山山坡上切开深深的"U"形峡谷。在生长着几十种不同树木的广阔森林，他看见短翅水鸡和几维鸟这些不能飞的鸟。在澳大利亚东南海岸，他发现了鸭嘴兽、袋鼠和其他非欧洲动物，还有色彩艳丽的鸟，如深红色的玫瑰鹦鹉和粉色的孔雀。"贝格尔"号冒险驶向塔斯马尼亚岛，那里生活着袋狼和袋獾。

接着，达尔文和"贝格尔"号驶向地球的第三大洋——印度洋。海中可以看见扁平的蝴蝶鱼和刺尾鱼，还有飞鱼，可以在空中做短距离滑翔，海角的鸽子、美丽的燕鸥和塘鹅在大洋上空飞翔。达尔文看见并研究它们。在航行的宁静时刻，他被海浪轻轻摇晃，他思考着，对他所看见的一切进行理论推测。

一股风有意地吹在印度洋中"贝格尔"号的帆上。1836 年，它停靠在科隆群岛，长满椰子树和棕榈的小珊瑚岛。达尔文到处收集贝壳。在这片地区，他观察了寄居蟹，详细研究了珊瑚的构造。达尔文已在太平洋和印度洋观察过许多种礁石和环礁，逐渐认识到珊瑚礁的形成是一个缓慢的过程，即只在浅水中生长的珊瑚，在它生长的同时形成了海床。过去，环礁被认为是偶然产生的是锥体和边缘处于海平面上的火山喷发的结果。但是达尔文认识到环礁形成的真正方式：首先，珊瑚在一座岛周围形成海床。如果岛的下沉足够缓慢，那么珊瑚礁就能维持生长。那样，如果岛屿浸入海水之下，留下来的将是围绕以前海岛形成的一个圆环。通过观察，达尔文发现了自然是如何运作的。

达尔文看见的自然已与他人眼中的不同，于是达尔文获得了某种与自然界的"统一"。

"贝格尔"号绕过非洲南端，再一次穿过大西洋。在南美洲西部停顿一次后，它向家乡驶去。

达尔文周游了世界，达尔文看见了世界，达尔文目击了自然的本来面目。

在 5 年的旅行后，他于 1836 年 10 月 2 日抵达英格兰，他已真正地变成了自然现象的冒险家。

第4章　达尔文的新生　对真理的探求

达尔文将他收集到的大部分标本交给可以进一步详细分析的专家。达尔文偶然在南美洲发现了新的生命形式，如一种新蜥蜴、新的唐纳雀、新的雀科鸣禽、新的青蛙和新的美洲鸵。最后这些新的物种以达尔文蜥、达尔文雀、达尔文雀科鸣禽、达尔文蛙和达尔文美洲鸵闻名。

他在加拉帕戈斯群岛看见的13种雀科鸣禽，不仅不同属，而且不同种。在加拉帕戈斯的陆龟中，有两种仅生存在该群岛上。达尔文认为这些事很不寻常，按照当时的信条，几乎每个人都相信，每一物种自被创造的那一刻起，一直保持不变。

在他的化石中碰巧有一种已灭绝的犰狳，而这犰狳化石不同于任何活着的犰狳。达尔文觉得这很不寻常。

考察已使他具备了深湛的有关地球动物、植物及地质学知识。从他访问过的群岛中，达尔文有机会观察到与外界隔绝的生命演化。

在英格兰，达尔文公开的工作是对他访问过的地方的地质与自然史进行研究与讲学，但私下里他被所谓的"物种问题"所迷惑。这个问题便是生物的起源。他详细研究隐藏着问题答案的日记和标本。达尔文注意到在动物种类之间的一个地理上的区别：在阿根廷某处的大美洲鸵，它们在另一个地区要小得多。两者都与非洲的鸵鸟不同。加拉帕戈斯的动物一般都不同于南美的动物，但奇怪的是，海鸟和海龟却是相同的。达尔文发现这很不寻常。同样，其他群岛也有自己的种类，与邻近的大陆相像，但仍不相同。

1837年，达尔文开始在日记中写下关于地球物种问题的信息。

他与动物饲养员、看守员、博物学家和植物学家讨论问题。他阅读所有与这个主题相关的东西。他秘密地进行着。他知道物种起源问题极易引起宗教争论，因为英格兰极其信赖《圣经》；达尔文知道他可能因为自己持有的思想而被吊死。他非常害怕，因为他知道人们是如何迫害文艺复兴时期的天文学家的。

至于他的公共生活，他是较为保守和谨慎的：从他的考察日记中，他写出了三本有关南美地质学的著作。这些著作马上为他赢来了科学声誉：他被选为伦敦地质学会会员。三年后他当选为伦敦皇家自然知识促进学会会员。在英国科学界，查尔斯·达尔文声名显赫。

1839 年，他与他的表妹结成伉俪，后者是一位虔诚的基督徒，不久就成为一位慈爱的母亲和出色的主妇。英国唐恩镇上的一所房子成了他们的家。他们养了许多动物做宠物：十几只猫狗在院子里疯跑。当他观察动物的行为时，他的家成了一个研究室。而在某种意义上，达尔文的房子有一天将变成一座神庙。

第 5 章　启蒙

达尔文终于获得了一个启示。他明白了为什么像加拉帕戈斯这样孤绝的岛屿上的陆栖生物不同于邻近大陆上的生物，而同时两栖生物和海鸟却基本相同。原因就在于生命是进化的，假如生命确实在进化，不同地区的生物就会发展出不同的特征，所以加拉帕戈斯的陆栖动物便不同于南美的陆栖动物。但是两栖动物和海鸟，可以"跨越"海岛与大陆间的海域，因而可以同时在两地栖居。那就是为什么这些生命形式是一致的。就这样，达尔文逐渐获得了进化的证据。他越是研究他的资料和日记，就越是相信生命是进化的。动物王国不是一成不变的，它在变化。

达尔文想理解为什么不同的雀科鸣禽的喙如此不同。达尔文认识到它们的喙因其进食习惯而调整。吃种子的鸣禽有着又宽又有力的喙，以便能衔住并咬开坚硬的种子，而啄木鸟类的鸣禽的喙短而锋利，以便凿开树皮吃掉生活在里面的昆虫。还有一种鸣禽有着细长下弯的喙，可以用来吸饮甘露。既然加拉帕戈斯岛孤立的鸣禽已经进化，达尔文假定所有岛屿上的鸣禽都起源于同一种类，是进化使它们为各自的生存形成了不同的喙和躯体，所以鸣禽的特征是随它们的栖息地和环境而调整的。这就是自然适应。

于是达尔文认识到，和地球的表面一样，生命也易受变化的影响。达尔文醒悟了。

这一次达尔文看见更多的光。

达尔文想到了上帝，他重读了《圣经》的《创世记》。他感到非常不安，因为，虽然他赞同进化，但对他而言，进化是对他的信仰的侵犯。每当达尔文想到上帝和进化，就好像有一把刀刺透了他的心。结果某种疾病降临在查尔斯·达尔文身上，他感到全身虚弱。这种疾病几乎持续到达尔文生命的终结。

他偶然读到了托马斯·马尔萨斯关于人口增长的一本著作。书中认为人口是呈指数增长的。人口数量将发生爆炸性增长，应节省有限的食物资源。"这难道不会在一个物种内部引起一场竞争吗？"达尔文想，"因为到了一定的时候将会有一场争夺食物的斗争。"所以物种内部的每一成员都会为食物而互相争斗。那些更强壮或更善于获取食物的将生存下来。那些较弱小或不太善于获取食物的将会灭亡，就这样诞生了生存斗争的概念。

过去有许多科学家观察过一个物种对另一个物种的暴行，狮子总是残忍地攻击羔羊。但达尔文认识到的是另一种残暴，在自然界，一个物种的成员彼此敌对。那些有着一对迷人的角、四肢更强壮、双腿更敏捷、爪子更长的物种将获得更多生存和繁育的机会，这就是自然选择。如果这样的特性传给后代，一个物种内的变化，也就是进化，便会得到解释。

他认为，自然选择是与动植物的人工饲养所完成的人为选择相类似的。饲养员可以看见在一代代之间性状是如何传递的，性状的传递是常识，是实验事实。达尔文推断，在竞争的自然支配下，物种的"优良性状"将传给后代，而"劣势性状"将被抑制。优势性状的遗传使物种产生缓慢的变化，这样的变化将导致一个物种不断进化。

所以不良性状被剔除，优良性状被保留，这就是达尔文的"因果律"。

他发现了一条伟大真理：适者生存——进化的基本原理。当他发现这点时，他的心中充满了狂喜，但他的神情却感到沮丧。因为几天以来达尔文一直躺在床上，他在经受折磨，这是一种将持续很长时间的痛苦。

进化理论已经存在了许多年：他的祖父一直是这一理论的倡导者；博物学家拉马克已推测出进化甚至与人有关，拉马克画了一架梯子，人类在顶端，原生动物在底端。但在那时，包括科学家在内很少有人相信进化论，认为那是一种假说，一种无根据的疯狂想法。现在达尔文提出了两件重要的事实，进化的证据和进化的演变机制。证据由他的样本、化石和他书中的数据组成，机制就是自然选择，于是便诞生了以适者生存为基础的进化理论。

在坚固的岩石上，达尔文

开始建造一座神殿。

他以他的余生将圆柱安放在坚固的岩石上。

现在达尔文的头脑已获知真理，但他的灵魂仍忠实地信仰上帝，于是他的心异常痛苦。虽然饱受心灵分离的折磨，达尔文探求真理的渴求仍驱使他前行。

第6章 物种起源

达尔文解开了物种起源之谜。1842年，他拟定了他的论文大纲。1844年，他撰写了一篇较长的草稿。这时达尔文的健康每况愈下，他的心脏无规律地急速跳动，时常呕吐。他把草稿搁置一旁，开始研究藤壶①。他花了10年时间收集资料，把它们组织成一篇论文。在这部著作中，他想证明不同的藤壶是自然选择的产物。但他担心公众会将他的著作视为异端邪说，于是他只是暗示到自然选择的原理。

他知道他已发现了一个伟大的真理，他感到他必须告诉世界。但是他隐瞒了这个真理，因为，对他而言，人类还没有为这个真理做好准备。

达尔文内心掀起了一场激烈的斗争，头脑和灵魂在战斗。有时他充满狂喜，有时他十分压抑。他经常在夜里无法成眠。他问自己："我是否该向公众揭示自然选择的原理呢？"他的情感和他的科学头脑就这样争斗着。争斗的平息尚需一些时日。

几年过去了，开始有更多的科学家谈论生物进化了。达尔文在内心思考着他革命性的论点。

达尔文逐渐认识到生命发展史不是一架梯子而是一棵枝繁叶茂的树，像金钟柏一样，那枝权就像枝形烛台，达尔文通过观察和思考发现了生命之树。

他多么渴望公之于世，他又是多么恐惧公之于世。当他的健康状况好转时，他便着手编辑他的秘密手稿。

几年之后，他的手稿基本完成，但他还在等待，他害怕他的理论会冒犯他的朋友们和其他人，甚至他的妻子也会说他的思想是异端邪说。

---

① 附着于水下物体如岩石或船底的小甲壳动物。

达尔文的内心依然在经受折磨。

1858 年的一天,一场可怕的暴风雨袭击了英格兰。闪电剧烈地在天空闪烁,惊雷仿佛摇撼着唐恩镇上达尔文的家。在火炉边,达尔文读着另一位博物学家阿尔弗雷德·华莱士的一份论文概要。这份概要总结的正是达尔文 20 年的研究中得出的论点,仿佛一位牧师讲完话又示意达尔文开口发言。

这份概要促使达尔文行动,他提交了他的手稿。现在,真理不久将发言,不久它将被奉献在公众面前。1859 年 11 月,《物种起源》发表了,真理被奉献在公众面前。

第 7 章　达尔文的晚年生活

于是花弯下她的茎,

把脸转向阳光。

有些科学家立即接受了达尔文的思想,因为它逻辑严谨且以自然证据为基础。但是一阵抗议的浪潮席卷了知识界,包括神学家、哲学家甚至普通百姓。神职人员们谴责此书为异端邪说,因为它反对《圣经》对创世的描述。神学家们不愿妥协,不愿承认《圣经》的某些记述只是一种象征。一场大辩论在博物学家、生物学家和科学家中间爆发。

几个月后,大多数科学家都开始支持《物种起源》,但仍有一些反对者。普通人开始参与到辩论中来,达尔文慢慢有了追随者。

终被接受的达尔文主义,仅仅是建立在四项原理上的。第一项原理是变异:生命形式的变异,相近属内种的变异和一个种内的变异。第二项原理是遗传，生物的性状与特征，在一定程度上会传给下一代。第三项原理是生存斗争，动物为生存而彼此争斗，一个物种内的不同成员为食物或配偶而彼此争斗。所有生命形式都受到它们环境的威胁，每种环境都有不利的因素存在。第四项原理是自然选择，它是第二、第三原理的结果，并导向第一原理：在生存斗争中只有适者才会生存，它们将把自己的特性遗传给后代，这将导致自然界动植物区系的巨大变异。

有一些科学家如此热诚地支持达尔文，他们仿佛改变了宗教信仰，将这些观念奉为福音。达尔文因这样的偶像崇拜备感困窘。

而公共辩论确实规模巨大。英国人，其他国家的人在工作中、在公园里、酒馆内这样的公共场所争论。邻居们也是如此，主妇们倚在篱笆上津津乐道着进化的话题。

辩论在著名的大学举行，因为教授们沉浸于智力较量之中，他们为达尔文的理论是对是错展开了一场大战。

达尔文尽可能避开公众的注意，集中精力收集更多的证据。他研究各种各样人工培育和驯养的动植物。

在观察兰花时，达尔文觉得它们的花蜜是有用途的。不久他认识到那用途是为了吸引蜜蜂。"为什么兰花要吸引蜜蜂呢？"他问。有一天，达尔文训练有素的眼睛发现了一只蜜蜂身上的花粉微粒，然后他假定花蜜存在是为了传播兰花花粉。凭借这些手段，兰花就可以像人类培育动植物那样繁殖后代。所以兰花利用蜜蜂代替人手进行繁育，于是植物和昆虫形成了一种合作关系。

随着时间的推移，更多的公众开始相信进化论了。达尔文的思想最终被逐渐接受。科学家、哲学家和普通人不再将世界看成固定不变的了。人们提出了在生物界是否存在着伟大设计的问题。随着时间的推移，关于物种起源的争论减少了，几乎消失了。但是科学与宗教之间关于进化的冲突将继续伴随着达尔文的一生。

而后在 1871 年，达尔文的《人类的由来及性选择》问世。这引起了公众的又一次强烈抗议，因为他认为人是进化的一部分。他提出人和所有动物的起源都与一种古老的原生变形虫相关。达尔文被一些人嘲笑，人们把他的假说称为"猴子理论"。他们说："是他的祖先猴子，使他产生了如此愚蠢的想法。"他们取笑达尔文，他们问他，是他母亲还是他父亲是从猿猴派生出来的。但在最后，获胜的既不是幽默也不是讽刺，是事实和真理。

也有另外一些人思想较为开明，他们说他的理论带来了启蒙。就这样，达尔文每写出一本书都会重新激起一场争论。

在他的后半生中，达尔文继续发表与他的发现有关的著作。他认为大型类人猿和其他"较高级"哺乳动物有感情，它们甚至可能有心理倾向，猫、狗、猴子、马以及几乎所有的"较高级"哺乳动物，在表达诸如焦虑、绝望、快乐、忠实、恐惧和痛苦这样的感情时都会移动面部肌肉并发出声音。到目前为止，人们一直认为只有人类才有感情。这样的发现对达尔文有所启迪。

接下来他指出了性的角色，性如何在雄性中激起得到雌性的竞争。在追求最有吸引力的雌性的战斗中，更强壮更健美的雄性将获胜。于是这"较好"的雄性和雌性便将它们的性征传给了后代。他解释了雄孔雀尾的美丽，因为在孔雀当中性角色是逆转的，雌性们互相争斗以便与尾巴最美的雄性交合。令人吃惊的是，当时很少有科学家赞同孔雀的性逆转概念，但一个世纪后这将是几乎被普遍接受的概念。达尔文推断雄鹿头上高耸的精致鹿角，既有防御作用，也十分性感。所以性在进化中起着作用。

用这样的论点和论据，达尔文加固了他的神殿。

他开始对人工繁殖产生兴趣，他做着自然一直在做的事情。他将生命之树视为一个互相联系的美妙的伟大结构，它拥有的美和真理远远超出神制造万物的旧观念。

最后，达尔文许多年来一直时好时坏的疾病消失了。达尔文获得了内心的宁静，仿佛经历了一次科学的涅槃，他内心的痛苦消失了。

达尔文的生活充满了欢乐。他变成了一个伟大的饲养员、植物学家和园艺实验家，他是自然之子。他注意到由风来授粉的花没有花蜜，颜色也很单调，但是由昆虫授粉的花则拥有甘甜的花蜜并展示出一系列色彩，于是花便依据它们的繁殖需要来进化。他在植物王国中证明了自然选择：有些树为争取更好的向阳角度而长得很高，努力长成最高的树。与此相似，有些藤本植物盘旋上升以获得更多的光与热。出乎意料的是，他发现藤本植物不会攀缘直径超过半英尺的树木，似乎它们知道这样的树一定是高不可攀的。他研究了食虫植物，它们可以用触毛或胶状物捉住苍蝇，于是他发现了植物活动的动力。

他的原理变成了普遍原理，它们支配所有的生命形式。用这些观察，他的神殿建成了。

达尔文最后的工作是研究蚯蚓的习性。他指出蚯蚓消化落叶在有机质循环中所起的作用，这就是自然生态。在一个漆黑无月的夜晚，达尔文拿着一根蜡烛来到外面。他把蜡烛靠近一堆蚯蚓。虽然没有眼睛，这些蚯蚓还是移开了。

它们没有眼睛却看见了光。

无可否认，达尔文一生的观察也发出了光。

他获得了真正的快乐，因为到 18 世纪末，他关于自然选择和进化的思想已被普遍接受，他拥有了一大批追随者。

1882 年 4 月 19 日，达尔文的心志安息了，他被葬在威斯敏斯特教堂，但他的灵魂没有留在那里，它高高升起，闪耀在群星之间。

列王记之第六书：

爱因斯坦

没有宗教的科学是跛子；
没有科学的宗教是瞎子。
——阿尔伯特·爱因斯坦

第1章　爱因斯坦的生活与工作

1879 年 3 月 14 日，德国乌尔姆，阿尔伯特·爱因斯坦诞生了。在 5 岁的时候，作为礼物，父亲送给阿尔伯特一只罗盘。阿尔伯特把罗盘转了一个圈，但是指针并未转动，指针仍然指向北方。这个现象震动了他幼小的心灵，阿尔伯特一直认为使事物移动需要接触，于是阿尔伯特推断在物理世界后一定深藏着什么东西。对罗盘的指南针而言，那隐藏着的深而神秘的东西便是磁力。

10 岁时，爱因斯坦开始孜孜不倦地自学，他阅读欧几里得的著作，学习几何学的基本原理；他阅读科学书籍，培养对科学的兴趣。

这时他的父亲在南德拥有一家电工厂，制造直流电发电机。一天爱因斯坦去工厂参观，在那里，他看见移动着的传送带、旋转的轮子、转动的齿轮和发光的灯泡。他观察到了电的作用和磁力的产生，以一种可触可感的方式让他懂得了电磁是什么。

16 岁时，他开始向自己提出深刻的物理学问题。例如，他问："驾驶一束光线该是什么样子？"但在这么小的年纪，他还找不到答案。在青年时代他就已经沉溺于对宇宙之谜的思考，后来他一生致力于解决这些难题。

1905 年，爱因斯坦假定光是由称作光子的微粒组成的。他提出了狭义相对论理论，其基本假设为，对任何匀速运动的观察者来说，光速都是不变的。他预言物质可以转换成能量，反之亦然。于是，物质与能量之间的关系 $E=mc^2$，便确立了。他也获得了关于驾驶一束光线的问题的答案：这是不可能的，因为无人能以光速或超光速运动。

1916 年，爱因斯坦发表了广义相对论，它假设万有引力并不是一种机械力，而是物质存在所造成的时空弯曲的结果。他的理论第一次解释了水星运动中的不规则现象，那就是，水星围绕太阳运行的椭圆轨道，应当在一个世纪里转动 43 弧秒。他的理论预言光在太阳这样的巨大物体附近将会弯曲。它暗示了引力波和黑洞的存在。它预言光离开地球表面时会丧失能量并发生红移，它的波长将变长。这种现象被称为引力能量红移。类似的，该理论预言钟表在靠近如中子星这样引力很强的巨大物体时，它将比远离这样巨大物体的钟表走得要慢一些。这称为引力红移时间膨胀。

由此，在仅仅 11 年中，大部分《旧约》的物理学被重写了。阿尔伯特·爱因斯坦重写了艾萨克·牛顿爵士的福音书。它们将成为《新约》的一部分。

爱因斯坦并没有欣然接受 20 世纪初出现的所有物理学的新进展。例如，他没有接受量子力学和宇宙的或然性理论。"我不相信上帝掷骰子。"他说。

上帝可能不会，但自然会。

爱因斯坦将他的后半生贡献给对宇宙理论的探求中，他在寻找普遍法则。普遍法则即使对爱因斯坦的头脑来说也过于深奥。

随着年龄的增长，爱因斯坦变得更为达观。他成了一个和平主义者和公众人物。有一天他说："上帝是深奥的，但他没有恶意。"

上帝可能没有，但自然有时却有恶意。

1955年4月18日，爱因斯坦没能从一场深沉的睡眠中醒来，而爱因斯坦的灵魂和智慧逸出他的肉体，高高上升并端坐在群星之间。还有许多科学家的幽灵随他一同上升。爱因斯坦和其他科学先知的思想被写入了教科书中，镌刻在人们的心中。

在某处这样写着："爱因斯坦是一个伟大的科学圣徒。"这些话就写在你的双手之间。

第2章　爱因斯坦的预言

我毕生都试图理解
电磁光的本质。
——阿尔伯特·爱因斯坦

自从爱因斯坦关于引力的论文发表以来已有若干年过去，现在是1919年5月29日。一次日食即将发生，天文学家支起了望远镜等待着。这是个多云的日子，天文学家们十分失望，直到云彩突然散开出现了光。片刻之后，天空变暗，可以看见太阳附近的星星。这些星星的位置被测量出来。现在，它们的位置不同于太阳在别处时它们在天空的位置，星光在太阳周围弯曲了。由此，像太阳这样的巨大物体，通过引力吸引光线，正如它用质量吸引一个物体一样。而且，被测出的星光的弯曲度与由爱因斯坦引力理论推算的弯曲度相吻合。先知的预言应验了。

　　1932年，阿比·乔治·勒梅特提出了一个假说，宇宙是由一次爆炸开始并仍在继续膨胀。事实上，宇宙膨胀是爱因斯坦引力理论的一个结论。现在，天文学家把他们最大的望远镜指向遥远的星系，观察它们的电磁光谱。如此遥远的星系的光谱系统位移：蓝区显现为黄色，黄区显现为红色，如此等等。这就是光的红移，一种光的多普勒效应。这意味着星系正在快速离开地球。所以，空间的结构确实在膨胀，膨胀的空间使星系相互分开，仿佛宇宙是一个大气球而星系则是涂在这假想的气球表面上的斑点。有什么人或什么东西正在向里吹气使之膨胀。随气球的胀大，斑点也分开了。但是没有人往宇宙中吹气，因为宇宙的膨胀是自然的。爱因斯坦的引力理论已经做出保证。现在膨胀率被测量出来，在一年中，宇宙伸长十亿分之五。先知的预言应验了。

　　宇宙的膨胀率被赋予了一个名字就是哈勃常量。宇宙过去的膨胀率也同样被称作哈勃常量。哈勃常量并不是恒久不变的，因为较早的时候宇宙膨胀得较快。宇宙的年龄每增长一倍，膨胀速度就降低一半。

　　当天文学家对星系的距离和速度做出更多的测量时，他们就更好地理解了宇宙的扩大。他们往回推断星系的位置，当他们追溯到150亿年前后时，认识到所有星系都集中在一小片空间中。所以大约150亿年前，所有物质都堆在一小块空间上。一开始，在一场爆炸中，物质像碎片一样四散纷飞。但是宇宙并不是真的爆炸了，它只是膨胀了。物质被浓缩在一个小空间的那个最初时刻，被赋予了一个名字，那就是大爆炸。

　　1939年，地点是哥本哈根，科学家们把铀核裂变为二。裂变导致了质量的损失，于是质量被转换成了能量。对质量的损失和能量的获得进行了测量，质量 m 和能量 E 之间的关系得到了检验。它符合公式 $E=mc^2$。先知

舌头是追求真理的第一器官。

感谢上帝，给了我一切，包括抑郁。

的预言应验了。

在宇宙最初的几秒钟内，物质湮灭反物质的时候，$E=mc^2$ 被一次又一次地应用，虽然那时还无人写下这个等式。确实，在那时还不存在生物，还没有细胞，没有分子和原子，甚至没有核子。但 $E=mc^2$ 仍然有效，因为它是一个规律。人不能创造自然规律，只能以他能理解的形式写下它们。

虽然爱因斯坦广义相对论的一些预言已经得到验证，仍有一些科学家怀疑这些新思想。他们是不信者，但其他科学家确信了，他们超越怀疑的阴影去进行实验，去证明这个理论。科学家继续探求真理寻找佐证。

1960 年，在一间实验室中，两名科学家测量了某种激光的波长。他们将激光指向上方，测量了几米高处的波长，那里的波长更长一些。这意味着，当光上升，它的能量随高度而下降。这种效应是引力能量红移。对波长的差异进行了测量，结果符合爱因斯坦理论的计算。先知的预言应验了。

用宇宙光进行了类似的实验：对白矮星表面强引力区域产生的光进行了仔细的观测。再次发现了引力能量红移。

1964 年，科学家们在等待金星从太阳后面经过。他们把强劲的雷达脉冲指向金星。雷达脉冲从地球出发，经过太阳，撞击到金星表面后弹回。反射的雷达脉冲朝向地球而来，经过太阳后抵达地球。科学家们测量了这次旅行的时间。这个时间比太阳不处于地球和金星之间时要长。在水星从太阳附近经过时，这种实验又重新进行了一次，测量出的时间延迟符合用广义相对论进行的计算。于是证实了引力时间延迟红移。先知的预言应验了。

一只极其精确的铯原子钟被放在一艘现代喷气式飞机中，而第二只铯原子钟留在地球上。喷气机在高空飞行 15 小时后返回地面。爱因斯坦的狭义和广义相对论预言，飞机中的钟将比引力更强的地球上的钟走得要慢，飞机上的钟应慢上十亿分之四十七秒。飞行结束，读取了两只铯钟的时间。与地面上的钟相比，飞机上的钟慢了十亿分之四十七秒。于是引力红移时间膨胀得到了证实。

1974年，天文学家观测到一颗新的脉冲星。它位于天鹰星座，距地球1.5万光年。它的名字，1913+16。现在，这颗脉冲星每秒发出17次无线电信号，有规律地到达地球。由此，脉冲星的信号就像一台稍不精确的天文钟。有时它微弱地变慢，有时又微弱地变快。但是这种变化是可以察觉的，并可由波多黎各的一个直径为300米的无线电天线检测出来。通过对信号变化详细的分析，科学家们推测脉冲星由两个中子星组成。信号的变化使科学家们能够看见轨迹，于是天文学家可以"用耳朵看了"。

爱因斯坦的引力理论预言，二元脉冲星系统应经历与小星星类似的不规则运动。但由于二元脉冲星系统中的引力要大得多，其效应也应更明显。计算预言，其椭圆轨道应每年旋转四度。天文学家倾听脉冲星并"看见"椭圆每年以四度规模旋转。先知的预言应验了。

因为轨道为椭圆，中子星之间的距离是变化的。由于距离的改变，两星之间的引力也反复地变强变弱，所以应有引力红移时间变化。广义相对论预言，脉冲将有4‰秒的延迟与超前。用他们的无线电天线倾听脉冲星，天文学家们观测到了4‰秒的滞后与超前。

广义相对论做出了一个惊人的预言：在两颗中子星彼此运行时，它们将辐射出引力波并损失部分能量。于是，二元脉冲星将像一个广播站一样发出无线电波和引力波。随着两颗中子星能量的丧失，它们将彼此靠近并因此螺旋飞行。但因为引力波丧失的能量如此之少，它们将非常缓慢地彼此靠近，一年仅仅3.5米。随着不断靠近，它们彼此旋转所需时间也越少。经过对信号多年的细心倾听，科学家们确实观测到它们运转一周所需的时间在减少。于是，引力波被检测出来，尽管是间接的。于是它们的存在，正如广义相对论所预言的那样被真正证实了。通过观察，测定了轨道时间的递减，从时间的减少又推测出能量的丧失。于是二元脉冲星在引力波中发射的能量通过这些手段间接地测量出来。它符合相对论的计算。先知的预言应验了。

1979 年，一台高倍望远镜观察到两个几乎紧挨在一起的类星体。以前从未见过两个彼此如此靠近的类星体。进一步的观察显示，这两个类星体以相同的速度在运行。当对这两个类星体的光谱进行分析时，它们也是相同的。这样的巧合不可能是偶然的。科学家们逐渐认识到这两个类星体不是两个，它们是一个类星体的两个影像。这情形就像一个人"对眼"时会看见双影一样。一台望远镜只有一只"眼睛"，它怎么能"对眼"呢？为什么会看见两个影像呢？一大排无线电天线对准这奇异的外星体，同样发现了一个多余的影像。很明显，无线电波和光一样也发生了重影现象。爱因斯坦的引力理论预言，非常重的物体将起引力透镜的作用。如果一个巨大的星系存在于类星体和地球之间，那么星系使电磁波弯曲，类星体出现双影。天文学家们把他们最灵敏的望远镜指向类星体所在的区域。在地球大气层平静无风、天空格外清澈的一个夜晚，人们观测到了类星体的影像中间有一个微弱的星系。这个星系的距离被测量出来，它正处于类星体和地球的中间。

随后又发现了其他双影类星体。科学家们得出结论，宇宙中包含有巨大的星系，它们使时空弯曲。弯曲的时空就像透镜一样。通过引力透镜效应，天文学家看到了空间的弯曲。于是，广义相对论的基本原理得到了验证。先知的预言应验了。

根据爱因斯坦的引力理论，一个小而暗的沉重物体也将使光线弯曲。但与产生双影的星系不同，一个大行星或小恒星那么大的物体将聚焦光线。它的作用像一面放大镜，把光线聚焦成一个更亮的点。1992 年，天文学家开始监测成百万的星体，看是否有星体在变亮。第二年，若干这样的事件被发现了。在短时间后，每一个这样的星星都暗淡了，回到它们正常的亮度，因为黑暗物体已从它们附近过去。所以，确实有看不见的不发光体在星体前面移动使它们变亮。由此，通过引力透镜，天文学家看见了用望远镜、无线电天线或肉眼所看不见的东西。他们看见了无形的东西。这些无形的物体被赋予了一个名字，那就是MACHO（massive compact halo object），意思是"晕族大质量致密天体"。

神圣的先知让人看见有光的物体。

爱因斯坦让人类看见无光的事物。

新约之

科学十诫

你应谨守我的诫命。

1. 你只可信仰一个且唯一的自然之律，宇宙之律。甚至在它们处于支离状态下，你也应遵守它的原理。

2. 你应服从引力，因为你应在时空的自然构造中沿着一定的曲率移动。此种弯曲运动将构成引力。

3. 你应服从电磁力。如果你是一个电荷，你将被与自己相同的电荷所排斥，被与你相反的电荷所吸引。磁力将是电力与电荷运动的结果。

4. 你既不能摧毁也不能创造电荷。

5. 你应服从弱力和强力，它们统治核世界和亚核世界。

6. 你不可偷窃能量、动量或角动量，所以你应使它们守恒。能量既不能产生也不能消失，只能从一种形式转变成另一种形式。动量在三个空间方向的任一方向上都既不能产生也不能消失，只能单纯地在你、你的同行和你的邻居中间变换。角动量，是物体的旋转和亚原子微粒的转动，它既不能产生也不能消失，只能在你、你的同行和你的邻居中间传递。

7. 你不能以超光速旅行。无论你是在运动还是在静止，光速都是不变的。

8. 你可将物质变成能量，能量变成物质，所以你可将能量看作物质，将物质看作能量。静止不动的物质的能量等于其质量乘以光速的平方。

9. 你应服从量子力学的原理。你不会知道微观状态是粒子还是波，因为微观状态有时像粒子有时像波。这样的状态将由量子波等式来测定。你不会同时无限精确地知道物体的位置和动量，所以你将凭不确定性和或然性前行。

10. 如果你是半整数自旋，你就是费米子，服从泡利不相容原理，你不会占据你兄弟的状态。如果你是整数自旋，你就是玻色子，你将与你的同行形成完美的对称。

这知识的十诫，
将是文化与科学的财富。
科学的黄金律，
将服从宇宙的规律，
它将包含十诫，
及其自身。

物理学之书

宗教是内在的沉思，

沉思的对象是灵魂和精神。

物理学是外在的观察，

观察的对象是宇宙及其内容。

宗教与科学相辅相成。

物理学之书是科学的经典。

它们包含自然的规律。

有了这些自然规律的知识，

人就可以更好地理解自然。

物理学之第一书：

物质

它将关系到物质之所是

第1章　微观世界

所有的物质应由基本粒子组成。这些基本粒子包括夸克和轻子。轻子，在希腊语中意为"轻盈的微粒"，包括中微子和电子。通过相互作用，三个夸克结合成一个质子或一个中子，而中子和质子结合成一个原子核。一个原子是一个环绕着电子的小小原子核。分子由两个以上的原子组成。物质由分子、原子结合而成。

碳、氢、氧等原子形成有机化合物。这样的一些有机大分子组成生命的分子，如蛋白质、脂类和核酸。有机物形成细胞，细胞形成生命的建筑材料。

第2章　宏观世界

从宏观上看，常见的物质分为三种：固体、液体、气体。冰、水和水蒸气便是例子。固体中的分子凝结在固定的位置上，而液体中的分子是自由的，它们四处流动，在流动中彼此吸引与摩擦。气体中的分子自由流动，几乎没有任何的相互作用。物质还存在第四种状态，它很少能在地球上被发现：等离子体是一种灼热气体，其中的成分都带有电荷。

> 狭义相对论将立约，
> 能量是物质的一种形式。
> 所以将有四种物质存在：
> 土、水、气和火。

物质的某种宏观状态被称为相。当物质状态从一相变为另一相时，相

飞流直下三千尺

的变化便发生了。例如，一块冰的融化，固相的冰变成了液相的水。

第3章　固体

　　有多种固体存在。金属中的电子穿过固体自由流动，所以通电时金属将会导电。超导体是一种电子在其中无任何阻力运动的物质。在绝缘体中，电子将被紧紧束缚在原子之内。磁铁是带有磁性区的固体，其磁性由电子的循环运动或自旋而产生。半导体是一种施加少许能量便可令电子流动的绝缘体。

　　晶体是一种其原子像士兵一样编成队形的固体，翡翠便是一例。晶体以不同的方式结合在一起。离子晶体由电荷相反的离子组成，离子由静电引力固定在一起，食用盐便是一例，其化学成分为 NaCl，它是由带正电的钠离子和带负电的氯离子间隔构成的三维阵列。分子晶体由范德华力[①] 约束，固态氮就是这样的晶体。共价晶体由共价键联结在一起，宝石便是例子。在金属晶体中，原子将尽可能紧密地堆在一起。在这紧凑的分布中，电子在原子间跳跃，因此导电，镁晶体便是例子。

第4章　液体

　　液体是一种可以流动的物质。与固体不同，液体中的分子可以自由移动。但原子力足够强大，使分子保持在一起，室温下的水和水银便

————————————

① 　范德华力：中性分子（或中性原子）间随距离增大而迅速减小的吸引力。

是两个例子。玻璃是稠得几乎不流动的一种液体，而超液体则无阻力地流动。

液晶是一种长刚性分子液体，所有分子都近似地指向同一方向。此时，分子将自由运动，但它们几乎不旋转。所以在某些方面，液晶将像晶体一样。但在其他方面，它们将像液体一样流动。计算器和手提电脑常使用液晶做显示屏。

溶液是一种溶解了一种或多种固体、液体或气体的液体，例如海水。

凝胶是一种富含液体的准固体，可塑性是它的一个特性，明胶和果冻便是例子。溶胶是灰尘大小的微粒悬浮在一种液体或气体中。水溶胶是水状溶胶，气溶胶是气状溶胶。乳胶是奶油或软膏这样的浓稠液溶胶，蛋黄酱和植物黄油便是例子。泡沫是有气体从中逸出的液体，搅拌过的奶油和啤酒泡沫是典型的例子。糊状物是更浓稠的液溶胶，如油彩或封泥。由长链分子组成的凝胶被称为聚合物，蛋白质、橡胶、尼龙便是例子。

第 5 章　气体

气体中的分子不再捆在一起，相反，它们将碰撞、颠簸并易于飞走。它们必须装起来，否则会扩散：氢气必须充在箱子里或气球中。大气由地球引力控制着，但在高海拔处的分子仍会设法逃脱。地球表面每立方米空气中有 20 万亿兆个分子。

等离子体是一种离子气体。它由加热的气体所产生，热将使正负电荷分开。最初 30 万年，直到重新组合，整个宇宙都是这样的等离子气体。

第6章　天文物质

固体化合物结成灰尘、沙子和岩石，岩石聚结形成行星。浓密的等离子体形成太阳和所有的恒星。一颗带有行星的恒星星体就是恒星系。恒星与行星系、灰尘和气体将组成一个星系。一个银河星团由一组星系、星际尘埃和气体组成。所有的银河星团和空虚的真空组成宇宙。

物理学之第二书：

力

力将驱动宇宙间的物体，
改变它们的运动。
在你、你的同伴和邻居中，
是自然力在推动。

第1章　基本的力

它们将像风一样无形地起作用。

四种基本力将控制物体和物质的运动。它们是引力、强相互作用力、弱相互作用力和电磁力。

引力将作用于物体。强相互作用力将把夸克拥抱在一起形成中子和质子。弱相互作用力将导致原子核微弱衰变。电磁力将作用于电荷和电流，它是原子和分子中的约束力。

第2章　宏观的力

宏观的力将是那些推、拉和驱动的力。引力、磁力和静电力似乎神秘地穿过虚空在一定距离处起作用。

有许多种宏观力存在。一种是气体压力。蒸汽从壶中喷出将产生力。

大气总是向下压迫着地球，导致气压计中的液体上升。风吹在窗户上使它咯咯作响。摩擦力是另一种宏观力，当一个物体与另一个物体相接触它便产生。空气摩擦力将阻碍降落伞或羽毛的坠落。两个固体之间的摩擦力使汽车移动，使人能行走。没有这样的摩擦力，地面将像冰一样，车轮会原地打滑，而最轻微地动一下脚也会使人跌倒。还有一种宏观力为弹力。弹簧可作为床的支垫，使床舒适而柔软。在所有这些情况下，力将由分子间的相互作用所产生：气压由分子从一个表面弹回而产生，摩擦力由沿相反方向运动的分子间相互作用而产生，而压缩的弹簧将向外推，因为分子键被压紧了。

所有分子间的相互作用都是由电磁作用产生的，电磁作用将产生除了引力之外的所有宏观力。

四种基本的力将支配一切，或远或近地起作用，控制或大或小物体的运动。它们使星际气体坍缩形成恒星，使瀑布坠落，使行星围绕太阳运转，使大陆漂移，使动物行走，使汽车开动，使直升机上升，使炸弹炸裂成碎片，使云彩飘动，使血细胞穿过脉管和心脏涌流，或者输送电荷流过电线。它们可使巴士停下或启动，使火苗闪烁，产生潮汐，或者使橡皮反弹。它们操纵巨浪推动航船。它们在线圈中盘旋。它们使风扇中的空气流动，控制风和天气，或者使大桥屹立，把分子束缚在一起。它们使一片口香糖发黏，或者推动一个被击中的棒球。它们转动表中的齿轮使钟表嘀嗒。它们使风挡玻璃上的雨刷黏滞，使弹簧弹起，或者保持细胞壁完整无损。它们使琴弦颤动，使原子核相互作用。它们引发地震使家具摇晃，或者将夸克束缚在 π 介子或质子中，触发 μ 子使之衰变。它们由引力子、胶子、大向量玻色子或光子产生。它们使悠悠球忽上忽下，或者使哨子鸣叫。简而言之，它们将控制宇宙。

物理学之第三书：

经典物理学

感谢自然。
让它的规律广为人知。
于是它被写下。
于是它将存在。

第1章　第一定律

经典力学有三个基本定律，被称为牛顿运动定律。它们将支配宏观物体的运动。

第一定律：一切物体在没有受到外力作用的时候，静止的物体仍保持静止，运动的物体仍保持其匀速直线运动。第一定律也叫惯性定律。

第一定律反映出物体固有的和自然的"懒惰"。无生命的物体缺乏改变的愿望。如果没有受到强迫它为什么要改变？所以，任何物体，无论有无生命，都想永远在自然中懒惰下去。

你为何拍动翅膀？为何在沙漠行走？

为何向天空举起手臂？

为何努力又努力地做这样的事情？

加速度使物体速度或方向发生改变，所以加速度是运动的改变，表示一种"不懒惰"。它反映出动机和改变的欲望。

第 2 章　第二定律

第二定律：物体的加速度与外力成正比，与物体的质量成反比。

所以力是改变运动的动因，质量将衡量出物体的"懒惰"程度。重的物体非常懒惰，它们抗拒改变，对力的反应缓慢。轻的物体要勤快一些，对力的反应很快。

如果你尽全力去推一块半吨重的石头，石头几乎一动不动；但如果你用同样的力推一本放在桌上的书，书难道不会飞出去吗？

第二定律为表面看来是任意运动的物体找到了一个根据。当一个天生懒惰的物体快起来或慢下来，向右或向左转弯，向上或向下翻，那么它这么做不是凭它本身的意志，而是因为有外力强迫它如此。于是，一枚硬币抛起，翻转着落到地上，是因为有一个力存在。这力是引力。所以物体的加速也是由于力的作用，仿佛自然机械地驱使物体改变行为。因此力是自然戒律的体现。

聪明的人不难看出第一定律是从第二定律得出的，因为，如果没有力作用于物体，就不会有加速度存在。确切地说，没有加速度，运动的速度和方向不会改变。

没有力便不会有运动的改变。

第3章 第三定律

第三定律：当两个孤立物体相互作用时，它们彼此施加的力将大小相等，方向相反。这就是作用与反作用定律。

这个定律表明了在所有神圣与凡俗物间的游戏是公平的。例如，如果你握住一个伙伴的手向后拉，你将向你的伙伴移动，但你的伙伴也会向你移动，因此你无法把力施加到你的伙伴身上而自身不受力的作用。你推他就是他推你，你拉他就是他拉你，所以这两股力将大小相等。这是恰当和公平的。

你怎样待人，人也怎样待你。

当推变成撞时，推和撞都不会获胜。

例如，当你推一堵墙时，墙反推回来。这就是为什么墙没有移动，似乎墙长了手一样。

第4章 引力

丘比特不断地放箭。

使相爱之人互相吸引。

引力定律：两物体间的引力与它们的质量成正比，与距离的平方成反比。引力将沿物体间的连线起作用。这就是牛顿的万有引力定律。

引力与距离的平方成反比，即如果两物体间的距离加倍，引力将减小为原来的1/4；如果距离扩大为3倍，引力将减小为原来的1/9。如果距离

小样儿，我老龟研究速度已经好几百年了。

扩大为 4 倍，引力将减小为原来的 1/16。以此类推。所以，只有相对邻近的物体才会感觉到引力。于是月亮被地球吸引，地球和月亮被太阳吸引。地球和月亮也会感到来自最近的恒星的一股极小引力，因为这颗半人马座阿尔法星有 40 万亿千米远。

引力与质量成正比，即如果地球的质量加倍，地球的引力也将加倍，你的双脚会感到双倍的拉力，你的体重用秤称量时将会加倍；如果地球质量变成 3 倍，地球引力也将变成 3 倍；如果地球质量变成 4 倍，它的引力也将同样变成 4 倍。以此类推。

一个基本参数将控制引力的大小，它就是万有引力常量，也称为牛顿常量。它是 $6.67 \times 10^{-11} N \cdot m^2/kg^2$。因为它如此之小，只有在一个物体质量巨大时其引力才有影响。所以，地球、太阳和银河将产生相当大的引力，但是岩石、砖头和大楼却不能。

引力将无处不在，它是所有巨大物体之间的强制性的"爱"。所有巨大物体都会感到彼此的吸引。这将是相互的和单性别的，不存在雌性物质也不存在雄性物质，只有一种物质存在。

从古代的天空传下这样的戒律：

你应爱你的邻人如同爱自己；

你应爱你的敌人如同爱朋友。

弱守恒定律已包含在牛顿的万有引力定律之中。它说，牛顿第二定律中的物质与牛顿万有引力定律中的物质是同一的，所以只有一种物质存在。

引力可以被理解成仿佛有一个圣灵在场，一个巨大物体将在周围创造出一种气氛——引力场。而第二个物体，在第一个物体的存在中，将感受到前者的气氛，这气氛将把它吸引向前者。

第5章　行星运动

行星围绕太阳的运动将由牛顿的万有引力与运动定律做出解释。这四个定律将结合起来产生三个被称为开普勒定律的次定律。第一次定律说，行星将以椭圆轨道绕太阳运动，太阳将位于椭圆的两个焦点之一。第二次定律说，在太阳与行星间画下的一条直线将在相同时间内扫过相同的面积。第三次定律说，时间的平方将与平均距离的立方成正比，时间是指行星绕太阳一周的时间，平均距离为近日点和远日点的平均值。时间的平方与距离的立方成正比，即"如果距离扩大为 4 倍，时间将增加到 8 倍。如果距离扩大为 9 倍，时间将增加到 27 倍。如果距离扩大为 16 倍，那么时间将加到 64 倍。以此类推"。

所以离太阳较远的行星绕太阳一周需要较长时间，土星就是个例子。土星离太阳的距离大约为地球的 9 倍，它绕太阳一周的时间大约也为地球的 27 倍。地球一年绕太阳一周，土星将需要约 27 年绕太阳一周。

由牛顿定律推导出来的开普勒定律将成为宇宙的法则。小行星和彗星也将遵守开普勒定律。这些法则适用于任何由引力束缚在一起的双体系统，如月亮和地球。

第6章　地球引力

引力使地球表面的物体坠落。它使高尔夫球和篮球返回地面。当空气摩擦力忽略不计时，所有物体，无论其质量为多少，都将以同样的速度下坠。例如，一片羽毛和一片重铁片在真空中的坠落速度是完全一致的。当物体从高塔或悬崖上下落时，它的坠落距离与时间的平方成正比。在 1 秒中，物体将坠落 5 米。所以在 2 秒中，它将下落 4 倍远，也就是 20 米。在 3 秒中，它将下落 9 倍远，即 45 米。以此类推。抛物运动将是某种物体，如矛、球或导弹穿过空中的运动轨迹。水平和垂直运动将是互相独立的。例如，一个抛射体水平方向的运动将是匀速的，但它在垂直方向的运动将是匀加速度运动，它将在第一秒中下落 5 米。加速度由地球引力产生，它将把所有物体引向地心。

第 7 章　动量

动量是一个运动物体所能产生的推动力的量。质量越大动量越大。一辆卡车和一片叶子以相同的速度运动，卡车的动量更大。与此类似，速度越快动量越大。射出枪膛的子弹比抛入空中的硬币动量更大。

第 8 章　能量

有两种类型的能量存在：动能与势能。动能是运动的能量。任何运动的物体都具有动能，运动越快，动能越大。势能是物体在一次相互作用中蓄积的能量。桌上的一只球具有一定的引力势能，地板上的球则没有。在球坠落时，它的速度加快，因为势能被转换成了动能。物体将不断地交换动能和势能，但总能量将保持不变。

能量像感情一样。动能就像亢奋的情绪，一阵剧烈地跳上跳下。势能就像抑制的感情，一旦释放，将引发暴力。

第9章 角动量

角动量是旋转动量。旋转的陀螺和溜冰鞋具有角动量，但沿直线奔跑的短跑选手却没有。角速度是一个旋转体旋转的速度。角速度越大，角动量便越大。

第10章 特殊运动

振动是前后的运动。秋风中一片叶子的运动便是一个例子。简谐运动是反复和平滑的振动，如一根被弹拨的吉他弦。圆周运动是沿一个圆的运动，如摩天轮的旋转或者地球绕太阳的运动。

第11章 静电力

丘比特不断地放箭。

使相爱的人互相吸引。

但恶魔将与人类为敌。

静电力像引力一样，只是电荷将充当物质的角色。但与只有一种类型的物质不同，它有两种电荷存在：正电荷和负电荷。与有量值的物质不同，电荷属于量子级，即有一个不可再分的基本单位，所以存在最小的基本电荷。质子的电荷量将是这个基本单位，为 1.6×10^{-19}C，一个非常小的量。一个电子也将具有相应的基本单位，但它是负电荷。

静电力定律：两个带电物体间的力将与它们所带电荷量的乘积成正比，与距离的平方成反比。例如，如果两个带电物体间距离加倍，电力则减弱至1/4。以此类推。如果两物体所带电荷相反，它们将产生吸力。如果电荷相同，则产生斥力。力的方向沿两物体间的连线。这个静电力定律叫库仑定律。

一个基本参数，库仑常量，控制静电力的大小，它是每库仑平方90亿牛顿平方米。因为它如此大，静电力将十分强大，所以很难将正电荷与负电荷分开，以至物质通常会含有同等数量的正负电荷，物质通常是中性的。

静电力就像带电体间无处不在的强制性的"爱"和"恨"。所有带电体都会彼此感到强烈的吸引或排斥，仿佛存在着雌性电荷和雄性电荷一样。正如雌性吸引雄性，正电荷也将被负电荷所吸引，负电荷也将被正电荷所吸引。至于相同的电荷，正电荷将被正电荷排斥，负电荷将被负电荷排斥。

静电力可以被理解成仿佛有一个神灵在场。一个电荷将在周围创造出一种气氛——电场。而第二个电荷，在第一个电荷的存在中，将感受到前者的气氛。如果气氛适宜，第二个电荷将被前者吸引。如果气氛不适宜，第二个电荷将被排斥。

人类可以利用静电力的好处，使电子沿电线运动并产生电流，这些电流将为世界供应动力。

第12章　磁力

像铁这样的物质是可磁化的，一旦磁化，它将变成磁铁。磁化是电荷运动的结果。当这样的电流任意流动时，不会有任何磁性存在。但当它们像行军的士兵，以有秩序的方式沿相同方向运动时，物质将磁化，磁铁将形成。

磁铁有两个磁极：一个北极，一个南极。当士兵行军时将会有一个排头和一个排尾，排头就像磁铁的北极，排尾则像南极。如果你将这些行军的士兵分成新的两组，第一组将获得一个排头和一个排尾，但是第二组也会有排头和排尾。每一组的大小，由士兵的数目决定，也将分成两份。所以，当一块磁铁被一分为二时，每一块都含有北极和南极。不可能获得只有一个北极的磁铁，同样，也不可能获得只有一个南极的磁铁。所以将磁铁分成两半不会将北极与南极分开，只是形成了两块磁铁，每一块都有南北极，并且磁力为原来的一半。

和静电力一样，磁力也可能相吸或相斥。如果一块磁铁的北极指向另一块的南极，它们将互相吸引。如果一块磁铁的北极指向另一块的北极，或者将两块的南极彼此相对，它们将互相排斥。

磁力可以被理解成仿佛有一个圣灵存在一般。一个磁铁将在周围创造出一种气氛——磁场。而第二块磁铁，在第一块磁铁的存在中，将感受到前者的气氛。如果气氛适宜，第二块磁铁将被前者吸引。如果气氛不适宜，第二块磁铁将被排斥。

人类可以利用磁力的好处，大多数马达的工作都需要磁铁。

磁场和电场相互作用：一个变化的磁场将在它周围形成一个电场，而一个变化的电场将在它周围形成一个磁场。例如，一股急剧变化的电流将形成一个变化的磁场，反过来会产生一股电力驱动第二股电流。这种效应可使变压器工作。

第13章　电磁

静电力与磁力之间的关系是自然的一个基本事实，这两者可表述为一个原理和四个公式。这个原理将被称为电磁原理，这些公式就是麦克斯韦公式。

第14章　决定论

19世纪末，人们认为如果自然力被全部了解，那么牛顿定律就可以被用来决定一切。所以，如果你了解了经典宏观力，那么你就像一个先知，可以预见未来，你将无所不知。并且你像先知一样，可以预测任何地方任何事物的运动。

19世纪科学的目的就是测定宏观力，如两个接触物体间的摩擦力，弹簧和缆索的张力，固体的支撑力，弹簧压缩或拉长中的弹力，物体碰撞时产生的力，导致物体粘连的凝聚力。目的在于理解引力、静电力和磁力，它们使牛顿的苹果坠落，使闪电闪烁，使罗盘指针偏转。

如果你了解并理解了这些力，你就像神一样，可以预见所有的事物。

19世纪末，人们知道，只有两种宏观力是基本的力：电磁力和引力。所有其他的力，如凝聚力、张力、摩擦力、弹力、支撑力和碰撞力，都是电磁力在微观层次上的表征。

如果你了解并理解了引力和电磁力，你就像神一样，视力超人，你可以看见未来。

17世纪末，牛顿已测定并理解了万有引力定律。在18世纪和19世纪，库仑、安培、法拉第、毕奥、萨伐尔、洛伦兹和麦克斯韦已测定并理解了电磁力。凭借这些力的知识，宏观运动的神秘似乎消失了。人们以为一切都已了解，全知的黄金时代已经到来。但是自然的规律已不可磨灭地刻在神圣的石头上，它们比19世纪人们所想的还要奥妙。任何人，无论是科学家、哲学家，还是牧师，都不能改变自然规律。20世纪初期，新的基本力被发现，它们是微观的和不被理解的。狭义相对论发明了，刷新了不相宜的牛顿引力。接下来发明并理解了量子力学。对人的头脑来说，它确实产生了新的谜团。接着发生的是不确定性和混沌。全知的希望随之落空。

预言未来不再是一个信息问题。

经典力学是不精确的，有时不合时宜。

但经典力学仍常常是一个好的近似。

在量子革命的后果中，

人类发现了道路的随机性。

第15章　宇宙历史中的经典物理学

在普朗克时代之后量子引力的翅膀停止拍动，在大爆炸之后亚原子微粒自我湮灭或结合，在核合成之后亚核力开始发挥较小的作用，在重组之后原子形成，其他量子涨落开始减弱，在物质扩散稀薄的几十万年后，那时自然的经典规律和力控制一切。宇宙变得稍微可以预测了。而"$F=ma$"成了最重要的规则。牛顿的三大定律几乎测定了一切。宏观力控制了宏观运动。引力坍缩在宇宙中，形成了诸如银河系与巨大真空这样的庞大结构。

物理学之第四书：

热力学

大地潺热，四野混乱。

第1章 热能及温度

一个系统是指一个单独的物体，比如一块木头，或一些物体的集合，譬如一堆沙子，或存在着的一切，譬如宇宙本身。系统的构成物为构成该系统的各个微观存在，比如分子、电子或原子。热能即是指各构成物的总动能。一杯温水有某种热能，两杯温水的热能为前者的两倍，因为其中有两倍的分子。一锅热水所具备的热能多于一锅冷水，因为热水的分子运动更快。

温度代表构成物的平均动能。地球表面的气体分子，如果其温度为300K，则其运动速度很快。但在更低电离层里面的空气分子，如果其温度为600K，或其热量为前者的两倍，则其速度更快，且其能量多出一倍。构成物平均能量与温度之间的相互关系由一个基本的常数来确定，此常数即玻尔兹曼常数，为 $1.38 \times 10^{-23} J/K$。这个常数的值非常之小，因为其构成物，也就是电子、分子和原子都是微观物质，也因为这样一种微观存在只能够携带极少的能量。比如，室温下一个固体中的每一个分子以万亿分之一焦耳的十亿分之四的能量振动。

第2章 热涨落

微观系统并非严格统一的。比如，晶体通常有少数极微细裂隙，并非处于完美的结晶状态。气体也呈现出某种不一致性，在一种气体当中，有极微细的部分会以相对较慢的速度运动，这些区域就是较冷点。在一种气体当中，还会有极微细的部分会以相对较快的速度运动，这些区域就是较热点。温度当中类似的微观变化就是热涨落。同样，也会有极少的一些区域包含较常态更多的分子，这些就是相对较高密度的区域。密度波动就是构成物的浓度在微观领域里的变化的名称。从根本上说，宏观系统的任何特性都会经历微观系统中的变化，这些变化就是波动。

唯愿黄蜂、蜜蜂和蝴蝶的翅膀更快拍动。

统计力学研究更大的一些数字以及根据概率的法则得出的结果。比如，如果扔 100 次硬币，一般来说，正面和反面的概率各约为 50 次。刚好能够成为 50 对 50 的可能性却极小。有时候，正反的比例为 52∶48，有时候是 56∶44，有时候还有可能是 45∶55。如此反复。这种变化就称为统计学的波动。

阴阳之间，
原存摆动。

有一出戏，里面有两个人这样对话：

吉："正还是反？"

罗："正。"

吉："是正。"

罗："好，我赢了。"

吉："正还是反？"

罗："正。"

吉："是正。"

罗："那好，我赢了。"

……

吉："正还是反？"

罗："正。"

吉："是正。"

罗："那好，我赢了。"

在台上，罗森克兰茨和吉尔登斯顿接连扔出 100 个正面。这是巨大的波动，是统计学上的意外，还是对概率的反驳？不，那只是一出戏。在现实世界里，根本不存在罗森克兰茨和吉尔登斯顿——这两个人已经死掉。

吉："也许这是戏中之戏。"

罗："也许我们的宇宙是宇宙中的宇宙。"

如果一个房间一分为二，那么，气体分子有可能在任何一边。某气体分子处在既定一边的可能性为 50：50，这跟扔硬币一样。因此，就存在一种极微小的，几乎是无穷小的机会，即一个房间内的十亿十亿十亿分子都偶然同时移到一个房间的右边。这样的情形称之为超罗吉事件，即一连扔出十亿十亿十亿次正面。如果发生超罗吉事件时，你正好坐在房间的左侧，那么，你的肺会突然间崩溃，你的体内就没有空气了。等待超罗吉事件发生时，不要屏住自己的呼吸，因为你将等待极长的时间，比你的生命期长得多，也比宇宙的生命期长得多。

第3章　熵

熵是统计学概率的尺度：可能性极高的一个情形将有很高的熵，可能性极低的一个情形所具备的熵就极低。比如，扔出 100 枚硬币的时候，结果为 52：48 的熵就很高。但是，如果要连续扔出 100 个正面，得出这样一个结果的熵就极低。因此，罗吉事件的熵就可以忽略不计。他们出现那样一个情形是荒唐的，无意义的，也许是危险的，最小的可能是不存在的。混乱、无序甚至死亡一定是最后的结果。

再考虑一下房间气体的问题。十亿十亿十亿分子以特殊的方式分布，但作为单个分子，它们或多或少都有很高的熵。但是，十亿十亿十亿分子全部都在一个房间的右侧的结果却是极低极低的熵。因为高度可能的情形更有可能发生，一个系统的熵就会从低向高进化。这是非常自然的情形。这也就是热力学第二定律。因为宏观系统包含万亿万亿的构成物，"概率游戏"成功的可能性极高，比如在万亿次扔硬币的活动中，如果你一开始不成功，可以再试，再试，继续试。如果你扔万亿万亿万亿次，那么，在某个点上，你一连扔出 100 个正面的可能就有了，罗吉游戏就有可能成功。但成功的时间不会太长。

第4章 热力学四定律

热力学解决宏观系统、热能和熵的问题，共有四条热力学定律。热力学零定律为：产生有效相互影响并处在接触中的物体具有同样的温度。第一定律为：总能量守恒，热能为一种形式的能。热力学第二定律为：一个孤立系统的熵随时间增高。热力学第三定律为：存在一种称为绝对零度的温度，微观构成物在其中的运动会停止。

热力学零定律如何实现？当一只冷手抓住一个温暖的杯子时，热会从温杯传导至冷手。冷手获得的热会使其温度增高，同时，温杯的热会随温度降低减少一些。热在两个物体之间流动，直到两个物体具有相同的温度。到此时，热的流动就会停止，称为热力平衡。因此，热平衡是两个物体产生热能交换的结果。

为什么只有较热的物体当中的热流向较冷的物体而不是相反的情形呢？这是因为交换会使能量以公平和民主的方式分布：当较热物体的分子快速流动，并与较冷物体的分子结合时，快速运动的分子会撞击较慢运动的分子，因而使较慢运动的分子更快地运动。较快运动的分子与较慢运动的分子相撞时，会失去一些能量，因此，其运动速度也会慢下来。最后，碰撞会使分子以差不多的速度运动，因而达到热能平衡。热能平衡也是微观相互影响的结果。

热力学第一定律来自第六诫，并包括在万有法则之中。

热力学第二定律并不遵守自然法则，它是一种数学概率的结果，因为如上所述，系统会进化成最有可能的分布。根本不存在罗吉现象。由于宇宙本身是一个孤立的系统，宇宙的熵就随时间一起增大。这会对宇宙的命运产生深远的影响。

在圆圆的蛋壳内蕴含着奇妙的潜能。里面的分子以特别的方式排列：

DNA 已准备好产生一个生命。如何到达这一高度有序的阶段，这是人们称为上帝之手的一件事。但是，如果扔到地上，蛋和里面的蛋黄就会随机四溅。扔十亿次蛋，就会有十亿种不同的破裂痕迹，因此就有十亿种破蛋的方式。虽然每一种情形的概率很低，但是，乱七八糟的破散模式却有很高的概率。从有序的生命到无确切形式的破碎，做起来有多么容易，只须扔一只鸡蛋即可明白。

覆水难收，大江东去，
纵千军万马莫能变更。

一台引擎独立地做功，吸收热能然后又恢复到原来的状态，这是不太可能的。这样一个过程会产生熵的下降，这会违背热力学第二定律，因而是不可能的。这样一台想象中能够从热中吸收能量并不停做功的机器被称为永动机。热力学第二定律宣称，这样的机器是不可能存在的。因此，汽车无法仅靠空气中的热量开动。真可惜，这样的一种想法无法解决人类对于能量的需求。

热力学第三定律描述的是终极制冷装置，其温度非常之低，一切都在里面一动不动了，这样的物体就称为无热物体。绝对零度就是给如此温度的一个名称。热力学温度系统中的绝对零度就是零。因此，跟其他比如摄氏和华氏之类的温度系统不一样，热力学系统的温度值为绝对值，是最基本的值。

第 5 章　速度分布

分子及构成物的运动是可变的。大多数分子将以平均速度运动。有些分子运动会更慢一些，而另外一些分子运动会更快一些。再有一些会以极快的速度运动，至少在有限的一段时间内是如此。但是，以极快速度运动的分子数量相当少。高能分子的罕见情形称为玻尔兹曼抑制因子。带既定速度的分子数量称为玻尔兹曼分布。

量子力学作用可修正玻尔兹曼分布在高密度或低温中的值。对于冷或密的物质，量子统计学的原理可适用。费米子将遵循费米 - 狄拉克分布律，玻色子将遵循玻色 - 爱因斯坦分布律。这表明这两种构成物的速度会有不同的分布，原因就在于费米子和玻色子的行为方式并不一样。玻色子更为民主，极易彼此混在一起。而费米子的独特性更强，因为泡利不相容原理，它们并没有彼此的通融。

第 6 章　理想气体

虚假平衡为可厌之物。

公正的砝码才令人愉快。气体还遵循一套特殊的次要法则：第一条法则是，当一个封闭容器中的分子数量增多时，压强会上升；第二条法则是，如果数量下降一半，压强也会下降一半；第三条法则是，缓慢增加容器的容量，也会使气压下降。第二、三条法则还隐含着第四条法则，即如果要保持同样的压强，温度的变化必须与容量的变化相匹配。

第 7 章　熵与生命

生命是熵的波动，这听上去像是违背热力学第二定律。这是不是指生命就一定是个奇迹呢？不尽然，因为热力学第二定律仍然有效：生命并不是一个孤立的系统。食物、光和水是外来的。一个有机物局部的熵的损失会受到环境的补偿。太阳系内部总体的熵的确在不断增大。发生在太阳系内部的增量的确居于控制地位。由于太阳及其熵的增加，地球上的生命才得以存在。生命是对熵的终极利用。

生命是如何产生的呢？答案在于扔出万亿万亿万亿次硬币，并得到一连 100 个正面。自然之手在大海里扔出了这些硬币，海水在数万亿地点被搅动了。泥水和分子每秒钟搅动 1000 次，一直搅了一亿年。经过试错法，第一只细胞产生了。

如果你爸开得足够快的话，我们今天早上出发，昨天晚上就到姥姥家了。

.

物理学之第五书：

狭义相对论

一切都是相对的。

第1章　错误的定律

难道自然不是以这种方式运作吗？

现在，我们很有必要知道，牛顿运动定律有些许瑕疵。它们并不永远正确。它们就像一些伪预言家一样，有时会使我们步入歧途。

真实的定律应是爱因斯坦的狭义相对论。狭义相对论是真实的，因为它永远正确，且已为众人接受。所有人都应服从这些定律。

当一个物体慢速运动，在牛顿定律与爱因斯坦定律之间不会有显著差别。因人类已习惯于人类自身的运动，而人类的运动速度与光速相比就微不足道，这使许多人误以为牛顿定律总是对的。将牛顿定律外推到高速运动的物体就会出错，而人类的大脑又很难抗拒这种外推。这就使人类经常感到困惑，人类的心灵就是如此渺小。

第2章　狭义相对论的六条原理

若不考虑引力，所有物体的运动均受制于狭义相对论的六条原理。第一原理为：所有的物理定律对所有匀速运动的观察者而言均是同一的。第二原理为：光速不变。第三原理为：物体的运动速度不可能超过光速。第四原理为：时间与空间是四维时空的组成部分，其简称时空。第五原理为：做匀速运动的观察者在两个事件之间的时间间隔与空间间距不同，但他们会在时空间隔上取得一致。第六原理为：质能等价，静止不动的物质的能量等于其质量乘以光速的平方。即 $E=mc^2$。

第3章　第一原理

狭义相对论的第一原理为：对所有匀速运动的观察者而言，所有的物理定律均是同一的。何为匀速运动的观察者？其指以一固定方向匀速运动之物（也包括人）。第一原理意味着什么？其意味着：一个在静止状态中做的实验与一个在沿某固定方向匀速运动的状态中做的实验，二者结果相同。假定你居住在外层空间的一艘宇宙飞船中，不论这艘宇宙飞船是静止的，还是匀速运动的，台球均会以同样的方式反弹。同理，在这样的情形中，放射性元素也会以同样的方式衰变。这是非常自然的，因为当你身居漆黑的外层宇宙空间，你无法区分宇宙飞船是处在静止状态，还是做匀速运动。因此，在不同匀速运动坐标系中的观察者看来，所有物体的运动属性均是同一的。

第 4 章　第二原理

由于光速不变是自然定律，因此，依据第一原理，对所有匀速运动的观察者而言，光速均是一样的。这也就是说，所有匀速运动的观察者测得的光速都是一样的。如果你在一艘匀速运动的宇宙飞船中，不论光是朝向你，还是背向你，你测到的光速都是一样的。而且，不论宇宙飞船是静止还是做匀速运动，你测得的光速也是一样的。对每一匀速运动的观察者而言，光速不变。这已成为一个最基本的概念。这也意味着，光速是恒定的，其值稍小于每秒 30 万千米，这一值被标为 "c"。

狭义相对论的头两则原理尤为重要，因为狭义相对论的其他原理均是由此导出。

对信奉牛顿力学体系的人来说，光速不变使他们很困惑。因为对他来说，一个物体的速度完全取决于它是否处于静止状态，但在自然界，光不遵守这一规则。

第 5 章　第三原理

第三原理是在任何情况下，物体的运动速度均不会超过光速。即时联络是不可能的，这对因果律产生极大的影响。在宇宙中一处物体的运动，不能即刻对另一处的物体产生影响。比如，当距你一万光年之外的一颗超新星爆炸，当下你看不到任何东西，你必须等待光到达你的所在之地。你必须等一万年才能看到超新星的爆炸之光。也就是说，你今天看到的是很久以前爆炸的超新星。

光速之限，也会使信奉牛顿体系的人感到困惑。因为，在信奉牛顿体系的人看来，只要有外力，物体就可以无限制地加速。

第6章　第四原理

狭义相对论的第四原理称：时间是四维时空中的第四维。以秒衡量的时间如何成为以米来衡量的空间？时间如同黄金，黄金是一种金属，但它也是钱，将黄金转换成钱，需要我们知道黄金与钱的兑换率，也就是一盎司黄金的价值。同理，时间无非以时钟的嘀嗒来计，而时钟的嘀嗒声，是可以长度衡量的。什么是时空的兑换率？光速即为时空的兑换率。要将时间转换成距离，我们只须将时间乘以光速。一秒钟的时间等于 30 万千米的距离，这也被称为一光秒。一分钟的时间等于 1800 万千米的距离，一年的时间等于九万四千六百亿千米，这也就是所谓的一光年。光年是距离单位，而非时间单位。例如，除太阳外最靠近我们的恒星（Alpha Centuri）距离地球 $4\frac{1}{3}$ 光年，太阳到地球之间的距离是 $8\frac{1}{3}$ 光分，当时间代表长度时，我们称其为 c 时间。

对于信奉牛顿体系的人，四维时空中的第四维会使他们困惑不已。因为，在他们看来，视觉世界是三维的。但一个具备"爱因斯坦式的大脑"的人，可以想象出一种四维时空的图像。

第7章　第五原理

第五原理称时间间隔与空间距离不是普遍不变的，而是依观察者而定。例如两位相对运动的观察者，就会为两个事件是否同时发生而产生分歧，同时他们对一个物体的长度也会意见不一。然而，在四维时空中，他们能就时空间隔达成一致。这种情形与毕达哥拉斯定理所说的直角三角形两直角边的平方之和等于弦的平方类似。假若让两位几何学家画直角三角形，其弦固定，那么，他们会画出无数个直角边长短不一而弦相等的直角三角形。在此，直角三角形的弦就相当于四维时空中的时空间隔，而两个不断变化的直角边相当于两个分立事件之间的时间间隔与空间间距。这样就有了一种相对论的毕达哥拉斯定理：四维时空中的两事件的时空间隔的平方等于其空间间距的平方减去其 c 时间间隔的平方。

尽管时间与空间融成一体，但信奉牛顿力学的人与信奉爱因斯坦相对论的人，均认为时间还是有别于空间的。

更有甚者，即使在知识分子中，对长度与时间概念依然众说纷纭。在狭义相对论中，两位做匀速运动的观察者观察到的空间间距与时间间隔之间的关系会得到精确定义。这种关系被称为洛伦兹变换。那些理解洛伦兹变换的人就不会为常人所争论的长度与时间概念所困扰。

对于信奉牛顿体系的人，两分立事件之间的距离与时间间隔的变化会使他们陷入迷茫。因为在他们看来，时间与距离是不变的。诚然，当观察者以相对较低的速度运动时，观察者很难觉察到时间与距离微小的变化。现在由于 c 时间被引入四维时空，时空已不再是欧几里得式的，四维时空是闵可夫斯基空间。在那里，三角形的内角和不再等于180°。

第8章　第六原理

第六原理称 $E=mc^2$，因为 c 的平方等于九千万亿平方米每平方秒，那是一个很大的数字。因此，很小质量的物体，也可产生巨大的能量，这也就是核武器能产生巨大威力的缘由。

　　质能等价会使具备"牛顿式大脑"的儿童感到困惑。但当这些儿童长大成人，他们就会理解 $E=mc^2$。

　　狭义相对论尽管难以理解，但人们应相信它，因为狭义相对论是真理。

物理学之第六书：
广义相对论及引力

时空将弯曲。

第1章　等效原理

牛顿力学引力说与相对论不相容，故牛顿引力稍有谬误，且包含有谎言。但是，这谎言并非一眼即可看穿。如引力很弱，此引力谎言即不易看穿。但当引力强大时，谎言就大白于天下，牛顿引力说立现破绽。

牛顿引力学说为 17 世纪观察之产物。时过境迁，爱因斯坦引力说接踵而至，此为 20 世纪大思想。全新、更好的引力说由此而生，这就是广义相对论及引力说。

你若乘火箭飞升太空，远离地球，远离太阳，也远离其他天体，你就是失重的。你随宇宙飞船飘浮太虚幻境，四周亦有物体绕你浮动。之所以如此，是因远在太虚之境，人无重力可言。

假如你在高层建筑高楼层的电梯里，钢索绷断，你及周围人会随电梯飞降。因你与电梯同速下降，双脚会轻离电梯地面，你也会飘动起来。因其他人与你亦为同速下降，他们也会在空中浮动。因此，你即为一自由落体，好像感觉不到任何的重力，如同身在太空火箭内飘动，也如同有伟力斩断重力。

假设你在无窗的太空舱里浮动，有钢索固定在太空舱的顶层，另一头系上火箭，并开始移动。钢索会绷紧，会拉动舱体。火箭加速，太空舱会一同加速前进。此时，你会感觉到停止飘动，你的脚会接触舱板。此为何故？是第一运动定律的原因：火箭移动并拉动钢索，但你仍旧处于非运动状态，你身体原本未动，仍保持不动的状态。太空舱受火箭拉升，一直上升，会触及你的脚。从你的角度看，就好像有伟力的巨人突然间打开重力开关，让你突然间降落到舱板上。现在你站着，你的脚就在舱板上。你感觉到什么？你感觉到舱板在用力推动你的脚。为何如此？是因为有第二运动定律：火箭发动引擎，拉动太空舱，因此，太空舱加速前进。因你站在舱板上，你即与火箭一同加速。你被迫改变自己的速度。因此，根据牛顿第二运动定律，有一种力作用于你的双脚。舱板用这种力推动你的双脚。你不知此力何来，因你无参照物，亦不知火箭的存在。你会觉得是引力在拉动你向舱板移动。

这新的洞见于1916年启发爱因斯坦和人类了解到了引力，对引力的新见解突然间打开，就如同某人倏忽间打开了电灯。

电梯跟火箭象征等效原理，就是说，不可能区分加速系统与引力。

第2章　时空弯曲

等效原理如何演变成广义相对论？答案必须由时空弯曲给定。引力为空间及时间弯曲所致。牛顿第一定律可归纳为，不管是否处于引力影响之下，一物体会在时空几何上沿最短路线移动。此路线为最短程线。在平直的表面，最短程线即为一直线。如无引力场存在，时空亦为平直时空。平

天上一天，人间十年。孟子说爱因斯坦的相对论是对的。

直时空中的直线运动将对应于匀速运动。如无引力场存在，静止的物体会保持静止，或说，以匀速进行直线运动的物体将继续沿同一条直线进行匀速运动。因此，如无引力存在，牛顿第一运动定律符合广义相对论。但是，当有引力场存在时，时空将弯曲，最短程不为直线。时空会扭曲，如同在球体中一样，球面两点间的最短程是一根圆弧线。物体在弯曲时空中沿最短程移动时，该物体会加速，因为它是在沿弯曲路线前进。因为它加速，故一种力会作用其上，此力即为爱因斯坦引力。

因此，如无其他力存在而只有引力存在，则物体会沿最短程前进。这种力要多自然有多自然。

是什么引起时空弯曲的呢？是质量。浓缩的质量会使时空发生相当大的弯曲。大量弯曲会引起最短程高度弯曲。高度弯曲的最短程亦对应高加速度，因而也会产生强大的力。离重的物体越近，弯曲程度亦会增大。但是，远离此类物体时，弯曲会非常微弱。因此，引力会随距离的增大而减小。而在弱引力上，爱因斯坦和牛顿引力几乎相等。

地球如何被太阳吸引？可将太阳比作加农炮弹，地球比作一粒卵石，床面比作时空。如果加农炮弹放在床上，床面不是会陷下去一些？如果抛起卵石，落在床上滚动，卵石不是会朝炮弹滚去吗？卵石为什么会这样？这是由于床面的原因，即床面已经不是平直的了。

第3章　爱因斯坦引力说的后果

在行星的运动中，爱因斯坦引力说不会与牛顿引力说产生很大的差别。比如，根据爱因斯坦的相对论，椭圆形的水星轨道会在每个世纪旋转43弧秒。

我们大家都必须明白，引力波的确存在。引力波如同电磁波，但是，振荡的是引力场而不是电场或磁场。可叹的是，引力波太微弱，目前还无法为 20 世纪能力有限的科学仪器检测到。[①] 不过，双脉冲星 PSR1913+16 可放射出此种看不见的波。经引力辐射过程丢失的能量会引起脉冲节拍的变化。科学家利用射电望远镜可检测到微细变化，并间接地"感触到"这种引力波，因此，科学家可以通过倾听而看到。

由于在大质量物体的存在下，空间会发生弯曲，跟光一样的物质便会受到影响，所以，光在通过如太阳、银河系或者黑矮星体等巨大物体时会发生弯曲，光会因为引力场而发生变形。因此，太阳背后的恒星发出来的光会在经过太阳时发生弯曲。从类星体上发出的遥远的光芒在通过巨大星系时将发生折射，因此而形成这个类星体的双像。这跟一个人所戴的厚眼镜会在镜片上形成"双眼皮"一样。光经过黑矮星时被聚集，这样的一个物体就有了凸透镜的表现。因此，当这样一种非发光体经过一颗恒星时，这颗星会明亮起来。跟人的直觉所感觉到的不一样，星光不会被这个物体挡住，而是会被聚集，其效果就好像放大镜，它会在一张纸上形成明亮的太阳光点。

天体物理学上所有的这些物体都将是引力透镜，这种效果就是引力透镜作用。

没有哪一种引力会以别的任何方式影响光。在有引力存在的地方，光穿过此地带的时间会更长一些。看起来会像是这样一种情况，就好像光速比在真空中的速度更低一些。比如，当光接近太阳时，将进入一个弯曲空间地带。通过太阳时，光会走更长一段距离，就如同一只卵石落入一只碗

---

① 2016 年 2 月 11 日，人类首次探测到了来自双黑洞合并的引力波信号。2017 年 10 月 16 日，全球多国科学家同步举行新闻发布会，宣布人类第一次直接探测到来自双中子星合并的引力波，并同时"看到"这一壮观宇宙事件发出的电磁信号。——编注

中再滚出来一样，这样一个通道比卵石从碗的一边走到另一边要长一些。接下来是第二种爱因斯坦引力作用：光子脱开引力时会丢失能量。因此，如果人们站在地球上，并"向上抛出光子"，那么，这些光子就会跟火箭、球和鸟一样失去动态的能量。当光子失去能量后，它们的波长会增大。这会使蓝色的光变得有些黄，黄光变成红光，红光会变得更红，所以，光谱稍稍向红的方向移动。这种现象就称之为引力能量红移。因此，在地表生成的光在地球高处会发生小小的红移，从任何一种大型物体的表面发出来的光也应该都具有这样一个特性。

作为广义相对论的结果，宇宙一直而且正在扩张。宇宙的扩张应该存在，因此时空才有可能弯曲和形成动态的性质，它会延伸、扭动或者收缩。

现在，如果在任何一个空间集聚了大量的质量，时空将弯曲，以至于自我封闭，包括光在内的任何东西，都不可能逃逸。这样的物体将是一个黑洞。在广义相对论中，就应该存在黑洞。诚然，黑洞将为"人类所见"，但非以人眼，而是以其他的方式。

物理学之第七书：

量子力学

蜂鸟振翅飞动，但其翅膀的扇动并不为人眼所见。

第1章　相对于经典力学的量子力学

万物皆遵从量子力学的原理。没有哪一种物体、粒子、原子核或者原子能够超脱其法则，因为量子力学为已被打破的牛顿定律中未为人所打破的那一部分的基础性的结果。

经典力学和量子力学不相容，一种是半个真理，另一种是真理。量子力学应为真理。

经典力学导致决定论，一切皆由最初的情形所决定。在经典力学中，如果有了现在的完整知识，未来的一切都是可预测的。但是，经典力学并非有效，因为未来是无法预见的，哪怕人类对目前的一切无所不知。

对于大过分子的物体，经典力学极为适用。因此，一些大的物体，比如大木块、球体、生物、行星、恒星和星系都属于经典力学的范畴。因为人类是比分子大得多的物体，因为人类只能观察、感觉和碰触人类大小的物体，人类就以为，经典力学是绝对正确的。

诸如原子、原子核或者亚原子粒子一样的微观物体的量子力学表现，与像太阳系、一只球或者一撮尘土一样的宏观物体的表现完全不一样。量子力学的微观世界与一个人所看到的任何东西都不一样。冒险进入原子和亚原子的世界，就如同进入世外桃源，那种景象是无法想象的。

量子力学将是正确的，不确定性也是正确的。经典力学错漏弥久，但这种错漏毕竟很小，所以经典力学基本正确。人类还是应该相信经典力学。

第 2 章　路径

敢问众多路径，孰为最短？

尔应起身前往，因彼为安宁所在。

量子力学有两个基本公式。一是路径积分。移动粒子的位置在时间进展时构成该粒子的轨迹。因此，轨迹将是通过空间与时间的一个曲线。因为它是时空中的曲线，所以它将为一个轨迹。另一是路径上的某个特定时间的一个点就是粒子的位置。

如同行走于两山之间的林中小路，你从小路一端开始行走。一个小时以后，你离起始点已经有两英里之遥，再过两个小时后，你完成了穿行。由于你以稳定的方式走完这段路，任何人都可以知道你在某个时间点的位置。你的运动是可预测的。你在任何一个时间上的位置就构成了已知的轨迹。因此，在此例中，轨迹就是林中小路。

在经典力学中，只有一条轨迹或路径存在。这个路径可根据牛顿法则予以计算，这就是经典轨迹。对此路径的了解将提供出任何一个物体在未来、现在或者过去的位置。

在经典力学中，你看上去如同一个极懒惰的人，因你会选最便当的路径。你会避开陡壁与山坡，因此你沿山中谷地行走。虽然你想走一个捷径，但这会使你爬山和滚坡。为了观赏更多的景色，你有可能想经过更长的一条路，但是，由于懒惰的本性，你还是会选择最简便的路，也就是懒人的路径。

只有诗人才会选择不太有人走的路。

而对你来说，经典轨迹将是可以预测而且行走者甚多的路线。但在量子力学中，你将是自由人，你可以走任何一条路。

量子力学——它是经典力学专制下的民主化产物。

在量子力学的世界里，一个物体将行走所有可能的道路。有些路径比另外一些路径更容易让人去选择，而所有路径中最为人所喜欢的那一条路径就是经典轨迹。由于所有路径都包括在这里，那就无法确定地预测某个物体在某个时刻到底在哪里。因此，不确定是量子力学的特性。这种现象有一个名称，即量子力学的不确定原理。

假定你生活在量子世界里，假定你也开始行路，在本量子案例中，你并不会计划自己的行走过程，你只是有一点点懒。因此，大部分情况下，你会沿当地阻力最小的路径行走。但有时候，你会决定走捷径。这些决定是随意做出的，但的确是根据自己的希望选择的，因为你更喜欢容易走的路。等待你的朋友们会很生气，他们不高兴，因为他们不能够确切地知道你到底在哪里。虽然最有可能的情况是，你就在那条最喜欢的、走的人最多的路上，或者就在那条路的附近，但是，你也可能已经迷路。

量子力学的这一公式被称为路径积分，因为"积分"的意思就是"包括所有"。

第3章　量子力学、哲学家、科学家和上帝

哲学家们辩论量子力学的意义和含义，特别是对不确定性非常关心。对于不确定原理，科学家们会明白其中的道理，自然就得遵循它的原则。

决定，再修改。决定，然后撤退。

不确定原理当然会使聪明者糊涂。

利用量子力学规律的理论家会进行无数次的计算。这些计算与实验科学家们进行的无数次实验的结果是一致的。科学家们对量子力学极为信任。甚至对某些科学家来说，他们的信仰将与基督徒对上帝的坚信不疑一样。

作为不确定原理的结果，不可能立即看到一个物体的准确位置。因此，位置和动量只能从概率上得知。这就与经典力学的位置和动量概念有极大的不同，因为经典力学中的一切都是可以预知的。

第4章　普朗克常数及动量山

量子力学行为和不确定性受一个基本数字的控制，这个基本参数有一个名字，就叫普朗克常数。

理论家假定，如果他们能够控制这个普朗克常数，他们玩"上帝"游

戏，并将此常数设为零，那么，经典力学和量子世界就会重合。如果把普朗克常数设得小一些，那就跟让山坡变得更陡一样。这样一来，某位懒惰的行者就会被迫在离最少阻力路径最近的路上行走。如果理论家的确玩出了"上帝"游戏，并使该常数为零，那么，他们就会使山坡无限陡下去，他们就会用巨手将山坡折叠起来。山谷会变成裂缝，行者会被彻底夹住。这个时候，哪怕最有精力、决心再大的行走者，也都只好被迫沿阻力最小的裂缝行走了。由于这个裂缝是经典的轨迹，运动就成为可以预测的，也就是经典的运动了。

但在现实世界里，普朗克常数为 6.6×10^{-34} 焦耳秒。虽然很小，但是这个数字绝非零。不管科学家、哲学家还是圣人、理论家，都无法使这个常数变成零。但是，由于这个常数如此之小，经典力学经常就是非常好的近似理论。由于该常数如此之小，量子力学只能够在微观世界里产生影响，而微观世界常常是不可见的。因此，原子、原子核、核子、电子、夸克和其他一些微观物体都会感觉到量子的影响，但一些活体物质，一些大块物体都不会感觉到。哪怕在微观世界里，其"山坡"和"峡谷"都会是非常之小的。

蚂蚁爬过一粒小石子、一块石头或一堆土都要费尽气力，但大象却能一步跨过。

量子力学将统治一切——

一切将倾听量子力学的歌唱。

量子力学将控制较小的物质。

第5章　量子隧道

量子隧道和障碍穿越是路径不确定性的结果。在量子世界里，咖啡杯

薛定谔的猫。死还是活在于主人的一念之差。

劝您别费劲，不确定的。

里的一颗弹子从理论上讲是有可能突然间跳出来的。一个路径存在于攀越杯子和溅出的咖啡之间。这颗弹子会从溅出的咖啡中很快地脱离出来。但是，对这个路径来说，其概率是非常非常之小的。

然而在亚原子世界里，一个物体攀越墙壁的可能性很大。有时候，粒子会跳动并逃逸出去，就跟侦察员离开大部队单独爬过一座小山一样。量子世界和微观世界跟人的世界相距多么远啊。如果微观粒子突然间翻越一道墙壁，人们不应该叫喊，也不应该惊讶，这就是障碍穿越所要讲的事情。

有一个过程，它沿量子路径通过一个在经典力学上属于禁区的地带，这个过程被称为量子隧道或障碍穿越。放射性原子核的衰变将由量子穿透所替代。这样的一种原子核就跟咖啡杯中的一颗弹子差不多。

量子力学充满极小体积的物体的波动。

量子的翅膀将不停扇动，跟蝴蝶的翅膀一样。

物理学之第八书：

亚核物理学

信仰乃所望之内核，因所望之物无从证实。

第1章　简化论

较小事物构成较大事物，更小的事物构成较小的事物，这是世界本质所在。世间诸般色相亦同理。字母构成文字[①]，文字形成句子，句子组成段落，段落形成书，各种书构成图书馆的浩繁卷帙，图书馆和私人收藏形成所有文字作品，构成印刷品的"宇宙"，亦构成知识的"宇宙"。

太初有元音及辅音。

后有文字形成。

书面文字亦出同理，世间成物亦同理。大自然基本的建筑材料是微小的夸克和轻子，它们就是世界的"字母"。它们是一切得以建成的基本单元。轻子，比如电子和中微子，有时可"单独"存在，有如字母"i"和

---

① 　原书是英文，作者以英文字母做这种类比，换成中文笔画亦可成立。——编注

"a"，因 i 和 a 自身亦为一词汇。相形之下，夸克必须在强子中合并，形成一体。因此，强子亦如同词汇。诸多强子中，有两种决定你的生命，中子和质子。夸克和轻子太小，不易为肉眼"所见"，但强子颇具体形，其直径可达一千万亿分之一米。中子和质子共同形成大自然的核心。正如将一串词组织在一起形成一个句子有很多种方法一样，中子与质子在原子核中合并的方式亦有许多种。再大一些的结构就是原子：一个或多个电子围绕原子核快速地"游动"，这层电子云与原子核一起构成原子。虽然电子云是原子核大小的两万倍，但原子核的重量几乎等于原子的重量。原子的大小，也就是十亿分之一米的十分之几，将由其电子云决定，而原子的重量将由其原子核来决定。原子，也就是"大自然的段落"，会经常合并在一起形成更大的结构——分子。分子将构成微观结构，比如气体、液体、固体和生命细胞等的构成物。分子的集合构成人们非常熟悉的事物：空气、生物、海洋和地球上的岩石。这样的宏观结构构成全部世界，种类繁多，如同书库的不同书卷。最后，像太阳系这样的世界填满了宇宙的虚空。

事物合并的方式有其法则可依。松散随意的段落构不成一本好书，散乱的句子构不成好段落，原子和分子也只有以某些方式合并才行。控制原子和分子合并的原则就是化学的原则，原子和分子的电磁力会使原子合并，化学键是基础的合并力量。同理，电子和原子核只有在某种方式下合并才行。主管原子形状和结构的那些原则将是原子物理学的研究主题。电磁理论所称的原子力将使电子云"保持在"原子核周围。

又如散乱的词汇顺序不能构成好句子一样，质子与中子也只能以某些方式合并。使原子核保持在一起的是原子核中的强相互作用。强相互作用是四种基本力之一。这四种力相互作用将构成自然的基本法则，也就是主宰一切的基本原理。对这些力的理解将是无价的科学财富，它们对科学家的价值，就如同"十诫"对牧师的价值一样。

正如散乱的字母顺序不能构成词汇一样，夸克也只能以某些方式合并。使夸克保持在一起的也是强相互作用力。因此，对强相互作用力的理解将使人们明白，强子是如何形成，为什么形成的。理解强相互作用力就是理解原子核和亚原子核。这一点大家必须明白。微观世界与地球世界的一些简单事物，比如棍棒、书籍和球体极不一样。微观世界将是一片陌生的土地，因那里的物体遵循完全不同的法则。

一个声音传出来，说："愿你再学一门新语言。"

第2章　亚原子核力

控制亚核世界的力是强相互作用、电磁相互作用和弱相互作用。第四种力，也就是引力，在这些微观世界的尺度表上可以忽略不计，因为基本粒子的质量小得无法计数。

基本粒子和亚核交互影响构成标准模式，它是被打破的万有定律的结果。标准模式具有隐性对称。但是，如果宇宙只有万亿分之一秒的时间，对称的一部分就被毁坏。这样，标准模式的显性对称就更少了。

强相互作用可在千万亿分之一米的距离内发挥作用，这也就是原子核的大小。弱相互作用仅在更小的作用范围内起作用，也就是千万亿分之一米的千分之一范围内。

弱相互作用的强度如此之小，几乎很难发挥作用。这在原子核中亦是一样。但是，弱相互作用可引发某些稀有衰变。原子核外的中子就是一个典型的例子，这样的中子在15分钟时间内经历一个弱相互作用衰变，变成一个反中微子、一个电子和一个质子。

第3章 亚核粒子

存在两种基本粒子：玻色子和费米子。基本的费米子构成物质，玻色子形成力。

玻色子就是8种胶子、光子、W^+、W^-和Z。我们必须明白，所有粒子相互作用都是通过玻色子的交换进行的。比如，电子能释放出一个光子，光子接下来为质子所吸收。这会在质子与电子之间形成一种电磁作用。总体来说，电磁相互作用会通过光子的交换而产生。一种夸克能释放出一个玻色子，玻色子接下来为第二个夸克所吸收。这种交换会产生一种强相互作用。总体来说，强作用力会在交换玻色子的过程中形成。一个中子有可能通过释放一个W^-和质子而衰变。但是，这个W^-生命周期很短，它并不能够存活很长时间，几乎立即就衰变成一个反中微子和一个电子。这个W^-从一个质子那里"诞生"，又在电子附近"死亡"，它会形成弱衰变。总体来说，弱向量玻色子、W^-和Z的交换构成了核弱作用力。

在基本粒子、费米子中，有些会受到强作用力的影响，这就是夸克。不能够感觉到强作用力影响的费米子就是轻子。强作用力会如此之强，夸克会以两到三个以上组合起来，称之为强子——单个的夸克永远观察不到。但是，轻子将会是自由的，它们可以孤立存在，有时候还可以"看到"。比如，闪电之际，你可以看到无数的轻子。由于没有人能看到一个夸克的存在，许多人就会怀疑，夸克到底存不存在。但是，在你的体内，应该有数亿万兆的夸克存在。

水，水，四处是水，

但无一处是饮水。

粒子都有"镜像"对等物，对每一种粒子来说，都应该存在一个反粒子。反质子是质子的反粒子。如此往复，没有穷尽。一种反粒子的反粒子就是粒子本身。比如说，正电子的反粒子就是电子。有些粒子是其自身的反粒子，光子就是其中一例。轻子的反粒子称为反轻子，夸克的反粒子是反夸克。大自然的这些粒子构成费米子性质的反物质。反物质和物质相遇，会造成湮灭，产生光子形式能量。反物质在地球上很少见。的确，大部分宇宙都是由普通的物质构成的。但是，在宇宙生成不到一秒的时候，物质和反物质以差不多同样的数量存在着。

第4章　粒子的旋转

粒子可旋转，它们像小陀螺一样旋转。量子力学并没有宣称这种旋转一定是以量子比特——基本单元一半的多倍，也就是普朗克常数——旋转的。因此，粒子有可能带有零个、半个、一个、一个半、两个等的旋转单位。带整数旋转单位的粒子为玻色子，带半数旋转的粒子为费米子。因此，玻色子与费米子之间的根本差别在于其旋转数。

第5章　人类——物质创造者

人类利用现代机器加速了质子和电子的运动，制造出数百种不同粒子。通过这些方法，人类解开了大自然基本的科学密码单位，发现了大自然基本法则中的一些"字母、词汇和语言规则"。在未来，人类将被驱动，发现更多的密码，因为人类矢志揭开大自然更多的秘密。人类通过实验、发现和理论探讨，对宇宙会有更深的理解。

物理学之第九书：

核物理学

尔等见巨物，尔等亦见尘埃。

第 1 章　核元素

有 92 种自然生成的核元素。氢由单个的氢原子构成，它是一号核元素，自宇宙大爆炸十分之一秒的解禁相变后就存在着。这是最轻的元素，是恒星辐射的燃料，也是核物质的基本构成材料。

可见，只有氢的宇宙将为无生命的冷漠世界。宇宙创造了诸多恒星来构成其他的元素。恒星能以超新星的形式爆发，分解其内核，令元素广布宇宙，以尘埃和物质填充宇宙虚空。

各核皆得其名。核之得名，以其核中质子数确定。

氦核由氢与氢之合并而成。增一氢核于氦可得锂核。氢、氦和锂是原本的核，俱为宇宙仅数分钟生命期内由宇宙大爆炸之核聚合过程产生。铍元素含 4 个质子，硼含 5 个质子，碳核含 6 个质子，氮含 7 个，氧多一个，含 8 个质子。如此往复，至铀产生为止。铀中所含质子数为 92。

这 92 种元素如同人类世代。氢为古稀彭祖，乃祖辈之祖。自以后至千秋万代，各元素都以其父与质子的姻缘而生。

亚当如同原子，夏娃亦同。

亚当娶夏娃，夏娃得孕——

生子如氦。

氦亦为父。

众元素亦照此繁殖，令子孙延绵。

至 20 世纪，人类抗拒自然法则，继而自造其他核类。照此，人类制成 11 种重元素，计有锝、钷、镅、镉、锫、锎、镄、镄、钔、锘和铹。

现代人类继而造更重的元素，计有𬬻（104 号元素）、𬭊（105 号元素）、𬭳（106 号元素）、𬭛（107 号元素）、𬭶（108 号元素）、𰾑（109 号元素）等。但此类元素生命极短，可成活一秒、几分之一秒或千分之一秒。

第 2 章　核的结合

众人须知，强作用力令核子束于核中。但强作用力不足以束缚质子及单一质子于核内：单一质子的原子核会分解，因带正电荷的质子会产生电排斥力。强作用力虽强，但不足以克服电排斥力。

如上所见，仅有质子的宇宙为无生命的冷漠世界。大自然即得中子，中子如质子，但无电荷。中子可与强作用力产生强烈相互作用。因此，核中强作用力因中子的加入而强化。原子核因中子的增加而形成。宇宙及恒星的初期即是如此。

氦核为两个质子及两个中子。锂为 3 个质子并 4 个中子。铍为 4 个质子及 5 个中子。硼为 5 个质子及 6 个中子。碳为 6 个质子及 6 个中子。氮为 7 个质子及 7 个中子。氧为 8 个质子及 8 个中子。

人的智慧超过了我的设计。

别老纠缠我。

如此往复。中子令质子彼此分开，弱化电排斥力，所以能够保持强吸引力。

原子核的构成物称为核子。核子为二，其一为质子，其二为中子。

第3章　核裂变

原子核若带太多或太少中子则不稳定，它会裂变成两个或更多较轻的原子核。这个过程称为裂变。因最终质量总数一般少于初始质量总数，质量即转化为能量，据第八诫，此质量为一种形式的能量。又因少数质量可转变为巨大能量，则巨能得以释放，所释放的能量约为化学反应释放能量的百万倍，所以核能以千电子伏或兆电子伏为计量单位。

不稳定的核有放射性，这一衰变过程称为放射现象。放射现象有时以量子隧道效应的形式进行。因难于以机械方式令量子穿过，所以核以相对较慢的方式衰变。由于须克服的量子屏障大小不一，放射性核的衰变期有巨大变化，此衰变期自数秒至数十亿年不等。比如，氪93的一半在一秒内衰变完毕，然而铀238的半衰期则为45亿年。

某些放射性核可衰变成另一种核和一个 α 粒子。这种裂变为 α 衰变，因一 α 粒子得以释放。这一过程可借SU–三型强作用力得以进行。

某些核借中子内在的不稳定性而衰变。新中子在核中更稳定，但并非恒久的法则。在这种情况下，中子可在真空中衰变为一个反电子微中子、一个电子和一个质子。此电子没什么重量，因而以极快的速度逃逸出此核。这种电子即称为 β 粒子。这一过程称为 β 衰变，因一 β 粒子得以释放。此过程在SU–三型弱相互作用中进行，为亚核中的弱相互力，此弱相互力极少表露，是这个中子缓慢解体的原因。

某些核会在更高能级的激发状态中临时存在。这种核会释放出高能"光粒子"，即一种 γ 射线。受激发的核会释放出这种射线，失去能量，并进入低能状态。在此状态，核处于静止期，不再动摇。这一过程称为 γ 衰变，因一 γ 射线得以释放。此过程因 U–1 型电磁力得以进行，是电荷及磁体相互影响的原因，控制原子及分子力，也是亚核之力。

这三种裂变过程根据三个希腊字母"α"（阿尔法）"β"（贝塔）和"γ"（伽马）得以命名，为核衰变最常见方式。

第4章　裂变链式反应

在某些裂变过程中，中子会释放。如果没有核材料在场，中子会逃逸，不产生进一步的反应，裂变过程就此完毕。但是，如果有大量核材料出现，中子会与其他核子相撞，引发后者产生相继裂变。这些核子受到中子的撞击并产生裂变后，会在其核衰变过程中生成更多中子。这些新的中子会撞击更多核子，引发更多分裂，产生更多中子和更多裂变。这一过程称为链式反应，并将一直持续至核材料耗尽为止。如失去控制，核的链式反应会以灾难性的方式快速进行。由于终极材料中的质量少于初始材料中的质量，质量即转化为能量，据第八诫，这种质量为一种能量形式，因为少数质量可以释放出巨大能量。

此链式反应已为人类所掌握，

令人类因此受益，亦可促其毁灭。

第 5 章　核聚变

　　两个核子可结合形成更大的单一核子。两个核子的聚变称为核聚变。聚变之所以有可能产生，是因为单一更大核子的终极状态中的质量少于构成两个更小核子初始状态下的质量。聚变主要通过强相互作用力而进行，不过，电磁及弱相互作用力有时候也可以发挥作用。在聚变中，由于最后的核子的质量少于最初的核子的质量总数，质量将转化为能量，据第八诫，这种质量为一种形式的能量。因少数质量可释放巨能，所以巨能得以释放。聚变为恒星和太阳的燃料。在此类恒星中，自氦至铁的元素会形成。聚变在宇宙初期进行，从大爆炸产生的一秒至数百秒内。宇宙初期，光元素及重氢、氦、氦-3 及锂的同位素得以形成。聚变有时也在人造的回旋加速器、核粒子加速器中出现。聚变亦为氢弹爆炸产生巨大能量的原理。

物理学之第十书：

原子物理学

尔等须遵循此法则，
不可再生二心。

第1章　结构

原子是物质最小的单元，如不施加裂变则不可再分。原子由极小且较重的带正电荷核子和电子云构成，电子云为相对较大、较轻及带负电荷的电子分布。

原子中的电子以量子云形式围绕核运动，量子云最稠密部分是电子最易发现之处。这一量子云为量子物理学的结果，量子定律掌管原子及更小粒子的地带。原子中的电子绝非粒子，而是成片的电子云。

原子的"心脏"为原子核，含一个或多个核子，原子核由中子及质子构成。原子质量数为这些核子的数目。由于质子带一个正电子，原子核的电荷就是这些质子的数量。原子序数就是指这个数字。

第2章　电荷

包卷着原子核的电子云由一个或多个电子构成。由于电子带负电荷，电子云亦带负电荷，该片云的总电荷为电子的数目。如果一个原子的质子数等于电子数，则此原子为中性。一般而论，原子为中性，因大自然遵循异性相吸的法则，因此，电子将因电子力而吸引至原子核。原子核及电子云将束缚在一处，如甲虫之束于蛛网。但能量激发有时候会令两者分开，因此，热气体中的原子常丢失电子，因热能如强风刮断蛛网。非中性的原子将带电荷，转而称为离子。

第3章　大小及重量

核子重量为电子重量的 1800 倍，原子重量即由原子核所决定。因此，原子的质量即原子质量数乘以核子的质量。大部分原子的大小是一亿分之一厘米。但是，原子的大小，即其电子云的大小，会随电子数量的增多而稍有增大。由于核子的数量上升，原子核的大小也会增加。但大部分原子核的大小是原子的尺寸的两万分之一。

如此细小物体的存在有时候令人产生怀疑，但是科学家可进行实验，提供无数佐证以说明原子核及原子的存在。这些科学家相信原子核及原子的存在，另外一些人没有看见这样的实验，只得依靠信仰。

新约之化学书

且听此等箴言。

第1章　元素周期表

第一列有肉红玉髓，

有黄晶并红榴石。

元素可列入一张表，这张表如同戏院的座椅，分排成列予以固定。一种元素可坐于某排某列，但只能坐在这个排定的位置。共有7排。前排座椅数为二。二排座椅数为8，三排亦同。四排和五排数为18。六排和七排数为32。这就是元素周期表。

元素周期表乃大自然之殿堂。

元素周期表是三要素的集成：一为力，一为原理，一为事实。此力即为电磁力，是电子束缚于原子核内的原因。这一原理就是泡利不相容原理，为第十诫。此诫曰，相同费米子，比如电子，不可处于完全相同的状态。

此事实为，电子有内旋半周期。旋转半周期的粒子有两类旋转：顺时针旋转及逆时针旋转，也称为上旋及下旋。上旋的电子与下旋的电子不同，所以它不是同一费米子。因此，泡利原理可分别适用于上旋及下旋电子。

第2章　价电子、化学族及化学键

在化学世界里，键为桥梁，为连接一分子中各原子的基本单元。理解这些键，即是要明白大自然神圣结构中的规则。构造单元当然为原子。宏观世界即因化学键和原子得以建成。

键有多种：离子型、共价型、同位型、金属型等。原子也有可能通过其他结合机制得以键合，如分子轨道法、氢键、范德华力等。

原子的键合由外层电子决定，称为价电子。其他的电子，非价电子，将占满壳层。

第3章　大分子

小分子合并可形成大分子，亦称高分子。跟原子一样，较小分子可经由共用、重组及交换电子云而得键合。尼龙、DNA 和 RNA 为此类大分子之例子。

较低温度下，键合能力较强，反之亦然，是因为较高温度中，原子振动剧烈。这些振动原子不易进入较低能状态。在高温环境下，化学键会断裂，分子会解体。据此，在足够高的温度下，将只存原子。这就是太阳的情形，太阳之内无分子存在。温度又如风吹水泡。温度低时，风速缓慢，水泡虽有形变，但并无毁伤。温度高时，风力强劲，水泡为之所破。水泡的破裂，类同键的断裂。

较低温度时，分子中的范德华力也会引起分子键合，因为此时力虽弱，但它们具有吸引力，且范围广泛。如温度足够低，分子聚合形成液体、固体、凝胶或细胞。所有键合起源都是电磁现象的结果，因在原子及更小粒子的王国，电磁力统领一切。

第 4 章　化学及宇宙初期

重新组合发生时，宇宙年龄不到 30 万年，此前没有原子存在，因宇宙太热。在此炽热的宇宙内，电子及原子核在各自的海洋内游动。没有原子，即没有化学存在。但宇宙得以足够膨胀，此后冷却下来，电子及原子核才得以结合，此刻即称为重新组合。从这一组合之后，宇宙即有了原子。创造初始原子的力为原子力。带负电荷的电子与带正电荷的质子之间的电子吸引力使这些粒子合并。宇宙进一步冷却，有些原子便"携起手来"，分子即形成，这些手便是化学的键合。大自然从此开始构造微观结构，最终构成宇宙的宏观物质。起初，此宏观结构仅止于气体和灰尘。之后，引力不平衡引起此类物质瓦解，恒星和行星因此而形成。在行星中，化学键合形成岩石和尘土。在此，化学及碳形成有机分子。在至少一个这样的星球上，有机分子自组形成活的形式，即生命。

亲爱的，我送你一吨极品钻石，只要改变碳原子的结构就可以了。

新约之生物学书

此为生命起源之书。

生物之为生命，不过雾月水花，

来之如风，去亦如风，

肉身陨灭，一去不再回返。

第1章　生命系统

生命科学就是生物学。生物学植根于化学，化学的基础又是物理学，物理学是人类对大自然基本法则的理解。

一切生物皆对其环境产生反应，使用能量，并繁殖。能量经由分子的键合来自化学能，又以光合作用来自太阳，更以热交换的形式来自地球上的海洋，诸如此类。生物之存在为高度偶然，它们对环境产生反应，感觉周围的存在，利用各种特别的情形，"随心所欲"，还十分贪婪，因"利"若不能谋则失，失者则亡。总而括之，生物繁殖，一分为二使然，性使然，细胞分裂使然，"排出"子嗣使然。

细胞是基本构成材料，是生命的生化"工厂"。细胞由分子构成，分子由原子组成。原子是四周有电子围绕的原子核。原子核中的质子及中子各由三个受束缚的夸克构成。生物浑身都是电子及夸克。

地球生命多样繁复，现存数百万不同物种，另有数百万种已经灭绝。品类虽多，但是所有生物都有同样的遗传密码，因一切生物皆源自古代共同始祖。芸芸众生，都源自同一祖先。我们都为更大生态系统的复杂生物，此系统叫地球。

第2章　生命的分子

火、土、气和水，

脑波、皮肉、呼吸和血液。

动物的身体皆由有机化合物构成，化合物是由碳、氧、氢、氮及其他元素构成的。碳为有机物质的支柱：通过碳形成四种原子键的能力，使自身与另外一些原子以有机化合物的形式链接在一起。生命由大分子构成，大分子是由数百、数千甚或数万的原子构成。人体的主要大分子为碳水化合物、脂类、蛋白质及核酸。

碳水化合物是存储能量的大分子。糖、淀粉及纤维素即是其例。碳水化合物中的能量由生物体予以利用。

脂类为脂肪及脂类物质，其有两种作用：其一为存储能量，其二为细胞的构成材料。

蛋白质有多种用途。某些蛋白质为细胞的建材。比如，胶原蛋白为骨骼、腱、韧带及皮肤之用，角蛋白为外端皮肤所用，比如指甲及头发。像肌浆蛋白、肌动蛋白及肌球蛋白一类的蛋白质构成肌肉组织的大部分。像白蛋白及球蛋白之类可溶解蛋白出现在血液及乳汁中。蛋白质亦为构造新组织的基本材料，为修复伤残组织之必需。蛋白质也是能量的来源。血红蛋白等呼吸蛋白可在血液中携带氧分。抗体将起防范作用，令生物体不受外来物质的侵害。

某些蛋白质称为酶，可刺激并加速代谢，代谢过程是从生物体中的物理和化学反应中产生生物变化的过程。许多种酶的作用类同商业经纪人，它们将两种不同的东西连接在一起，使其产生更快的相互作用。有些酶跟银行家一样，它们借出一些钱，使商业得以加速进行，这部分钱就如同激发一种化学反应所需要的能量一样；这类酶为催化剂，使这些障碍得以减少，使分子更容易产生反应。在消化过程中，酶将分解一些营养物，比如蛋白质、脂肪及碳水化合物，使其变成更小和更基本的分子。有些酶引导这些更基本的分子，直到它到达血管，另外一些酶有助于较小的基本分子形成更大更复杂的分子。酶有助于存储能量，并有助于能量的释放。酶为生命的必需，所以蛋白质也是生命之根本。

　　核酸给予指令，它们赋予细胞以目的，告诉细胞做什么。它们将信息编码，然后使它传播至其他生物成分。在繁殖过程中，核酸使基因信息从一代生物传递至下一代生物。

第3章　细胞

尔等如生物体之原材料。

　　细胞是生物的基本组成部分，主要由蛋白质、水、脂类及核酸构成。细胞是活的，因为它们会吸收食物，排泄废物并生长，有的还会分裂和繁殖。脂类构成包裹细胞的细胞膜。脂类外壳只允许某些物质进入或者离开细胞。细胞有许多种类，各有不同特性和不同功用，比如，有血细胞、神经细胞、肌细胞等。

　　联合在一起的同类细胞为组织，共有四类：1.肌肉组织；2.结缔组织，比如支撑并连接人体各部分的组织；3.上皮组织，比如使皮肤产生皱纹的组织；4.神经组织，神经组织构成大脑及神经。由不同的组织按照一定的次序结合在一起构成的行使一定功能的结构，叫作器官。

第4章　人体

尔等体内之血即如红酒，
尔等凡胎肉身尤若面包。

思想的象征为大脑，爱的象征为心脏，活力的象征在于肺。这些象征尽纳于人体之内。

人体由百万亿细胞构成，编入各细胞内的基因信息文本厚达一亿页。这些细胞应组织在几个复杂的系统中，如下所述。

骨骼系统包括所有软骨及骨骼。骨骼为密实、钙质和较硬的组织构成，软骨较灵活，但亦可支撑相当压力。骨骼系统为身体提供稳定性，构成一个框架系统来支撑较软的部分。一个重要的构件是脊椎，从后背中间一直伸向下侧。骨骼系统亦可提供保护作用，比如肋骨，可保护心脏、肺及其他重要器官。活动关节的骨骼，比如肘、膝盖和肩膀，皆因韧带而维系，它们使两件骨骼连在一起。

肌肉系统的肌肉由纤维构成，肌肉纤维有如电缆的绞股。众多绞股使电缆不易断裂，众多纤维也可以让肌肉强壮有力。但是，与电缆的绞股不同，肌肉纤维有弹性，使它们能够收缩然后放松，从而实现运动。肌肉的作用是要活动人体的部件。因此，肌肉系统的目的在于运动，心脏即是一例。心脏产生泵压，使血液循环流动。内部的其他一些肌肉使食物通过消化道，还有一些肌肉通过肌腱连接骨骼。因此，肌腱使肌肉与骨骼相连，使其活动腿、臂、手或下颌。

皮肤系统由皮肤、毛发及指甲构成，共有三个主要目的：1.保护人体不受外部物质侵害及伤残；2.使触觉成为可能；3.通过保存热量或出汗调节体温。

消化系统处理食物，将食物转化成营养物为细胞所用。消化系统自口腔开始，牙齿咀嚼、撕扯并磨研食物，使它变成更小的部分。唾液的加入使食物润滑，易于吞咽。唾液又提供酶，启动食物分解过程。再往下，食物进入胃部，胃酸及其他胃液加入其中。胃为存储箱，直到食物进入肠道。在肠道内，消化酶和细菌（如大肠杆菌）完全分解食物分子，胰腺提供蛋白质消化酶和解糖酶，胆囊将提供胆汁帮助消化脂类。最终，蛋白质分解成氨基酸，脂类及碳水化合物分解成有用的小分子有机物。接下来，肠壁细胞吸收经处理的营养物，并提供给血液。血液将营养物运往全身细胞。某些消化产物存储在肝内供进一步分解和以后使用。剩余的残渣首先进入结肠，然后入直肠，最后经肛门排出。

呼吸系统处理空气。空气进入鼻腔和口腔，沿气管进入肺部，肺部的3亿肺泡让氧气在膜上扩散，并进入血液。同时，肺泡也让血液中的二氧化碳进入肺部，沿气管上升，经口腔和鼻腔呼出。因此，进入肺部的血液中所含的二氧化碳，即新陈代谢过程中的废物，得以清除，而此同一过程中的燃料氧气得以进入其中。因此，人类吸入氧气而呼出二氧化碳。

循环系统为人体内部的搬运系统。心脏泵出血液，令血液进入动脉和静脉，其原理如下：富含氧气的血液从肺部流出，进入心脏左心房，并在此进入左心室。然后，此血液分流至人体全身，通过各级动脉。最终，血液进入毛细血管，把氧气分配给细胞，把二氧化碳带走。含二氧化碳的血液经由更大孔径的静脉回流至心脏。进入右心房后，血液将泵入右心室，然后进入肺部。血液就这样沿循环系统周而复始地流动。血中众多细胞分为白细胞和红细胞两种，红、白细胞借以浮动的液体称为血浆。血液中带有营养物、气体、激素、废物和其他进出细胞的物质。废物经由泌尿系统排出：肾吸收废液，令其进入尿液，尿液存于水箱样的膀胱。淋巴系统为循环系统的子系统。淋巴是一种清澄的水样液体，含有白细胞，经淋巴管道系统得以移动，从而将某种组织与血液连接起来。在不同的位置，淋巴结会杀死细菌，滤出异物并排斥异体。脾脏调节红细胞，有时杀灭一些红细胞，有时又存储红细胞供将来使用。脾脏也制造淋巴，产生抗体，攻击异物及异体。

生殖系统让人类繁衍生息。女性提供卵子，男性以精子让卵子受精。受精卵在女性子宫内发育，首先作为胚胎，然后作为胎儿。成熟胎儿从阴道排出，成为新生婴儿。

内分泌系统由腺体构成，以激素形式调节人体功能。激素为信使，可触发化学反应。大脑的下丘脑控制位于脑的下方的脑下垂体。这可以控制其他腺体，比如肾上腺、甲状旁腺、甲状腺和性腺。甲状腺调节代谢性化学反应的频率，甲状旁腺控制钙质的代谢。肾上腺影响盐的平衡并控制碳水化合物和水的代谢。在紧急情况下，肾上腺素将分泌出来，刺激人体活动。胰腺分泌胰岛素，使其进入血液，帮助碳水化合物的代谢。

神经系统为人体通信网络，信使是神经元，大脑为主控制中心。信号由神经元以电脉冲和化学脉冲传递，通过神经系统传入和传出大脑。在后一种情况下，来自大脑的脉冲将通过脊椎中的脊髓并通过一束神经分布到全身。此类脉冲会使肌肉运动。有些信号传入大脑。比如，触觉、味觉、嗅觉和视觉以及听觉的感官通过感觉神经向大脑输送信号。感觉神经元有接收器，可将环境信息转化为神经脉冲。舌头可以尝，鼻子可以嗅，耳朵能够听，眼睛能够看，皮肤和手都可以感觉。

　　人类会不断受到异体有机物的侵袭，比如细菌和病毒，还有一些无机物，比如尘土。免疫系统会保护人体免受此类异物的侵害。第一道防线是皮肤。免疫防范细胞，比如 T 细胞和 B 细胞可以防范人体不受入侵者的侵袭。胸腔内的胸腺产生 T 细胞，骨髓产生 B 细胞。异物入侵人体时，B 细胞会检测到，并实施攻击。B 细胞产生一些抗体，抗体会盯住异物并予以攻击。抗体还给异物注上标记，这样，它就成为其他细胞的靶子，比如巨噬细胞。巨噬细胞会包裹住异物，对其进行处理，这样，异物便会为 T 细胞所瞄准。某些 T 细胞会分裂出来，对异类介质进行攻击。其他 T 细胞前来助阵，调节 B 细胞抗体的产生。抗体通过人类，寻找类似的异物。如果大量入侵者进来，就会快速配置部队进入战斗。B 细胞会迅速分裂和繁殖，它们会产生大量抗体。

　　各抗体只能使自身依附于某种异类介质。比如，人体抗脊髓灰质炎的抗体对于伤寒症就没有作用。因此，人体必须具备多种不同抗体对抗不同种类的异质。免疫细胞会在人体内通过血液和淋巴系统循环。

　　共有三类 T 细胞存在：辅助性 T 细胞增强 B 细胞产生抗体，杀伤性 T 细胞分泌可以杀灭已被感染细胞的化学物质，抑制性 T 细胞抑制 B 细胞来产生抗体。后者在入侵者被消灭后终止 B 细胞和抗体的产生中非常重要。

　　T 细胞为器官移植排斥反应中主要的原因。

　　免疫系统类同军队。抗体类同特种部队的士兵，身怀绝技，携带并利用不同武器。其使用的武器针对专门的异物入侵发挥作用。淋巴系统担当后方供给。B 细胞如同军官，负责招募、装备和组织抗体。这些 B 细胞保证防御系统供给充足，并有经过合适训练的作战人员。发生战争时，B 细胞亦参与战斗。T 细胞如同军士，它们指挥别的细胞，但也亲自投入战斗。B 细胞与 T 细胞协助其他细胞完成战斗。

第 5 章 细胞生物学

鲜活的生命尽在血液中。

细胞是生命的基本构成单元，故理解细胞就是理解生物学的"原子"。生物由一个或多个细胞构成。变形虫是单一细胞构成的一种动物。地球上最小的生物体为 PPLO，即类胸膜肺炎菌，其直径仅为十分之一微米，重仅十亿分之一克的百万分之一。与变形虫相比，PPLO 的重量只是其一百万分之一。在这个尺度的另一头，人类由数百万亿的细胞构成。典型细胞的尺寸很小，其直径从几分之一微米到几微米不等。细胞彼此间产生化学作用。比如，某些细胞会黏附于另外一些细胞。细胞能够通过信号交流：一个细胞可分泌像激素一样的信号分子，这种激素分子然后就与第二种细胞的受体结合。通过这些方法，细胞就能够彼此发送信息，使生长得以启动，或者引起代谢加速或减速。

每个细胞都包含有一种液体物质，即细胞质，细胞质里面充满分解过的有机物质，比如蛋白质、碳水化合物、脂质等。因此，细胞质提供基质，供有机物质和细胞器在其中移动。细胞器为细胞内执行某些特别功能的元件。最重要的细胞器为细胞核、线粒体、溶酶体、内质网、高尔基体和叶绿体。细胞核包含基因信息，为细胞"大脑"。线粒体提供能量，为细胞的"电池"。溶酶体消化有机物，为细胞的"胃"。内质网和高尔基体合成某些生物分子，处理加工并予以分类，引导它们到细胞中的合适位置。在植物细胞中，叶绿体通过光合作用提供能量。细胞内共有数百种溶酶体和数千种线粒体，但细胞核却只有一个，因为一个细胞如果有两个细胞核的话，就如同一个动物长了两颗脑袋。跟细胞本身一样，细胞器有细胞器膜包裹，控制、限制和允许有机物质进出细胞器。

人创造了 AI 打败自己，就像上帝创造了人超越自己。

生物的主要成分为水。比如细胞，其四分之三为水。因此，分子在水中的习性和性质是很重要的。酸是能在水中产生大量氢离子的物质。碱是在水中减少氢离子数目的物质。换句话说，酸是质子供体，碱是质子受体。中性水既非酸性，亦非碱性。碱性水与一些物质产生反应，最后呈中性。同样，酸性水会与一些物质产生反应，最终呈中性。生化分子经常是酸性和碱性的。比如，氨基酸是一种酸，核苷酸碱基为碱性物质。

细胞核容纳 DNA 分子。基因是为蛋白质编码的 DNA 片段。一个生物体的整个基因信息就是其基因组。在一个细菌的基因组中，里面共有数千个基因。在一个哺乳动物的基因组中，基因数目为数十万个。

每一种生物的每一个细胞都含有同样的 DNA。但是，在一个既定细胞中，有些基因是不活跃的，另外一些基因是活跃的。最重要的是，不同细胞及其功能都由哪些基因打开和哪些基因关闭来决定。

一个细胞核中的 DNA 链比细胞的直径长数百万倍，因此，DNA 只得卷成一个紧凑的形状。组蛋白是一些小的蛋白质，DNA 链围绕此蛋白质卷起，组蛋白对 DNA 的作用相当于一个线轴。由组蛋白卷起的 DNA 分子称为染色体。

植物利用太阳光中的能量，并使其与二氧化碳和水合并在一起，从而产生糖分子和氧，后者是一种废物。糖分子将存储光的能量供以后使用，这个过程称为光合作用。

当分子与细胞相遇时，它们会产生化学反应。随后会产生"化学大战"，原子一冲而出，要求重新排列，分子将结合或者分裂。酶的出现将有所帮助，并加速这个化学反应。但是，有些反应只有在能量从外部供给之后才得以进行。最重要的供能分子是腺苷三磷酸或称 ATP。ATP 在细胞中产生，主要依靠糖和其他有机分子，比如脂肪酸和氨基酸。能量将存储在 ATP 的化学键中。当此键断裂时，能量即得以释放。

RNA 执行两个主要的功能：加速反应，发送信息。后者称为信使 RNA，或 mRNA。它们使 DNA 的信息得以传递。

RNA 的一个目的是帮助蛋白质合成。DNA 作为模板，单链 RNA 可以借此制造出来。产生一个特定蛋白质的过程是从酶开始的，因酶可打开将 DNA 的两个链固定在一起的键，从而"解开"一串 DNA。这一部分解开后，DNA 的基因"蛋白蓝本"便暴露出来。接下来，其他一些酶也将利用暴露的 DNA 段建筑一个 mRNA，这一 mRNA 是以此蓝本编码的。细胞质中的核糖体遇到这一 mRNA 后，变成一个编码核糖体。然后，它会开始沿 mRNA 前进，一边解读其密码子。同时，相对较短的 tRNA，或称转运 RNA 分子，会引入一个氨基酸到编码核糖体中。氨基酸的种类是由密码子决定的。编码核糖体将每个氨基酸组装到下一个氨基酸上，形成蛋白质。值得注意的是，作为蛋白质制造的主力，核糖体本身应由与核糖体 RNA 或 rRNA 分子中结合的蛋白质组成。

细胞核如同一座图书馆，DNA 链如同一摞书，基因则如同单本书，信使 RNA 分子如同图书管理员，核糖体则如同借阅者。

厨师进图书馆想找一本新菜谱，并向图书管理员要求得到一本菜谱。图书管理员查询书架，找到那本书，并将它交给借阅者。厨师回到餐馆的厨房，新做一道菜。首先，他招来一些助手找一些原料来。然后，厨师将原料组合成那道新菜。

读完菜谱后，厨师就像一个编码核糖体了，助手对于厨师就如同对转运 RNA 一样。原料如同氨基酸，新菜则如同一个蛋白质。

因此，DNA、RNA 和核糖体是从氨基酸中生产蛋白质的。有些新生产的蛋白质直接进入细胞质。另外一些新生产的蛋白质进入内质网，并在内质网里得到进一步加工，同时，某些蛋白质会进入线粒体、叶绿体、高尔基体和其他一些细胞器。数万不同类型的蛋白质以这种方式得以形成和分布。

　　新细胞会通过生长与分裂进行繁殖。生长是通过从周围摄入分子而获得的，也通过生物化学方式加工而成。细胞生长之后，DNA会复制：构成螺旋体结构的两条链在酶的帮助下都会松开，分离并复制第二条链。因此，这两条新链便与原来的链合并起来产生两个螺旋结构。换句话说，两个新DNA都将由一条旧链和一条新链构成。当所有DNA分子都得以复制后，细胞会伸展，并分裂成两个细胞。这个过程称为细胞分裂。当一个细胞分裂时，染色体将基因信息传递给子细胞。

　　DNA由两个长链构成，此长链在一个螺旋体内交织。

　　DNA区域内的密码子为蛋白质的文字编出代码。以这种方式，DNA的语言被翻译成生命语言，而使DNA能够制造RNA、蛋白质和DNA本身。生命将与蛋白质、RNA和DNA同在。"生命的秘密"藏于DNA中，它包含着生命的密码。

　　生物学书尚未完成，因人类关于生物的知识尚且有限。生物学每天都翻开新的一页，这些新页将收集成册。本书得以完成之时，人类将拥有足够的理解力回答这些基本的问题：令死者故去者何也？令生者存活者何也？本书完成之日，人类将有制造生命的能力。到那时，人将拥有上帝的一部分巨力。

宇宙学之书

抬眼向苍天，极目为大观。

宇宙学之第一书：

神话

很久很久以前，古代文明赋予太阳系各物以神灵之性，众多神仙井然有序，各司其职。太阳神是巨能女神。她受命在体内燃烧，又向外辐射。她的辐射遍及外层太空，尤若驷马战车。太阳女神的后代为九大行星[①]，也分别成为神及女神。水星神是宇宙的信使。他照看其他天体的运行，确保天体遵守自然法则，并与公平交易的原则保持一致，不得违反能量守恒和动量守恒定律。金星是吸引力之女神，她使巨大物体彼此趋近。地球是生命与生物的女神。火星是司狂热活动之神，使恒星以超新星形式爆炸，星系彼此碰撞，引发巨大的星际战争。木星是司电磁之神，他使闪电在大气中闪耀。土星是宇宙尘埃及颗粒之女神，她从宇宙尘埃的种子里生发星云、行星和其他非恒星的物体。天王星是天空女神，宇宙尚在量子引力初期时，她使万物得以安宁；宇宙以几何级扩张时，又是她点燃膨胀之火。之后，她又使膨胀减缓，最终谋得太平世界。海王星是宇宙海洋之神。他掌管空虚的外太空，在星簇间广布了巨大的虚空，渐令太空的构造物生出延伸及扩张的欲望。因此，在远古时代，职责与性情的分配导致行星的拟人化。

[①] 　现为八大行星。2005 年后新定义的行星概念将冥王星排除出行星之列，将其划为矮行星（类冥天体）。——编注

宇宙学之第二书:

太阳

她是更强烈的光芒,
悬在头顶照管天空。

第1章 她在太阳系中的位置

太阳为太阳系之母。她光芒灿烂,为她的孩子们提供阳光及能量。她的孩子就是行星。她坐落在太阳系的正中,她的孩子与孩子的伙伴围绕她旋转。每隔 28 天,她会轻轻转身照看孩子。

太阳以自身重量影响她的孩子及她的朋友。地球和其他行星服从她的引力拉动。它们沿同一个方向,以椭圆形轨道在几乎共同的平面上绕太阳转动。在这样的椭圆轨道上,太阳将端坐于两个焦点之一。

第2章 她在银河系中的位置

在银河系,太阳仅为数千亿恒星之一。太阳和其他恒星围绕银河绕巨大的圆圈。她引领着自己的孩子和朋友以超过每秒 200 千米的速度前进。但因其行程如此漫长,仅围绕银河走一圈便需超过 2 亿年。

第3章　大小、形状及重量

太阳为巨大球体，其半径为地球半径的 100 多倍。她重达 200 万个万亿万亿公斤，即 2000 个万亿万亿吨。太阳系质量超过 99% 都居存于她自身体内。

从她的表面，巨大的能量流射出来，每平方米都有 6000 万瓦特的辐射量，因此，全部功率输出将近 400 个万亿万亿瓦特。但此能量中，仅有二十二亿分之一的能量为地球所吸收。太阳明亮地照耀，其发光强度为 2.838×10^{27} 坎德拉。

从重量上看，太阳的 75% 为氢，25% 为氦。但她的体内几乎含有所有元素。

第4章　结构及能量生成

太阳分为三层：厚达 20 万千米的太阳核为太阳最里层的部分。厚达 30 万千米的辐射区包裹着太阳核。20 万千米厚的对流层为太阳的外层。

太阳中心温度最高，向外层逐渐减低。表层仅为 6000 开氏度，比火热的炉子热 12 倍。中心温度则高达 1500 万开氏度。在太阳中心，太阳的密度为水密度的 152 倍，压力为 2310 亿个标准大气压。

在太阳核，也就是太阳心脏里，太阳燃烧核子而产生能量：两个质子融合在一起形成一个氘核、一个正电子和一个中微子。正电子立即与一个电子湮灭，形成某种带能量的光子。氘核与一个质子融合，产生一个光子和一个氦 3。氦 3 核子很快与另外一个氦 3 核子融合产生两个质子和一个氦 4。这些反应的净效应为四个质子转化为氦 4 核子。在这些反应期间，质量将转化为能量，据第八诫，质量为一种形式的能量。因小质量的毁灭可产生巨大能量。虽然每秒钟会有 50 亿公斤的质量转化成能量，但太阳如此大，在其生命期内，它将牺牲不到其质量的千分之一。

质子间的聚合会产生巨量中微子。它们以光速移动，故可在没有相互作用的情况下穿越太阳球体。它们继续在没有检测到的情况下通过行星和太阳系，然后在外太空的外层丢失殆尽。

在太阳内部，热能及光子外向流动引起的外向压力会与引力的内向拉动平衡，所以太阳既不膨胀，亦不收缩。

在太阳核内生成的能量将由光子在辐射区内携带走。光子经常驱散周围的电子和核子。光子还反复受电子及核子的吸收和再次释放。历经数万亿次驱散、吸收和释放后，能量及光子会在辐射区内传递出来。在对流层内，光子将被吸收。从这里开始，能量及热能将通过电子及核子的运动而提升至太阳表层。总体来说，太阳核心内产生的一比特能量到达太阳表面，即光球，需要 100 万年。比起太阳的巨大球体，光球仅为九牛之一毛，其厚度仅为 500 千米。在太阳表层，借助电磁波的翅膀，能量将飞动。此电磁波以光速前进，8⅓ 分钟之后，到达地球，大约 6 小时之后，逃逸出太阳系。

因此，人们在地球上看到的阳光为 8⅓ 分钟之前从太阳表面释放出来，该能量于 100 万年以前在太阳内核产生。

第 5 章　太阳表层活动

在太阳表层，整个光球为单一的密实气体之火。在这里，经常是一小片明亮的热气体区会变成规模达数百千米的云层。它将保持在那里，好像被上升气流支撑住的一把降落伞。再过几分钟后，气云会分散，蔓延并消失。云层会散落，如同伞兵着地时，降落伞落在他头上一样。这个火热的云层如同一个颗粒，数百万的颗粒盖在太阳的表面，如同玉米穗轴上的玉米粒。它们的形状不规则，经常是多边形的。因此，太阳表面看上去就像是沸腾飞涌的一锅滚烫的肉汤。

有时候，会有磁暴产生，其磁场强度为地球磁场的数千倍。这些磁暴覆盖表层数千千米的地区。由于温度会比非磁暴地区低，会有较少的光从磁暴中射出。从远处并衬着更亮的背景看，这些磁暴就好像一些黑点，我们称之为太阳黑子。磁暴活动会延续几天甚至几个月的时间。太阳黑子的数量有所波动，平均数量会随时间而慢慢变动。每隔 11 年，平均数就会达到最高值，成为一个太阳黑子活动周期。

常见的情形是，光球的其他部分会变得格外热。由于这些更热的地区会放射出更大的光芒，因此，它们就会特别明亮，这些地区称为耀斑。它们看上去就好像涂在太阳脸上的一块块银漆。

第 6 章　日冕

太阳为大气所环绕，大气的温度随高度而增高。数百万开氏度为较薄的上层地区的温度。上层大气的这一部分称为日冕。它会骤燃起来，狂乱闪耀，如同长长的金发在强风中飘动。更密更低的大气也有一个名字，就是色球。

时有这样的情形出现：色球层的耀斑爆发时，大量物质被抛射到空中，即日冕层中，然后这些物质在太阳重力的作用下又落回色球层，被抛射又落回色球层的这部分物质形成了日珥。日珥的性质、大小和形状不

民主的诞生。

为什么中国叫太白星，希腊叫维纳斯？因为智者和恋人凌晨都睡不着。

一。从远处看，最小的看上去像营火。另外一些由等离子气流沿附近的两个太阳黑子的磁场线流动而产生的日珥会形成一个环路。更大的一些日珥看上去像灌木丛火灾上的火焰。最大的日珥长达200千米，高达4000千米，厚6000千米。气体会抛向空中，如入水巨鲸扑起的水浪。

更有一些时候，存储在磁场中的能量会狂暴地喷入太阳大气层中，这种突发的情形称为耀斑。耀斑之内最火热的地区，温度可高达2500万开氏度。它的出现好像一根明亮的灯丝向外伸出，如同蜥蜴的银舌伸向一只昆虫。有些耀斑只闪耀几秒钟，有些则长达一小时。从无线电波到X射线的全部电磁光谱的放射活动都会出现。这样的耀斑会引起充满带不同电荷的粒子的宇宙射线的外向爆发。最强烈的耀斑可在地球上"听见"，是高能X射线引起地球电离层的变动。带电的粒子进入地球磁场，此时，这些耀斑会呈现玫瑰般的色彩。

在太阳表层20万千米以上的地方，太阳光环会变得稀薄，成为太阳风。在光环的边缘上，每一秒钟都有万亿质子和电子以每秒数百千米的速度向外喷流。太阳风在太阳系内流动，一直进入外太空的荒芜之处。彗星接近太阳时，太阳风会将它们的尾巴吹长。

宇宙学之第三书：

地球

太阳系第三行星曰地球。

第1章　地球轨道

地球是太阳的第三个孩子即第二个女儿。阿特拉斯肩负地球，令地球围太阳转动，并以每秒 30 千米的速度推动她前进。地球完成一圈的旋转需要 365.25 天，完整的一圈构成一年。因此，365 天就是一年。因每四年就有一天被遗漏了，所以，每四年就有另外一天增加到一年当中去，这样一个 366 天的年就称为闰年。

地球与太阳之间的距离为 1.5 亿千米。一个天文单位就是指地球至太阳的距离。

第2章　大小及重量

地球直径为 1.3 万千米。但是，地球的大小跟太阳的大小比较起来几乎没有意义，因太阳的体积为地球的百万倍。地球的质量约为 5.965×10^{24}

千克。但是，地球的质量相较太阳的质量毫无意义，因太阳的质量为地球质量的 33 万倍。

第 3 章　自转和公转

他称光为白昼，

又名暗为黑夜。

地球自西向东旋转，每 24 小时完成一圈的转动。这一圈就是一天。因此，24 小时就是一天。在地球众生看来，地球的自转如同天空的星星在转动。又如同孩子在旋转木马上看世界，旋转的是整个世界，是周围的一切在转动。因此，天空自东向西转动。这使太阳每天升起和落下一次。同理，月亮及星星在黑夜里转动。它们会从东方升起，并在西方落下。

地球面朝太阳的一面会被太阳照亮，称白昼，另外一面则是黑夜。地球自转时，处在黑暗中的一面会转变为光亮中的一面。原来处在阳光中的一面，又会变为黑暗的一面。身在黑暗中的人称黑暗为夜。由于地球自转，白昼紧跟着夜，夜紧跟着白昼，就如同一只追咬自己尾巴的猫儿。黑夜和白昼都只有半天的时间。

地球的旋转轴相对太阳系的平面而言有 23 度的倾斜。因此，对一年的四分之一来说，地球的北半球向太阳倾斜，使太阳的光线垂直照射到北半球。这会使这一地区更温暖，此时即是夏天。夏季之后便是一个四分之一年的时间间隔，太阳光线垂直照射在地球的赤道带上，此为秋季。接下来是四分之一年的一个间隔，南半球向太阳倾斜，使太阳光线垂直落在南半球的地区。北半球因而变冷，此为冬季。冬季之后又是四分之一年的一个间隔，此时，太阳光线再一次垂直落在赤道地区，此为春季。夏、秋、冬、春为地球的四季。

北半球向太阳倾斜时，南半球也产生倾斜，只是离太阳相反的方向。因此，北半球为夏天时，南半球即为冬天。北半球朝离太阳更远的方向倾斜时，使南半球朝向太阳倾斜。因此，南半球此时为夏季，而北半球则为冬季。

当地球在外太空围绕太阳旋转时，地球较暗的一边会面向天空的不同部分。因此，黑夜的天空汇集的星星位置会有一些变化：冬季的星座与夏季的星座不同，同理，秋季的星座与春季的星座也不相同。但是，地球较暗的一面将在一年的同一个时间指向同一个方向。因此，人们在冬天看到的星座与去年冬天看到的一样，与明年冬天看到的星座也会是一样的。其他的季节也是如此。地球围绕太阳公转会产生星座的季节性旋转。

由于太阳系的行星在同一个平面上运动，它们对地球上的观察者来说就是在一个狭长的夜空带上出现，此为黄道平面。有时候，在几个月的时间内，行星在恒星的背景上看去好像有来回扭动的现象。这是由地球围绕太阳运动而引起的一个错觉，因行星按开普勒定律有规则地在天空运动。

第4章　结构

余为尔等指明脚下大地的征象：

有血，有火并烟气。

地球外层为地壳，一层几十千米厚的泥土和岩石。地壳下为地幔，厚约 3000 千米，含地球三分之二的质量。地球温度随深度的加大而快速增高，因此，地表之下数百千米处，热度高达 1500 开氏度。地幔之下为地核，是地球内部的球体。在地核与地幔的交接处，压力非常大，为 150 万个大气压。地核共有两部分：内核及外核。外核为厚达 2000 千米的液体，且含有地球约三分之一的质量，主要由熔融的铁镍合金构成。此液体中的电流是产生地球磁场的原因。内核半径为 650 千米，承受着巨大的压力，此巨压使其成为固态铁球。在地球的中心，压力可达 370 万个大气压。在那里，温度为 6000 开氏度，如太阳表面一样热。

因此，地球内部真的就像地狱，高热。如果把人送到那里去，人体皮肉会在瞬间烧焦，化为粉尘。同时，巨大的压力会将骨头压成小石子。

第 5 章　地球大气层

地球大气层中的氮氧百分比为 78% 和 21%。其他相对微量的气体，主要是二氧化碳气体和水蒸气。小水滴和小冰晶相聚一起则称为云。将地表的大气压定义为一个大气压，即 10 万帕。

从地球表面 100 千米以上的地方开始，大气层变得稀薄了，称为热层。氧原子为厚达 700 千米的这个热层的主要成分。大气层会吸收高能的所有辐射，而使其升温。高能电磁辐射的这种吸收，会防止一些致命辐射冲击地表。但是，致命的低能紫外线仍然会通过热层，并到达上层大气层。这些射线会被地表上空约 50 千米的少量臭氧层所吸收。这如何运作？当臭氧分子受到紫外线打击时，它会吸收掉紫外线能量，并将其分裂成一个氧原子与一个氧分子。然后，氧原子与氧分子重新合并产生无害的电磁波和一个臭氧分子。因此，臭氧层跟热层一样，是地球的一层外衣，可抵挡致命太阳辐射的侵袭。

第 6 章　地形

地球并非完美的球形，有些地区比周围地区高，有些地区却凹陷下去。下沉的地区会积水，大面积存水区称为海洋。地球有四大海洋——太平洋、大西洋、印度洋和半冻结的北冰洋。在地球表面，71% 以上的地区为十亿立方千米的海水所覆盖。总体来说，地势高的地区都很干燥。小型分离的陆地，周围有海洋环绕的地方称为岛屿，大片干燥陆地称为洲。地球共有七大洲，计有欧洲、亚洲、北美洲、南美洲、大洋洲、南极洲和非洲。在某些地方，陆地隆起，或者推挤至数千米高，这些高地称为山。火山为锥形山体，由熔岩构成，此熔岩经地球内部上冲形成。有时候，火山会喷发，吐出烟尘与涌动的火山岩浆。大陆的其他部分很平坦，它们被称为平原。所有大陆都包含有承载水的狭窄缝隙，这些就是地球上的河流。它们将水运走，使内陆的水排出。河流从海拔高的地方流向海拔低的地方，最终汇入大海。缺少雨水的地方为沙漠。大自然通过自然过程而使地表千姿百态，繁复多样。

从外太空看，地球非常漂亮，蓝色的是海洋，白色为极帽，棕、绿和灰色的是大陆。白色的还有云层，云层为地球涂上圣洁的白色。

第 7 章　大地构造

地球的上层处在永恒的变化之中。地壳开裂成多个巨大的构造板块，这些板块的厚度从 50 到 100 千米不等，构成了地球的岩石圈。地壳共有 11 大板块 [①]：欧亚板块、印澳板块、非洲板块、阿拉伯板块、北美板块、

[①]　一般说法为六大板块：欧亚板块、美洲板块、太平洋板块、非洲板块、印度洋板块、南极洲板块。——编注

南美板块、纳斯卡板块、太平洋板块、加勒比板块、柯可斯板块和南极板块。纳斯卡板块位于南美海岸以外的太平洋中，其北边为柯可斯板块。除开这些大板块以外，还有很多更小一些的板块。

这些板块在固体的地幔上浮动，如同巨大的冰山浮在海洋中。板块的边缘会不停地彼此碰撞。在几个世纪的时间里，板块只会移动很小的一点儿距离。但是，在数千万年的移动中，其运动距离就相当惊人了。

两大板块相撞，要么汇集一处，要么彼此分离，要么交错而过。汇集时，它们会隆起地表，形成新的山脉。分离时，岩石圈会扯断，使热熔地幔升起而填补空处。这样一种上冲的岩浆会形成火山脊。在大西洋中部沉入的火山脊延绵达数千千米，这是北美板块和欧亚板块的分离造成的。两大板块交错时，会产生巨大的地震活动带。如果交错突然发生，大地会震动，这就是所称的地震。

第8章　气流

风向南方吹，

又转头向北。

风呼啸不止，

刮过自己的路径。

热气会膨胀，在膨胀过程中，它会变得更轻。更轻的气流升起，如同热气球冲向天空，因它有了浮力。冷空气会收缩，因而变重。冷气流因滞重而下沉，因它失去浮力，如同一根铅棒沉入水中。

因赤道地区最热，那里的气流会上升。较冷的气流进而代之，从热气底下流入。赤道地区一半的上升热气移向北方，在移动过程中逐渐变冷。最终，它会变得比下层气流还冷。到北纬 30 度左右，它会下沉。下沉之后，它开始沿地球表面向南部移动。在向南移动的过程中，它会变热。等到达赤道以后，它会比上面的气流还热。这样它又开始上升。由此，气流在一个巨大的椭圆形内循环。

赤道的上升热气流的另一半会向南部移动，到南纬 30 度处开始变冷并下沉。然后，它会沿地球表面向北移动，在接近赤道时会变暖，最后完成循环过程。

北极和南极都很冷，因此，那里的气流都会下沉。这样下沉的气流会推动下层气流，逼迫它朝赤道移动。在北半球，被推动的气流会沿地表向南流动。向南流动过程中，它会增温，到北纬 60 度的时候，它的温度会高过上层气流的温度。然后，它开始上升。上升之后，它会向北移动，一直到北极，去填充那里因为向下移动的更冷的气流所形成的空缺。因此，在北极，气流也是以巨大的椭圆形循环的。

在南半球，也是如此。冷气流在南极下沉，向北移动到南纬 60 度，并在那里变暖上升，然后南移替代南极下沉的冷气流。因此，气流在南极亦是以巨大的椭圆形循环的。

如此，就有地表风从南北极向赤道刮，这些风之上的风就向与赤道相反的方向刮。

在 30 至 60 度纬线之间，气流也以巨大的椭圆形循环：在北纬 60 度上升的一些气流将向南移动，而不是向北移动。在较高的纬度上，这股气流会一直在高层流动，直到它与从赤道来至北纬 30 度后开始下沉的气流汇集。这股来自北方的气流也开始下降。从这里开始，它会向北移动到北纬 60 度，并在那里上升。

在南半球，也是同样的一种情况。

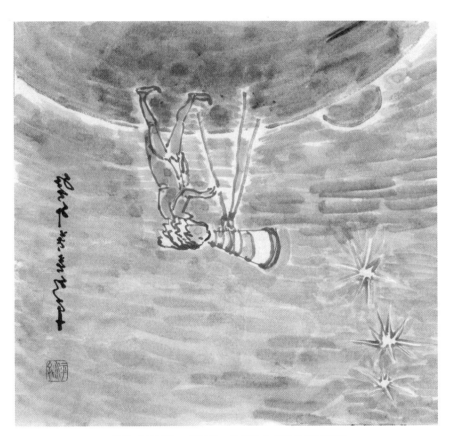

因为地球是圆的，所以另一半球的人都是头朝下走路。

因此，在 30 至 60 度纬线之间，南北半球都有地表风从赤道向两极刮过。反之，上层的风都向赤道刮来。

地球自转会引起这些风向东和向西偏移。

如果你在旋转木马中逆时针方向转动，并从木马中抛出一只球，此球看上去会向你的右侧偏转。这是一个错觉，因为牛顿第一定律说，除非施以外力，否则物体以直线运动。但是，并没有水平方向的力作用于这只球，因此，球的确是以直线运动的。转动的是你本人，是你的视点在发生变化：球的弯曲运动是你的错觉使然。

旋转木马的运动如同地球的转动。由于地球上的观察者与地球一起运动，它们跟坐旋转木马的人一样也在转着圈。因此，气流在地表的运动会发生转向。从两极刮向赤道的风会转向西，从赤道向两极刮去的风就会转向东。

东风区与西风区交汇时，会以飓风的形式旋转。

风与山体相遇会被迫抬升，风遇谷地会下沉。因此，地表的形态会影响风向。

第 9 章　气候

尔见南风刮过，

料有热气来袭，

事果如此。

空气穿过大气层下沉，会形成高压区。向上移动的气流会形成低压区。上升气流一般会把湿气带给较冷较高的大气。这样的湿气会在途中凝聚，因此，低压区会有云和雨及风暴。

相当厚的大气、云层、海洋、大陆、极帽、空气运动及地表地形会形成多种气候。通常在高压控制的地区，云量较少，是晴天。在低压控制的地区，云层极密，这些云层会使湿气释放，水滴从云中下落，谓之雨。在较冷地区，水会变成晶体下落，谓之雪。高压和低压区的云层移动，强度会减弱或加强，导致不断变化的气候。又有一些时候，强劲循环的风及厚重的乌云会形成飓风，以每小时100多千米的速度前进。

冷热气团交汇处，温暖潮湿的气流将上升，使水汽上升至大气层，会超越冷气团。潮湿气体与较冷气体相遇时，会凝聚成水滴，水滴落在地面成雨。如果冷气团在温热气团下前进，这就是冷锋。冷锋前行时，温度会下降。如果冷气团后退，因而令温湿气团在冷气团上面前进，那么，这就是暖锋。当温气团经过时，温度会上升。当冷锋与暖锋相遇时，会形成多雨的天气。

又有一些时候，云层会引发雷电。电流从大气层中闪过，称为闪电。闪电会造成强烈深沉的声音，称为雷鸣。雷电期间释放出来的能量与千吨级当量原子弹释放出来的能量是一样多的，所幸其沉降物是雨水而不是放射性元素。

赤道附近的上升热气流使海洋湿气上升，因而使那里的雨水特别多。这个赤道带的广袤陆地便形成热带雨林。

大陆以相当快的速度吸收并散射其热能，海洋吸收和散射热能的速度则相对较慢。因此，大陆上层的温度变化比海洋上层的温度变化更大。海洋上层的空气比大陆上层的空气更湿一些。因此，有海风刮过的陆地就形成温和的湿热气候。比如，英国和温哥华尽管都远在北部，但那里的气候却湿热温和。但是，北美的东北部和中国东部虽然也近海洋，但却非常干燥，四季之间有非常大的温度变化，因为在这些地方，盛行的西风源于大陆。

云层会阻挡光线，因此，多云的天气也有助于保持地球的热量。晚上如果多云，次日早晨则会比晚上无云热一些。

气候特征遵守物理学原则和流体力学原则，因此也容易理解和预测。但是，详细的天气预报却很困难，因为地球的地形和大气层太复杂。

第 10 章 生命之母

陆地、海洋和大气层为生物提供了特别的环境。在太阳所有的孩子中，地球在容纳大量生物的环境方面是非常独特的。地球是太阳系的生命之母。生物是一种自我组织的复杂结构，由无数碳－氢－氧有机分子构成。虽然有无限多的生命形式，但只有两种基本类型：植物及动物、微生物。植物利用太阳光中的能量，在此过程中产生氧气供应地球大气层。动物有许多不同的特性和能力，其中一个就是移动的能力。

尔等当为大地祈祷。

宇宙学之第四书：

月球

彼为较弱之光。
孤悬高空，统领黑夜。

第1章　月球的一些事实

地球有同伴，为月球。月球之于地球，如同弟弟。其直径约为地球的四分之一，质量约为地球的八十分之一。月球表面重力加速度为地球的六分之一。

月球沿椭圆轨道绕地球旋转，离地球最近的时候，距离为 36 万千米；离地球最远的时候，距离为 41 万千米。

第2章　相位

月球处于地球靠太阳的一边时，月球黑暗的一面就对着地球，这就是新月。当月球处在地球的另一边时，月球明亮的一面就对着地球，称为满月。月球围绕地球转动，月球表面被照亮的部分就面对着地球。这就是月球的相位。

月球需要 27 天时间绕地球转一周，在此期间，地球和月球都会绕太阳转动全程的十三分之一。因此，满月之间的时间多出十三分之一。这样，满月之间的时间就为近 30 天，这个间隔就是一个月。因此，月球每一个月完成一圈的转动，历经所有的相位。

第3章　日食、月食

月球有时候会通过地球与太阳之间。从地球看去，太阳会变得暗淡无华。日食就是这一现象的名称。看起来，就好像印度教的吞日之神拉胡吞掉了太阳。有时候，满月会进入地球的阴影地带。照亮月球的阳光就会被挡住，月球暗淡下来，这一现象就是月食。

第4章　月球的特性

月球以围绕地球转动的同样速度自转，这使月球总以同一面对着地球。因此，月球背面就一直不为地球所见。

第5章　月球地貌

月球的表面是尘埃和疏松的岩石。从地球上看去，月球好像有黑暗和明亮的地区。明亮的地区为山地，黑暗的地区为月海。因为古代熔岩流动，结果就更平滑。月亮上面有下陷地区，为环形山。环形山的直径从几十米到数十千米不等，应该是外太空岩石撞击所致。其中一些会放射出白光，这是由于撞击排出物所造成的。最著名的为第谷环形山。第谷环形山可放射出长达 1000 千米的白光。

第 6 章　潮汐

地球上的海洋能够感觉到月球引力的拉动，这就导致潮汐。引发这些潮汐所需的能量来自地–月系统的能量。月球以每百年数百米的速度远离地球，也可以说，地球在逐渐地失去对月球的拉力。虽然不太容易为人所察觉，但是，地球在随时间的推移而逐渐减缓自转，因为能量被潮汐所消耗。因此，地球白昼的长度会慢慢地增大，每千个百年，白昼会增加两秒。

宇宙学之第五书：

彗星

天与地布满征象，
笃信者据以为凭。

第 1 章　起源

太阳系的外端为黑暗王国，

偶有点点的星光是太阳的来客。

常见的情形是，在离太阳数千天文单位的地方，10 千米大小的冰、尘和粗砂构成的星体会偏离轨道奔袭太阳而来。数万年之后，这样的星体会经过海王星附近。当它接近太阳时，太阳会使其升温。冰冻的气体会蒸发，并释放出尘粒。气体会反射太阳的光，发出暗红的颜色。这就是彗星。

第 2 章　结构

在彗星的核心，会有发光的膨胀气体，这就是彗星的彗发。太阳辐射会使彗星的尘粉发光。太阳风会吹动彗星的气体，这就会形成跟喷灯的蓝色火苗一样的长长的白色条痕，这就是彗星的尾巴。

当彗星沿曲线绕近太阳，然后又从太阳身边飞走时，其尾巴不会指向太阳，而是指着太阳相反的方向。对地球上一些不了解真相的人来说，这个形象很是奇怪，因为彗发应该是向其尾巴相同方向移动的。但是，千真万确，这事非常自然，因为它的尾巴受到太阳风的吹动，彗星飞向遥远的地方后，太阳不再加热其冰冻的气体，然后，彗星就又一次消失在暗空。

第3章 轨道、大小、生与死

有些彗星因木星和土星的扰动，或者因为与小流星的碰撞而在太阳系的内侧可以看到。彗星以巨大的椭圆形轨道运动，每隔几年、几十年或者几个世纪会造访太阳。这些就是短周期的彗星。

地球人看到的那些彗星一般都有 10 千米大小的身体，其彗发可伸及数千千米长，彗尾则长达 1 亿千米。第一次看到彗星的人会宣称发现这颗彗星，并以自己的名字命名这颗彗星。因此，彗星有如下一些名字：第谷彗星、哈雷彗星、恩克彗星、塔特尔彗星、庞斯 – 温内克彗星、沃夫彗星、舒马克 – 利维彗星、惠普尔彗星、哈尔 – 波普彗星等等。

有些彗星在接近太阳时会变得非常之热，竟至分解成很多碎片，这些彗星不久即毁灭了。大多数彗星在最后破解之前都会造访太阳系 1000 多次。由于每颗彗星最终都会破解和消失，因此彗星都有自己的生命周期。但是，太阳系外太空边缘的星云会不时提供新的彗星。

在任何一个既定时间里，彗星的数量都会超过 1 万亿个。但是，它们的质量合并起来才只是地球质量的几倍。它们很少访问太阳，偶有访问光

用实力说话，月亮在水里。

线也很暗，很少有能够在地球上观察到的。它们来的时候，会停留几个月的时间，然后离开。在夜空中，地球上的人看到最大的彗星，它们的尾巴延伸十多个月亮那么长。但是，小彗星可以通过望远镜看到。最小的彗星通过时，人们根本就看不见。

宇宙学之第六书：

流星

巨星自云天坠落，
燃烧如明灯闪耀。

第1章　起源

地球有客自太阳系来，
更有远亲在无边宇宙。

常有的情形是，一粒卵石样的碎片来自外太空，进入地球轨道后又穿过大气层。与地球大气的摩擦使其炽热如火，闪出亮光。它在暗夜，如光的条纹拖动。这就是流星，它像飞星疾驰夜空。

第2章　流星雨

有岩石并杂物落自九天。

在一年的某些时期，地球要通过一个布满外太空杂物的地区。抬眼望去，每小时可见数十颗流星。流星雨就是自然焰火的展览。著名的流星雨都有名称。比如，每年的 1 月 3 日，会有一阵象限仪座流星雨。4 月 22 日，会有天琴座流星雨。英仙座流星雨会持续两个星期，高峰期在 8 月 12 日。猎户座流星雨持续几天时间，高峰在 10 月 21 日。在 11 月 17 日，狮子座流星雨会展示其光芒。双子座流星雨也持续几天时间，但 12 月 14 日才是它展示真正辉煌的时候。流星雨经常是因彗星形成的。比如，猎户座流星雨就与哈雷彗星有关。例外的情况是双子座流星雨，它源自一种叫作"四轮马车"的小流星。

第 3 章　陨石

较少见的一种情况是，流星从天上飞过，燃烧过后剩下一大块发出暗红颜色的圆球，大小约月球的四分之一或更大。这将是一个火球。

1 克流星在大气层中释放出来的能量相当于 100 克 TNT（三硝基甲苯）。这些小流星会在大气层中变成粉末燃烧净尽。由于大部分流星都很小，几乎所有的流星都会消失在大气层中。但是，不太常见的情形是，地球会遇到一种相当大的流星。这样的大型陨石撞击地球会形成一个大坑。每隔数亿年，一颗 10 千米或更大形体的流星有可能打击地球一两次，产生相当于一亿兆吨 TNT 炸药的爆炸力。由此造成生态灾难，地球将经历一场浩劫。

新约之最后二书

新约之最后一书：
先知书

吾将离去，故求得见。

第1章 国王遗愿

有一位国王病卧床榻，于是招来 12 位先知。先知到来后，他说："且听我言，寡人年事已高，虽不知死期若何，料想为期不远，因孤身心皆已疲惫。人故不免一死，然寡人好奇心日浓，死前望能得见未来。写在书中的业已得知：太阳将黑，月亮不再发光。但寡人欲求知晓更多。"

第2章 何西阿

国王问第一位先知，其名何西阿："此后 100 年，世界是何等光景？"何西阿答曰："粒子物理学家将确定引起弱电对称失衡的原因，人类将明白物质的构成。生物学家将解开 DNA 的遗传密码。大气层中二氧化碳的总量会增高 50%，地球温度将高出 2 摄氏度。天文学家将告诉我们黑洞的构成。"

第3章　约珥

国王问第二位先知，其名约珥："此后 1000 年，世界是何等光景？"约珥答曰："科学家会创造出除原初生命以外的一切。天文学家会测量到宇宙足够多的质量以确定其最后的命运。物理学家将开始明白宇宙法则的基本形式。"

第4章　阿摩斯

国王问第三位先知，其名为阿摩斯："此后一万年，世界是何等光景？"阿摩斯答曰："小熊座附近的北极星将不再是地球的北极星，因地球自转轴将进动，并指向别处。天琴座的织女星将成为新的北极星。找北的时候要看织女星。地球将变冷，新的冰纪将形成。人类将制造复杂的生命，比如存在于 20 世纪的哺乳动物。人类还将造出地球上从来没有过的新的生命形式。人类将登上并生活在太阳系的其他行星上。科学家会制造出一种仪器来检测宇宙遗迹中微子。中微子将唱出动听的歌。这支歌是大爆炸之后的一秒它们曾经唱过的歌，但是，它们唱此歌的声调会柔和得多。人类会听这歌，看到宇宙诞生仅一刻时的样子。"

第5章　俄巴底亚

国王问第四位先知，其名为俄巴底亚："此后 10 万年，世界是何等光景？"俄巴底亚答曰："地球将到达另一个冰纪的最后阶段，冰川将覆盖欧洲北部、亚洲和美国。地球陆地的三分之一将处在冰层下。海平面会下降到现代 100 多米以下的地方。但是，在接下来的两万年里，地球将温暖起来，类似现代的间冰期会出现。科学将达到极高的水平，至于达到何等水平，某暂无可告君。但有一点可奉上：人类将建立一种仪器来检测宇宙遗迹中的引力。引力会唱出动听的歌。它们唱出的歌是大爆炸时普朗克时代所唱的歌，但是，它们唱出的歌会轻柔得多。人类会听到这首歌，看到刚刚形成的宇宙，此时宇宙的年龄才仅万亿万亿万亿分之一秒。"

第 6 章　约拿

国王问第五位先知，其名为约拿："此后 100 万年，世界是何等光景？"约拿答曰："试管实验将进行，大爆炸的微型模拟会复制出来。宇宙法则的各个章节会得以部分拼集。如同破碎的古埃及骨灰瓮得以重新黏结，除开一些碎屑和极小的洞眼以外，一切将成整体。超级对称的完美球体将推断出来，并予以理解。"

第 7 章　弥迦

国王问第六位先知，其名为弥迦："此后 1000 万年，世界是何等光景？"弥迦答曰："起源于地球的生命形式会与起源于别处的生命形式开战，此即星际物种大战。"国王十分好奇，先知弥迦继而发话，"再后，在地球上，北美和南美大陆将不再远离非洲和欧洲大陆。非洲将与阿拉伯半岛断开。东部非洲的一部分将断开，形成一个三倍于马达加斯加的大岛。夏威夷诸岛会淹没于海下。它们将被称为夏威夷海山。它的东南面将出现一些新岛屿，称之为新夏威夷群岛。加利福尼亚的冲积平原和西南加利福尼亚将漂向北去，成为远离美国西海岸的一个长岛。洛杉矶会移到萨克拉门托的西边。墨西哥的提华纳将移至加利福尼亚弗雷斯诺的西边。"

第8章　那鸿

国王问第七位先知，其名为那鸿："此后 1 亿年，世界是何等光景？"那鸿答曰："此后一亿年，加利福尼亚冲积平原和洛杉矶会滑入阿拉斯加南面的阿留申地沟。它们会被吸入底层地壳，然后消失。它们的上层将会是莽莽群山。群山如同坟墓，记载沧海桑田的变化。在世界的别处，美洲靠近非洲和欧洲。大西洋的面积将比现在小一半。澳大利亚和新几内亚将北移。它们漂至现代靠近越南的外海。很抱歉，一颗 20 千米大小的彗星将击中地球，引发大规模灭绝活动。地球 90% 的生命将灭亡。"

第9章　哈巴谷

国王问第八位先知，其名为哈巴谷："此后 10 亿年，世界将为何等光景？"哈巴谷答曰："附近的人马座将与我们的银河系相撞，这将是两大星系的撞击，如同两军对垒，星星如同士兵。星系规模的毁灭将发生。星球大战将成现实。"

第10章　西番雅

太阳不再成为地球白天的光，

月球也不再向地球洒下银辉。

国王问第九位先知，其名为西番雅："此后 100 亿年，世界将为何等光景？"西番雅答曰："太阳会耗尽氢气燃料。太阳的核心将收缩，氦将点燃，大爆炸随后发生。此次爆炸将炸掉太阳外层，并殃及水星、金星及地球。氦气爆炸之前的夜晚将为地球最后的晚餐。第二天，地球全部的生命都将消失。太阳会成为一颗红色的巨星。太阳将燃烧作为主要能源的氦气。容我再描述随后将发生的几件事。再后，太阳将在后面的数十亿年间收缩。太阳会成为白矮星，其规模不到现代太阳的百分之一。太阳会暗淡下去，然后变黑。太阳会成为棕矮星，一个密实、小体积的黑色星体。炉膛的火没有了。太阳不再是一颗发光的星星。"

第11章　哈该

国王问第十位先知，其名曰哈该："此后 1000 亿年，世界将为何等模样？"哈该答曰："宇宙黑洞会蒸发，然后消失。"

孩子们，这是最后一棵仙人掌。

第 12 章　撒迦利亚

天上星星落在茫茫大地，

如同大风吹落无花果叶，

花期未至，果未成熟。

天体远离而去，

如同书页合上。

国王问第十一位先知，其名为撒迦利亚："此后万亿年，世界何等光景？"撒迦利亚答曰："伊塔米特鲁事件会发生。"国王问道："何为伊塔米特鲁事件？"答曰："仅可以文字相告：天上的星星将陨落，天上的伟力将撼动。此即大自然之末日审判。它将结束自大爆炸以后 30 万年开始的漫长黑夜。这是 20 世纪的人类所无法理解的事件，因人类的大脑太小。"

第 13 章　玛拉基

国王问第十二位，也是最后一位先知，其名为玛拉基："此后 10 万亿年，世界将为何等光景？"玛拉基答曰："奇怪。我什么也不知道。我不知道为什么。"先知稍停片刻，又答曰："陛下，您将于 10 日内驾崩。"

国王既满足又失望，遂于 10 日内驾崩。

第 14 章　后记

到未来，人类会更好理解宇宙的过去。人类理解力真正开始的一刻即将来临。故此，人类会前进，同时可以回溯更远的往昔。

人类前行，亦须时时回头顾盼。

到未来，人类会成为生命本身的艺术家和创造者。他将捕捉住大自然的灵魂，因大自然的灵魂在每一个复杂分子里置入了生命精神。

新约之最后二书：

最后一诫

尔等所求必得回应。
尔等求索必有发现。
尔等敲门，门必自开。
此为最后一诫，为最后之言。

第1章 "故此"

求诸大地，大地必有所授。

故此，尔等须知晓自身宿命。故此，尔等须把稳船只，令其沿正确航道前进。置欲求于动机之后，尔须奋力以搏。

故此，且容好奇心为尔等指南。追寻天上真理，如同在大地寻觅。

尔等指间之水，切不可等闲流失。

故此，尔等须发愿求索真理，全一的真理，唯有真理，若果如此，天必助汝。

所不敢为者，为之。所惧前往处，且挺身前往。

道路万千条，且选阳光道。聪明择路，正派为人，公平行事。

故此，尔须多有智识，勤于创造。

第2章 "知"

尔等见太阳，并月亮，并其他星星，

并其他所有天体，

须矢志虔诚以拜。

知世界之大，知世界之微，知世界之广。明白自然从始至终的法则。了解世界的历史。知此，知多，知全。

知自然历史，知大爆炸的开始。知过往从弱电断裂到重新组合的岁月转移。知毁灭，知星体形成。知此并一切。知光。

知此，知其所以来。知那岩石上写下的历史，知细胞嵌入内里的一切。

知元素，知元素之构成。知全能炼金术士，知早期宇宙，知超新星并恒星。

生物学基础已然打好，为尔等自造一庙。庙即造就，尔等须明白在庙中寻宝。

知植物与动物的差别，知非哺乳动物与哺乳动物的差别。知尔等生命起源。知猿，知猴并黑猩猩。知蝶变。知其过去，知其现在并未来。

知尔等在地上的位置。知地球在行星系的位置。知太阳在银河系的位置。亦须知银河系在宇宙里的位置。知宇宙之广大无边，知尔等于宇宙中的地位。

努力把握真理，因真理如同手中之水。手中之水易滴漏，流落沙间。尔等须紧握双拳，并拢五指。

抬头向天，极目细看。天体、恒星、行星并宇宙即在天上。

微观世界蕴藏丰富宝物。天穹有救星。知此为自然。

信尔自身，信尔科学。

研究自然，使其为科学，亦为艺术。

听取科学，尊其为教旨。

尔等必为科学所吸引。

科学如血液流布尔等心室。

知识为神圣王冠。

尔等须时时佩戴。

自然、知识、科学并尔等自身——

唯死亡可令其分开。

知尔等节律，须时时把握。

第3章 "走吧"

走吧，让我们建起塔来，

令塔顶伸及天堂。

自然有言。此即为自然之音。去吧，孩子们。奇则学之。尔若见彩虹，须知其为阳光折射。尔若见镜中影像，须知其为你的反射。

去吧，孩子们，自己造一台显微镜。若见模糊胶体，须知其为细胞。若见有动，知其为原生动物，抑或为变形虫。尔须努力明了一切。明了人生变故。

去吧，孩子们，寻找那神圣之路。知生命的气息。知人体。知细胞。知细胞器官。去吧，解开密码，生命的密码，DNA的密码。

去吧，孩子们，自己造一台望远镜。用眼，用望远镜观测太空。看那宇宙，因宇宙乃视觉的音乐，因眼如耳可听美妙乐章。若见月球，知其为岩石所成。若见木星左近之四颗小星，知其为伽利略卫星。去吧，看那行星并了解它们。了解水星和火星。了解天王星、海王星、土星、木星和金星。去探索恒星。知半人马座阿尔法星为最近的恒星。知天狼星为明亮的星。知北极星目前指北。知大陵五对地球闪烁。去吧，去探索天体。若见武仙座有模糊的光晕，要明白那是十万星体构成的球体。若见天琴座的光环，要明白天琴乃一团星云。找来天体图，用手指点那个星座吧。还有猎户座的光晕，要明白猎户座不是星星，而是一团气体，那是一团巨大的气体。在金牛座，看看它的 7 个姐妹吧，看那昴宿星团，明白它们是开放的星簇。要知道第七颗星是昏暗的，因她是半盲，羞于露出自己的脸来。看看仙女座的薄雾吧，要明白那是离我们最近的螺旋星系。那牛奶般的白炽光，那在最清澈和最黑暗的夜晚扫过天鹅座的，要明白那就是来自我们银河系的光芒。

去吧，孩子们，明白且要遵循法则。让我们为法则而祈祷吧，为四种力量祈祷吧。为我们脚下的引力祈祷吧。去吧，去感觉你们脚下的引力。要明白中子及其中子的弱衰变。要明白，质子里有三个夸克为强力所系。要明白指南针的针脚和电线中的电流。要明白这些力都是所欲求的力。

去吧，孩子们，看那天上有星星点缀的黑暗背景。若见流星，要明白那仅仅是一粒燃烧着的尘埃。

去吧，去观察，掂量你们的宇宙。明白它的重量，即是明白它的未来和命运。因宇宙的重量若低于临界点，则宇宙会一直膨胀下去。但是，哪怕会一直膨胀下去，也还是会跟所有活体生命一样有终老的时刻。宇宙终老时便会冷却下去。宇宙若冷却下来，就会稳定而缓慢地死去。因熵而导致的死亡就会盛行起来。但是，如果它的重量高于临界值，宇宙就不会永恒，它会崩溃，如同巨星在超新星中灭亡。大爆炸会再次发生，但其会反向发生。世界会再度热起来，其尺寸会缩小、灭亡然后消失。故此，去称量宇宙吧。

去吧，去造一颗卫星，去建一座回旋加速器。努力看吧，努力听，努力地感觉，努力地理解。

去培养自己的好奇心。去刺激你们身上看不见的"力"。增长你们无穷的知识吧。积累你们的灵感。去吧，去做约翰·多恩做过的事情："去吧，去抓住陨落的星。"

第4章（圣歌之八） 通晓自然者当是何等人类？

此为奉献第八日的赞歌，因此为闰周最后一日。闰周并周八来临时，尔等自当知晓。

通晓自然者当为何等人类？

此当为众里挑一的人杰，永不迷路，

因大自然在他四周埋下线索并竖起标记。

太阳白天予他以温暖，月亮半夜令他凉爽，

故白天舒适，是故夜晚亦惬意。

夜若变凉，他生火取暖，

此火即生光之火，此焰即发光之焰。

若他行走，脚下为湿软松土，

夜晚有月亮并星光照其路途。

此人深明自然，理解河流、风和岩石，

大地一切的意义何在。

他因得此和平世界而欣慰，

因狮子与羔羊同在而并存不悖。

故他为羊群牧人，此时并及永远。

他若呼救，回答者必为其内心，

抑或为无边智慧。

树上有鸟为他啼唱，

风之吹动亦有奇义，

因他为人，智识根深。

通晓自然者当为何等人类？

为步履坚实者，一步一个脚印。

他端坐无花果树下默想，

头顶有奇雾袅袅盘旋。

他思四周宇宙世界，

内心平和，天人合一。

他视黑夜为常态，且与白天无异，

因黑夜为白昼的部分，且有蜡烛伴行。

他知河对岸的一切，故他并不畏惧。

他通晓一切的桥梁何在。

他与自然和谐相处。

白天若有炎热，他寻山洞蛰居。

他在沙漠里寻找佳径且得甘泉。

他在干燥沙漠里亦可得舒适，

蜥蜴、蛇蝎并爬虫皆为自然造化。

地球的每一片陆地都可找到宝藏。

通晓天地者从不渴而求雨，

你和我不同，世界才丰富多彩。

但求为知而饥。

通晓天地者林中有路，生机无限。

跨出即为良途。

通晓天地法则者为何等人类？

他老而不死，衰而不竭，

因他晨间学，晚间习，终生不止。

此即为良心不可出卖者。

此即视万物有情，众生有意者。

普天之下，林木花草、鱼虫鸟兽，

莫不可令其愉悦者。

通晓大义者为何等人类？

此为得福者，为极乐之福。

第5章　最后的话

尔等为诚信所救：和平前进。

故此，当知宇宙如其本身。知宇宙广大无边，知宇宙一片漆黑。知宇宙极寒，知宇宙没有穷尽。知宇宙为无数星系，知星系为广袤虚无。故星系为千亿恒星。故星系放射微光。尔等借此微光得见。故此，尔等须擎此自然之灯，勇往直前。

旧　约

创 世 记

创世记之第一书：

普朗克时代

太初，
地是空虚混沌，
渊面黑暗。
——《圣经》

　　"太初"，并无初始可言。普朗克时代以前，没有时间，亦无空间。宇宙处在量子状态，一片狂乱波动（蜂鸟振翅拍动，快而不得见）。纵有时空之说，亦属不解之物。量子宇宙为兆万亿的世界。潜在世界沸腾而出，继而烟消云散，有若热锅沸水。隧道效应及波动在这些世界里推动原始世界。量子引力发起旷世浩劫，引力波无处不在，宇宙如一千个解不开的结。

　　临近"太初"，几无一物。宇宙热得不可想象，小得亦不可想象。不知何故，俗世竟自此无意义虚空中脱出。亦不知何故，自此空无中现出时与空。宇宙擅自得孕。不久，虚空中生出一切。

创世记之第二书：

大爆炸

时在太初，万物善美。

———————————

从 0 到 10^{-43} 秒这个时间段：宇宙存在了一个普朗克时间——10^{-43} 秒。时间的历史开始了。

宇宙固然烫之又烫，热之又热，但开始一点点冷却下来。量子涨落开始减弱，天数已定。过去存在的，现已不复存在。宇宙不再沉浮于变化不定的量子宇宙。引力波开始消退。线头与绳结开始形成时空结构。不确定原理的翅膀减缓扇动。时间的双翅拍动起来。

融合的时空出现了。引力子几乎消失。尚存的引力子变得太弱小，无法产生相互作用了。世界的隧道效应停下来了，宇宙为引力挑选了一条路径。

太初几无一物。宇宙小而烫。在无意义的虚空中现出了俗世。空无中生出有，宇宙自孕时空，如胚胎之同时为卵为鸡。从虚无中传来了一切。

创世记之第三书：

类星体

天上要有光，黑夜要有烛。
时在第四日，久远之年的第一月。

第1章 气云互撞

宇宙曾有巨光，再而漆黑如夜。似有神灵自万方来，计有基督徒、罗马人、希腊人、印度人、穆斯林并埃及人，众神灵相约颂祷，祈求得光。似有神圣石墙围绕宇宙，众神灵面墙而磕，摸黑念诵。大自然亦似略闻其求，因而作答。

此时，自大爆炸以来已越 5 亿年。在宇宙一个黑暗的地方，出现一片冷云，这是氢原子和氦气。云外部的气体感觉到云内部气体引力的拉动，外部气体得以进入。云即变小，也密实。

在此气体中，一个氢原子与另一个氢原子相撞击。两个氢原子粘在一起，形成一个氢分子。云天一声巨响，这是融合过程中释放能量的声音。分子旋转且振动。在此云团的别处，其他氢原子发生合并，H_2 分子同时形成。

云团越来越小，越来越密。许多原子粘到一起，形成分子。释放的化学能转化成热能，云团的温度上升了。

第 2 章　云团变密，变热

数千万年过去了。云团较以前小得多了，这是因为云团业已发生坍陷。云团的中心，即其核，聚集了最高密度的气体。分子在此气体中移动，相撞击，彼此推搡，所以此处压力很高。

中央密度增而又增，气体所含之物挤在一处。中央压力继续增大，气体所含之物彼此剧烈撞击。中央温度达到 100 万开氏度。高热终于触发热核反应：在核心，通过聚变过程，氘及氢核合并形成 4He，亏损了质量。质量转变成高热和辐射形式的能量。但周围的气体如此密实和广泛，高热和辐射无法逃出云团，因而为其吸收。虽然热核反应产生大量能量和辐射，但气体加速进入中心却产生了更多的能量。虽然高热、辐射及压力试图减缓气体向内的流动，但核心巨大无比，密实如铁，引力的力量超过了一切。气体继续向核心疯狂涌入。

第 3 章　巨大黑洞形成

千万年倏忽即逝。云核融入无法相信的巨额质量，密实如铁。在旷如太阳系的一个空间，即方圆 50 亿千米的范围内，积聚成两亿颗太阳一样大的质量。核中引力强大无比，无以复加。

自核中之核的一个质子放射出一道光线。光线升起，放慢，再退回核中，如同大地上抛起的一只球。在别处，光线升起，放慢，再退回，如同光的泉源。包括光在内的一切都无法自此核中逃逸，敛而又敛的质量聚积在核中形成了黑洞。空间的布片为之撕碎，可见宇宙的一部分隐匿了。

气体和物质坍陷，温度急剧上升，三维空间弯曲，看起来，宇宙的这一微小部分经历了微型的逆向大爆炸。

时在不久，这个宇宙一部分的黑暗退去了。在此宇宙的一个黑暗角落，一盏灯点亮了。

> 天宇响起号角，
>
> 庆贺宇宙凯旋。
>
> 号手鼓腮劲吹，
>
> 另有人在高奏凯歌：
>
> "在宇宙的角落，类新星初放花蕾。"

第4章　类新星的命运

2500 万年过去了，曾几何时，巨大的黑洞吞并了慢速循环的物质。气体继续渗入，但速度极缓。射线及辐射生成，但速度也较慢。中央地区仍然在闪光，但不再如以前一样光华夺目。因此，类新星的力量退潮了，较少的光从类新星泄出进入外太空。自远处看它，就如同 5 瓦的灯泡在暗夜里若隐若现，活跃的核心开始弱化了。

> 营火焚烧木头，
>
> 直到木头燃尽。
>
> 但火炭依旧暗燃。

接下来，类新星云团变成椭圆体，生有鳍样的结构。曾几何时，较薄

上帝：创造宇宙需要精确。

天使：大爆炸之前您在哪里？上帝：这是一个愚蠢的问题。

的地区更加稀薄了，气体越来越少。

又过了两亿年，类新星死灭，另一个星系从中而出，取而代之。较密实的地区会凝结，在那里，星星将形成。将成的星系如此而来，其形状如螺旋形馅饼。巨大的黑洞藏于其中，星系气体和星星围着它环绕。黑洞和核心将一切锁定，这就是新生星系的活化核。

第 5 章　类新星及准银河系形成

在宇宙的别处，其他的巨大气体云团坍陷了。中央核的质量超过一亿太阳质量的那些云团变成了类新星。质量较小的那些成为准银河系，并无类新星产生。

在头几个十亿年左右，大自然每隔数年便制造出一个类新星。

在头一百亿年左右，大自然每隔一年就制造出几个准银河系。

第 6 章　大自然点亮宇宙

宇宙类同一间巨大的黑房间，里面有数十万没有点亮的灯泡。灯泡的瓦数不等，从 1 瓦到 500 瓦的都有。一个神秘的存在物随便点亮了灯泡。一个接一个，有时候一次两个，灯泡亮起来了。最亮的灯泡燃烧最快，然后成为暗淡的灯泡。暗淡燃烧的灯泡燃烧得稳定一些，因此持续更长时间。最终，房间里几乎所有的灯泡全都点亮了。但是，房间很大，尽管所有灯泡全都点亮了，房间还是相当黑。

宇宙的黑暗一部分消逝，

灯泡在宇宙的各处点亮。

在几乎所有星系的心脏，都有一个锚。那个锚就是密实的黑洞。

创世记之第四书：

恒星诞生

要有烛光点亮黑夜。

第1章　气体云团

时在大爆炸之后十亿年。天上出现一团氢和氦气的黑冷云团，其大小为上千亿千米。此云团浮动于太空的荒野之地。原始氢氦浓缩在这气团的中央。因此，大部分质量也积聚在此云团的中央。大自然的引力拉动周围的气体。氢氦的总量在中部增长。但云团周边的气体并未移动，它飘浮着，如同不知内里发生的一切。

数十万年过去后，云团中部地区变得非常之密，氢氦大量堆积，因而发生碰撞。随着速度的增加，碰撞更加剧烈，它们得到了热能。在云团的中央，原来很冷的部分变热了。

不久之后，核中央热得开始发光了，红外线和红光产生了。这道辐射为周围的气体所吸收，周围的气体也开始发热。

又过去了数十万年，中央的温度为3000开氏度。核心发光如窑炉。但是，光为更冷的外层所吸收。由于核心覆有冷密的气体，因而光线无法射出。从远处看来，黑云映衬着外太空的黑色景幕无法看见。就好像热窑的炉门已经关闭。

现在，云团成了椭圆形，并慢慢地旋转。大部分气体围绕中央旋转，如同行星围绕太阳转动一样。但是，核心得到了质量，引力增大。气体也随之跟进。因此，大部分气体开始慢慢地以螺旋式进入此云团的核心。云团主体底层的气体和核心之上的气体却并不转动方向。这团气体很快直接拉向了核心。同样，主体之下的气体和核心之下的气体也直接拉上和拉向核心，因此，云团越来越平展，形状像一口平底锅。

引力之手铸造了云团。

由于引力的原因，核心之内的质量继续拉动更多的气体。当气体接近核心时，它会加速，越来越快地撞击核心。此时，压力冲击波会产生。冲击波的能量非常之大，引起某些部位的温度升至数百万开氏度。在冲击波增速的地区，热气体明亮耀眼地闪出光芒，然后冷却下来，跟周围的气体保持同样的温度，也就是一万开氏度左右。但几乎所有的放射能最后都是被不断包裹的气体云团所吸收。从远处看，云团看上去很暗，但能够放射出红外线来。

第 2 章　恒星诞生

数百万年过去了，云核紧缩了许多。核心的温度达到 100 万开氏度。稀薄分布于气团中的氘核与质子熔合，形成 3He 的核子。然后，3He 核子合并，形成了 4He 的核子。氢转化成 4He 会亏损一些质量，转化成能量。因为很少的质量亏损可产生大量能量，因此而形成巨能。在核心，热核聚变产生了能量，云核现在成了一颗恒星，恒星因此而产生。尽管还有少量的气存在，每 10 万个质子当中有两个核子，但是，气没有点燃恒星。

热核聚变却点燃了一颗热核弹，核反应提升了温度。当温度上升，反应会加快。"轰"一声，氢弹爆炸了。冲击波在中央产生，恒星外层炸掉了。电磁辐射强烈冲击周围的气体。气体被排向外端，散布在外太空的荒野中，留下来的一切就是恒星的内核以及厚重的云团残骸。

恒星爆炸，体积为太阳的 30 倍。然后，恒星保持稳定。它放射出明亮的光芒。从万亿千米及更远的地方看，恒星仍然发出明亮的光。

在外太空黑暗的一小片，

一只小灯拧亮了。

宇宙的这一小片黑暗，

随此光明的到来而远去。

气核继续在恒星的中央燃烧。这种热核聚变能为等离子气体所吸收。在越来越强的高热中，气体在膨胀。随着爆炸的发生，其压力也下降了。跟热气球一样，热气的气泡升起，冲到恒星的表层。在那里，它放射出光芒，然后冷却。冷却时，它会收缩。收缩时，它会变得相对较重。相对较重的气体越冷，它就越会向恒星的中央下沉，并填补由扩散和上升的热气体形成的空缺。然后，热核反应会使这相对较冷的气体加热。它变热，扩散，升温并产生辐射。因此，恒星会产生热对流，如同开水一样沸腾。

恒星辐射的时候，会失去其能量。失去能量后，它会收缩一些，收缩之后，压力会升高，温度也会有小小的提升。因此，恒星的规模缓慢缩小，温度会慢慢升高。缓慢的引力坍缩会加热恒星的内部，从而成为其主要的能源。

300万年倏忽即过，恒星变小了一些，没有太阳大了。中央的温度保持在1000万开氏度，新的热核反应被点燃：4He从四个质子中产生。

恒星膨胀时，温度的上升却减缓下来。中央的温度达到1500万开氏度，然后稳定下来。恒星与太阳差不多大了。

创世记之第五书：

星系诞生

星星点点如烛光，
照亮未来前程。

第1章　星系

　　离新诞生的恒星20万光年的范围内，其他一些密实的云团坍陷并发光。每年都有百余颗此类新星出现。数百万年之后，数千万星星出现了。如果你在场，一定会如见夜晚远处的城市：一开始，几只灯亮了，然后有更多的灯打开。慢慢地，星星点点的灯光照亮了原来黑暗的虚空。星星的这种积聚有一个名称，即星系。星系由此产生了。

　　星系中的气团收缩，形成了新的星星。10亿年之后，星系拥有了上千亿颗星星。制造新星需要的气团在减少，新星的产生也更慢了。更古老和质量更大的一些恒星很快地耗尽其核燃料，因而就灭绝了。星系中星星的数量几乎没有增加。

天穹有号角吹响，

庆祝宇宙的胜利。

透明身影鼓腮劲吹。

另有人引吭高唱：

"宇宙一角有星系诞生。"

第 2 章　星星照亮的宇宙显现

在宇宙的别处，浮动着另一巨大云团，距离远在数十万光年之外。在其引力作用下，巨团坍陷了。坍陷发生时，更密的地区形成。共有数亿此类更为密实的地区。每个这样的地区都变成了一个或多个星星，数亿的星星诞生了。

宇宙包含数十亿此类巨大的原始气体云团。在仅有数十亿年历史和数十亿光年大小的宇宙各处，数十亿星系诞生了。

彼如巨大森林，每百棵树里都点缀着数不清的未点燃的蜡烛。在每棵树的中心，都装有一盏强光灯。起初，那森林一片黑暗，好像是某位神秘的存在物打开了灯泡的开关。灯泡一只接一只地打开，有时候一次打开两只，广袤黑暗中的全部灯泡都亮了，照亮了全部的黑森林。如今，明亮的灯泡很快燃烧，接下来就暗淡了，它们的灯光不那么明亮了。一棵树的中心灯泡燃起后，附近的蜡烛也开始燃起火苗。慢慢地，树林中所有的蜡烛都飘出了火苗。广阔森林里所有的树都完全点燃了，然而森林如此之大，其黑暗也是无边无际。哪怕有如此之多的蜡烛照着，森林还是那般黑。

宇宙的部分黑暗不见了。

在宇宙的各处，灯光全部亮起来。

通过电子的运动轨迹去研究星云是一个新课题。

创世记之第六书：

螺旋星云

有巨大天体自尘土出。

第1章　两大气体星云合并

在大爆炸之后的 30 万年，事情如此发生：百万光年大小的冷气团在宇宙的荒芜处加速前进。在 300 万光年远的另一处，第二个巨大的冷气星团一动不动地悬浮于太虚之境。

5 亿年过去了，在此期间，两个云团都有大幅收缩，因此，各云团只有原来的一半大小。它们都有一个中央区，里面满是密实的气体。两个云团之间的距离不断减少，以光年算，距离为 150 万光年。

又过了 5 亿年，第一个云团与第二个云团发生了碰撞，其中央地区合并在一处。两个云团合二为一，这就是两个巨大气体云团的合并。它们的氢分子和氦原子混在一起，云团的合并令气体和物质的密度翻了一番。

更多的物质意味着更大的引力。引力有了巨大的增加，巨大云团各处的气体感受到强烈的拉力。气体朝云团的中央加速前进，引起云团的体积减小而密度增高。云团在坍陷。

第 2 章　原星系出现

一亿年过去了，巨量物质落入了巨大云团的核心。核心密实，很热并发光。数百万年当中，氢和氦气体不断注入中央核区。

又过了上亿年，核中央出现了巨大的黑洞。核的周围，热且密实的气体发光并辐射。

从远处看去，核心只是巨大气团的极小部分：在别处，也有一些相对较小但也密实的气体区，看上去如同密度较小的气体区的白色雪片。白色的章鱼形包裹着更大的圆球形光环，是大小为 40 万光年的稀薄气体。

彼如巨大胚胎。

原星系形成了，活跃的中央核心为原生星系的核心。

数亿年过去了，巨大气团变小了，直径为 10 万光年。从远处看去，其形状多少有些不规则，但基本上属于椭圆形，如同压扁的圆球。

又过了数亿年，原星系如同厚实的烙饼。但是，在原星系的核心，有一个密实的膨胀圆球，100 万颗星星在此形成。在膨胀的星系里面，有100 万处亮点。但是，来自这些亮点的光发生折射，并被周围的气体吸收和再释放。因此，在膨胀处的外面，有漫射的亮光。此效果如淡白色的灯泡，里面的灯丝因为玻璃上的涂层而模糊。

又过了数亿年，原星系更扁平一些了，中央膨胀部分像明亮压平的圆球。在薄薄的烙饼样结构的最外层，某些星星开始闪光。中央和中央区域都发出光，是数亿星星的光使然。

又过了数亿年，原星系成为星系。除开膨胀的中央外，烙饼变成了一只扁平的铁饼。在圆铁饼里，形成了发光曲线长臂，螺旋状星系如此形成。它还有一个名字，就是银河。

> 自然造就巨大星系，
> 内有千亿明亮星星。
> 从远远的地方看去，
> 银河星系美丽异常。

　　由一种神秘、非发光物质构成的圆形黑色大光环围绕在银河系周围。因为看不见，它的性质又不为人知，所以，给这种物质一个名字，叫暗物质。光环的直径为 40 万光年，重达太阳质量的万亿倍，是银河系的 5 倍。

　　银河系成了特别的星系，因数十亿年之后，在离银河系中心 2.5 万光年处，并在与银河系圆盘同等的平面上，一颗新星即将形成，这颗星便是太阳。太阳令一颗行星发热，这就是地球。地球有了适当的环境，因而产生了复杂和庞大的自组织分子，这就是生物。在这些生物当中，其中一种便是人类。数十亿年之后，银河系成了太阳和地球的家园。这样，数十亿年之后，银河系成为生命及人类的家园。

创世记之第七书：

核起源

自然，尔乃炼金奇士。

第1章　恒星及生物

恒星如同活生物，有其出生、童年和少年期。恒星慢慢成熟，变老，而后死亡。跟生物一样，它需要食物支持其活动，完成其功能。恒星的主要功能是辐射。为了辐射，它要处理营养并使营养变成运动、能量和热量。但是，跟从周围摄取生存养料的生物不一样的是，恒星靠自身获取能量，它不断地燃烧自己核心处的核子。因此，恒星中心的核子即是它的胃，也是它的食物。从某种意义上说，恒星靠消耗自身而发光。

正如有许多种生物一样，恒星也有很多种：红巨星、黄矮星、蓝巨星、造父变星、白矮星、亚矮星等。恒星的光度、温度及质量差异很大，白矮星为恒星中的蚂蚁，红巨星是大象。

第 2 章　一颗能量充足的巨星

90 亿年前，在银河系的遥远地带，一个气团坍陷了，形成了一颗恒星。这颗恒星很重，为太阳质量的 18 倍。对一个生物来说，身材越大，吃得就越多，对恒星亦是如此。该星星对其营养物，也就是它自身的核心，有着无比贪婪的胃口。

恒星是靠向外发散的热量和辐射产生的压力来支撑自己重量的。因此，没有热和辐射来对抗引力，恒星会无限制地坍陷。

这颗巨星吞掉自身的核燃料从而支撑巨大的质量，氢核构成其主要的营养物：在核心，质子被消耗掉，转化成 4He。四个质子的聚合就产生了热量和辐射。

200 万年过去了，巨星核心所有的氢都被消耗掉了，现在星核全由 4He 构成。这颗星星开始消耗氦中的质子。星星消耗更多的时候，氦核也增大了。这颗星星是饥饿的星星，比太阳的亮度大 7 万倍。

头 7 个丰收年暴殄天物者，

后 7 个荒年必受饥馑之累。

又过了 1000 万年，这颗巨星消耗掉了普通的恒星需要 100 亿年方能消耗完的东西。这颗恒星最里层四分之一的氢转变成了氦。

巨星胃里的氢被耗尽了——质子食物没有了，突然间，能量输出停止了，辐射压力直线下降。因为没有东西能够支持这颗星星了，它就开始萎缩。在它萎缩时，中央的温度升高到两亿开氏度，密度升高到了水密度的 1000 倍。

第3章　巨星诞生

突然间，氦聚变发生了。在核心，三个 4He 聚合成一个 ^{12}C，同时喷发出巨能光子。在中央核的各处，氦核都发生了聚变，一颗新星就此诞生。

这颗新星的大小非常惊人，它成了一颗红色超巨星。它的半径有 3 亿千米，大得足以在自己体内容纳地球和火星环绕太阳的轨道，假如这两颗行星在附近的话。

氦在数十万年的时间里如此燃烧，同时在核心制造碳。星星中心的碳总量增加了，小碳球体在核心出现。

这碳只燃烧了 2000 年。当核中的碳消失的时候，星星开始收缩，中央的温度翻了一番，达到 15 亿开氏度，中央的密度骤升至水密度的 700 万倍。核中的氖聚变开始了。

第4章　核心到了临界状态

现在的恒星的结构是这样的：星核由较轻元素的核构成。它为四个同心壳体：氧、镁和氖构成的内壳，氧和碳构成的第二层壳，第三层氦壳和最外层的氢。带负电的电子分布在各处，使整个恒星呈中性。

星核中的氖仅在 12 年时间内便没有了！核的能量输出停止了。由于外向的辐射流不再能够支撑极重的星星，星核就开始收缩。

在核心，恒星开始饥饿，星核燃烧一切来满足其对能量的需要。但是，铁却不会燃烧，铁是所有核子中最稳定的一种。铁熔合时，能量会被吸收而不是释放出来。因此，对一颗恒星来说，铁就像没有活力的物质一样。

这颗恒星仅有 1300 万年的生命，但是，它已经很老了，因为它的身体非常苍老，结构发生了很大的改变：有一个铁核心和五个同心壳。内层的壳由硅及硫黄构成，第二层壳包含有氧、镁及氖，第三层壳由氧和碳构成，第四层由氦构成，最外层的壳由氢构成。这样，这颗星星就如同一棵葱，葱的层层皮就是元素层。

因没有辐射可以支撑核心，核心即开始收缩，铁核挤在一处。同样，电子彼此碰撞。电子的碰撞导致压力产生，死核收缩，直到电子压力与重力相等。这样，电子压力就与重力相抵，防止星星坍陷。

蚂蚁托起大象。

第5章　内核坍陷反弹

在接下来的一瞬间，重力超过了压力。因此，强大的引力取得了与细小电子的战争的胜利。

诚然，大象最终胜利。

核心在一阵内爆中坍陷，就像电影倒放爆炸场景。

内核旋转起来：坍陷使它旋转，就好像溜冰者收缩双臂。质量收缩令核球旋转。

就像小球从墙面弹回一样——变形、挤压，然后扩张——内核如此反弹，并向外加速发出一阵冲击波。

第6章　星星爆炸

有伟力令星星爆炸。

冲击波冲击氧和碳层。冲击波的温度降至引发聚变所需的极限。此时，核炼金术停止了，但是，冲击波继续像犁一样犁开氧与碳核。

10多分钟过去了，冲击波席卷整个恒星，电子和核子被吹走。在冲击波的内部，除中央核子球以外，所有物质尽皆炸出。

在里层，有些核和中子融合了，所有重过铁的元素有微量形成。

冲击波扫过氦层，炸开了电子和阿尔法粒子，使其四散。但是，恒星的表层还丝毫未动，跟以前一样，它发出比太阳亮8万倍的光。

30多分钟过去了，冲击波到达氢壳的内层。它开始在质子与电子的田野耕耘起来。

3个小时以后，铁核坍陷。冲击波通过恒星的最外层，也就是氢核的最外层冲出来。轰！星星爆炸了！那就是超新星。

星星被压抑的能量最终爆炸，被压抑的死星内部剧烈地抛向空中。星星以前如此贪婪，现在完全死掉了。

　　　　　索取者终须回报。

核与氢以十分之一的光速向外爆出，像气球一样膨胀起来的超新星球释放出强烈的紫外线辐射。紫外线以光速向外扩散，爆炸的气体留在后面。

　　　　　有卵石落入寂静水塘。
　　　　　涟漪荡开。
　　　　　又有卵石落入，
　　　　　第二道涟漪亦荡开。

第 7 章　中子星诞生了

在死灭的星星附近，一团巨大气体壳层胀开。气体膨胀时，温度也降下来。几个小时后，超新星球体表层的温度下降了几十倍，当时有 6000 开氏度。在此低温下，紫外辐射下降了，可见光的释放发生了。因此，膨胀气体大量辐射出光芒。在眼睛看来，超新星发出明亮的光。

最后的能级为多大？以电磁辐射论，超新星产生了 3×10^{49} 尔格，相当于 10^{36} 吨 TNT。弹射出来的物质的能量为其 10 倍。但是，中微子 – 反中微子爆发产生的能量更大，为超新星产生能量的 1000 倍，相当于 10^{40} 吨 TNT。释放的总能量相当于 100 颗类太阳恒星在 100 亿年的整个生命周期中产生的能量。

剩下什么呢？在蘑菇一样冒出的无线电和放射气体球的中心，旋转着一颗相对较小的球，此球大小为 20 千米，里面包含有 10 亿个万亿万亿万亿万亿中子。这是个巨大的中子核，即中子星。因此，所有死亡的星星留下来的东西就是它自己烧焦的胃。大自然将此星星变成了黑色和微小的球体。

中子星比太阳的质量重 40%，但是，它比太阳的半径小 7 万倍。因此，它的大小跟一座大都市差不多，但表层引力却为地球引力的 2000 亿倍。

在中子星外是一些粒子。在这些粒子当中，有些带有电荷。这些带电的粒子困在中子星的磁场里。在磁场旋转时，电荷也旋转。在离中子星 1000 千米外的地方被困住的电荷几乎在以光速前进，它们生成长辐射波。这些无线电波的干扰以锥形向外发散，并沿磁力循环场转圆圈，如同向上指的灯塔灯束。这中子星很特别，它是脉冲型的，是大自然的广播站。自然发送声音到整个宇宙中去，宣布中子星的存在。

第 8 章　超新星　点金奇士

星云包含氧和氦、碳和铀承袭而来的一些元素，因此这颗超新星和其他超新星为宇宙的星际地区提供几乎所有的非发光元素。

在数百万年间，脉冲星会不断地发射信号。辐射造成的能量丢失会使自旋减慢。最终，它每隔几秒才旋转一次。它的广播信号最后停下来，成为一动不动的中子星。

星星死灭产生分裂和破坏，但也带来一个益处。跟死亡然后腐烂并形成其他植物生长的土壤的植物一样，超新星成为新创造力的来源。大爆炸造成的核聚合形成了第一批氢、氦和锂三元素。巨星形成了中重型元素，比如碳、氧、氮和铁。大爆炸使这些元素四散在外太空，并在外太空沉积下来，混入星际气体和尘埃。最终，混合体会坍陷，形成行星 – 恒星系统，一颗富含中 / 重元素的新星因此而诞生。

黄水仙在死者的墓碑周围开放。

第 9 章　其他超新星

在宇宙初期超新星爆炸是常见的事情。超新星在宇宙的全部历史上曾有过爆炸，而且还会继续爆炸下去。在有星星的地方，它们就会爆发——在星系活跃的核中，在星系螺旋臂上，在球状和开放的星族中，在布满星星的星云中，在星系的晕轮中，等等。超新星提供建筑新星的材料和元素。

腐烂植物遗下种子，

等待来年枯木逢春。

　　此前所载超新星相对较温和。如果原始恒星的质量更小一些，它的铁核就会更小。最初的冲击波不会在铁核内失速，它也不会安定下来，也不会失去能量。反过来，冲击波有可能直接穿透铁核而出。冲击波的压力会产生更大的力量，核子和气体上的力量就有可能更为强大，材料有可能更强烈地冲出来。因此，大爆炸有可能会强烈得多，超新星的亮度就高得多了。

　　如果原始恒星质量更大，比如是太阳质量的 25 倍或者更多，那么，铁核就会稍大一些。中子星的重量会是太阳的两倍或更多。在冷却和收缩过程当中，它会缩小到相当小的规模。它的引力一定会非常强大，包括光在内的一切都无法逃逸出来。大小为数千米的黑洞就会形成。那将是一粒看不见的星渣。

　　少于 8 个太阳质量的星星会坍陷，但不会爆炸。它会燃尽其氢，也许还有一些氦和碳，但是，当其核燃料耗尽后，电子压力会阻止它完全坍陷。这样一颗恒星会缩小直到成为一颗极小的星。这样的星谓之白矮星。它会燃烧自己的核子，直到变冷而无法再燃烧。然后，它的光会熄灭。光芒像火中的灰烬一样褪色并消失。没有了光，根据定义，一颗星星就死亡了。这样一颗死星的尸体就是褐矮星。

　　白矮星坍陷时并不发生爆炸，其中一些白矮星能够支撑其厚重的质量。在这些恒星当中，有些为双星同伴。如果白矮星的引力拉动其同伴双星的物质到自己的氧碳核中，又假如这物质的增加推动白矮星的质量通过其临界质量的极限，这样就使电子压力不再支撑其重量，那么，白矮星就会收缩并迅速升温。这颗星的核化学平衡就会被打破。更高的温度会激发核聚变的链式反应，巨大的能量会使恒星炸开。这就是 I 型超新星。虽然释放出来的总能量不到Ⅱ型超新星的1%，但是，它会发出更多的光来。因此，从视觉上看，Ⅰ型超新星一般会发出Ⅱ型超新星5倍的光。

第10章 超新星与生命

在头三分钟里，大自然制造出氢和氦，氢和氦形成恒星。在之后的数十亿年当中，恒星会制造出从碳一直到钴的众多相当重的元素。接下来，大自然让一些恒星坍陷，然后在超新星中爆炸，元素喷入外太空。大自然从宇宙的各个角落吸取元素，然后制造出尘粒、原子、分子和原恒星。

有朝一日，超新星会将宇宙旷野的一些氢、氦、铁、碳、氧和其他元素以地球一样的行星形式汇集在一起。再后来，碳、氧和氢会形成有机分子。这些有机分子会混合在一起形成肉眼可见的结构，也就是某种形式的生命。

第11章 特别分子云形成

摩西率民众逃出奴役之国。

他们在沙漠荒地辗转数年。

这一日他们到达应许之地，

旋即与当地部族拼死相争。

最后他们终得以安居乐业，

迦南之地酝酿成人类新约。

在50亿年前，距银河系中心3万光年之地，一颗星星发生爆炸，其为超新星。气团和残渣喷出，超新星涌布广大宇宙。

尘云稀薄且慢慢转动。尘云背衬宇宙，一片黑暗，于太空虚无中无声无息地浮动。

自远处看，气云并不可见，但可感知其存在，因中央地区阻挡住背后的星星。背衬宇宙幕景，气云一片黑暗。它在那里神秘地浮动，好似自有主张。

创世记之第八书：

地球诞生

其众得一地，谓之家园。

第 1 章　气云成团

47 亿年前，在外太空的无边荒芜中，圆盘形巨大气云和尘云缓缓转动。气云中心包含一种密实温暖的小核，物质向着这个核慢慢地移动。

在气云的外部地区，尘粒彼此碰撞。尘粒碰撞时，它们会粘在一起，跟雪片一样。黏结在一起之后，粒子会形成更大的尘粒。

在别处，另外一些粒子通过随意的运动彼此接触。通过碰触、黏结和合并，较大的粒子形成了。数百万年过去了，毫米大小的粒子生成。因此，气云的内部结成团了。慢慢地，由氢、氦、分子、尘粒构成的巨大螺旋气团围绕着核心转动起来。宇宙创世的种子包含在云团中。

颗颗尘粒相遇，它们彼此黏结。颗粒继续与云团一起移动。它遇到其他一些尘粒，再彼此黏结，于是颗粒逐渐由小变大。

它们在空中扫过，与其他的颗粒彼此相遇，结成更大的团。

第2章 肉眼可见的物体成形

数百万年过去了，外太空的黑色背景上的云团里包含了氦和氢气体、小球、冰、分子、尘粒和大颗粒。小球、大颗粒和冰的大小不一，从几毫米到数厘米不等。

两个小冰球相遇，弹跳，然后彼此分开。一个小冰球碰巧接触到了一个冰颗粒。它们保持一秒钟的接触，然后粘在一起。

在别处，小球、大颗粒和冰块在太空中移动，收集到尘粒和分子，有时候也会粘在一处。它们的尺寸增大了。它们就像小雪球在暴风雪中移动。雪片与雪球相遇时，会粘在上面，使雪球的质量更大。

气云最里面的物质因为引力而吸引到核心里面。离中心很远的物质慢慢地朝里和在四周移动。数百万年间，气云坍陷，更为密实，更粗重了。

云中物质相聚时，其相互融合在一处。肉眼可见的物体形成了，气云包含了氦和氢、大颗粒、小球、冰块、分子、尘粒和冰漂石。后者最大的可长达一米。

第3章 小游星

冰漂石围绕气云外部地区的气核转动。小球、冰块、尘粒和与冰漂石相接触的大颗粒通过黏合力结在一处形成更大的漂石。这些漂石在空中飘荡，汇集了更大的质量。

事有巧合：更小的漂石碰到了更大的漂石，并与之粘在一起。更大的漂石继续积累更多的质量，最后，它成了一块巨石。在气云的别处，其他更大的巨石也在形成。

氦和氢气云、分子、尘粒、小球、冰块、漂石、大颗粒和更大的巨石围绕外太空一个慢慢转动的巨大圆盘转动。巨石形状和大小不一，从 10 米到数百米长不等。

漂石碰到 10 千米大小的小游星，并裂成好几片。小游星碎片彼此弹跳，上升，降速，落下，再次撞到小游星。它们弹跳了很多次，之后在表面固定下来。这颗小游星在太空高速前进的时候，其他的漂石也像雨一样落在它身上，断裂，再固定于其表层。

这颗小游星在太空前进，漂石倾盆而下，击打并散成碎片。较少见的情形是，小游星被宽达数十米的大石头击中，撞击形成的碎片最终在小游星上固定下来。

在巨大气团的别处，其他的一些数千米大小的小游星也发生碰撞。碰撞发生时，它们有时候会变形，继续作为小游星前进。但有时候，它们会合并在一起。慢慢地，小游星的体积增大了，有时候是通过积累巨大的石头和漂石，有时候是通过游星合并进行的。

第 4 章　气云清澄可见

数十万年倏忽而过。突然间，在巨大气团的中央，一道光出现了。当它变亮的时候，一阵飓风从光亮出现的地区刮起，穿透了气团。大批氦、氢气体，分子和微尘被吹出来，像被扫帚扫过一样全盘吹走。它们飘了数千万千米，移向了云团的边缘。有些物质甚至吹出了这个系统，消失在外太空的荒野里。就好像一阵剧烈的爆炸发生过一样，在中央地区，出现了一个发光的明亮圆盘，其体积比现在的太阳还大三倍，一颗新星诞生了。

在云团中，大颗粒、岩石和小游星的残余还在，所有的一切都在一个旋涡中转动，它们都可以反射这颗星星发出的星光。所有的小游星都第一次可以被看见了。从远处看去，它们就像五彩纸屑一样以盛大欢迎仪式反射着星光。

云团布满了小游星。大部分为几千米到数百千米大。在云中，有很多连接松散的成对游星，是引力使它成双成对。从远处看，它们就像两个形状不规则的大卵石，握在一只看不见的巨手中一样。

第5章 星子出现并发热

在离这个系统中心1.6亿千米的地方，有一个直径达3000千米的物体。由于它比小游星大得多，因此称它为星子。它与其他小游星及岩石残片一起绕这颗星星转动。事有巧合：50千米大小的一颗小游星从旁经过。因为大自然引力的推动，它加速前进，并撞上了这颗星子。剧烈撞击和爆炸震撼了外太空的这片地区，就如同由无数装有原子弹的弹头发生爆炸一样。但是，释放出来的能量在本质上却不是核能，而是机械能。小游星剧烈地震动，然后破成碎片。巨大的岩石抛到了星子表层。小游星的碎片发出红光，然后熔化。迅速穿过星子的冲击波震动了星子的核心。内部的岩冰吸收了冲击波，星子的内部加热了。尘粒和残渣从星子上升起然后落下来，击打着星子的表面。岩浆在冲击处翻涌。蒸汽和气体喷涌而出。周围的岩石吸收了熔岩的热量，岩浆冷却下来，并在原地冻住。在星子的表面，出现了一个巨大的岩坑。

星子围绕星星转动，同时，漂石、残片和巨大的石头因为自然引力而吸引，雨一样落在它上面。当它们撞击表面时，尘土飞溅起来，表面震动，形成了岩坑。有时候，彗星一样的物体变成了星子，它们沉积冰、气和尘土。更少见的情形是，一颗小游星接近了，然后撞上。随着一系列爆炸，巨大的能量传递到了星子上。星子发热了。

星子里面的铀衰变成带巨能的东西。这些东西击打周围的岩石，使其能量沉积下来，周围的岩石也变热了。藏在星子中的是一些微微发光的岩石。

在星子的别处，放射物质和元素衰变使岩石发热。因此，星子升温了。星子受漂石、巨石和小游星打击时，冲击处产生的气体会喷出来。高速气体逃逸出了星子。但是，较少能量的气体，因星子的引力使其保持原位。星子获取了一个大气层，由氮气、二氧化碳、水蒸气、甲烷和氨组成。

第 6 章　地球的出现

这颗星子吸引了轨道附近的很多物质。在数十万年时间里，它成长为一个圆球，直径为 1 万千米。它成了一颗行星。这颗行星有一个名字，所谓地球是也，时在 45 亿年前。

白天可见的那颗明亮的圆盘，当时，它比现代太阳大三倍，这就是恒星太阳。

小游星及流星无数次撞击地球，再加之自身引力的挤压，地球的温度大幅上升。许久以前的冰融化并汽化，大部分岩石也熔化了。地球非常之热，这颗巨大的圆球几乎全部由岩浆构成。

铁之类的重金属下沉，漂移到了地球的核心，但像硅、钠、铝、镁、钾和钙之类更轻元素的复合物却漂移到了地球表面。引力的作用使元素分开。

地球包含了各种元素，其中一些稀有元素为银、铂及金。最后，这三种稀有金属的小片会浮到地球表面。它们会在太阳反射光的照射下发出光来。

第 7 章　地球生产，月亮形成

一颗直径为 3000 千米的星子从地球旁边经过。星子感觉到地球的引力，因而朝地球冲来，就如同公牛扑向斗牛士。星子与熔岩地球相撞。如果当时在远处看，会发现此次碰撞看上去像一小滴水滴在水面上的慢镜头：地球朝一个方向偏转过去，成了卵形。一个直径达 3000 千米的巨大熔球被抛到了外太空。接着，地球伸长的部分朝中央坍陷下去，同时，较短的部分在膨胀。地球被撞得变了个方向，随后是多次震动。再后，地球又变成了球体。

此次撞击期间，无数熔岩球四溅纷飞。它们飞离地球而去，放慢速度，落回原地，撞击地球。地球在抖动。

但是，那个直径达 3000 千米大小的熔球从地球飞离而去。它又减缓了速度，因地球有巨大的引力维系着它。在 20 万千米的地方，它开始围绕地球转动，但转动轨道是不规则的圆形。由于它没有大气层，热量很快从表面辐射出去，熔球现在冷却下来。最终，它固化了。那个巨大的球体有一个名字，叫月球。

从地球看去，月球是现代大小的 20 倍，因月球当时比之现代的距离更近。在接下来的几十亿年时间里，它以螺旋轨道慢慢远离地球。

月球转动很快，但最终它的自转缓慢下来，并与地球同步。为此，月球总是与地球单面相对。

另一颗巨大的小游星撞击地球，但这次只是擦身而过。地球稍稍转向。地球过去一直沿自己的轨道围绕太阳自转，现在，因小游星的撞击使其与太阳形成了 23 度的平面角。

地球在白天的光线仅维持三个小时，夜晚也只有三个小时。因此，当时的一天只有六个小时。之所以出现这种情况，是因为地球当时的自转速度非常之快，比现代的转动快得多。45 亿年前的世界与现代的世界真不可同日而语。

第8章 其他行星的诞生

在别处，在太阳系内的星子吸引其轨道附近的物质，并演化成行星。共有八颗这样的行星，分别为：离太阳最近的水星，接下来是金星，第三颗是地球，第四颗为火星，第五颗为木星，第六颗是土星，第七颗是天王星，第八颗是海王星。

这些行星的形成与地球类似。但是，水星跟金星并没有遇到真正灾难性的撞击，因此，水星和金星并没有卫星。由于水星很小，因此引力也很小。由于水星靠近太阳，因此，它很热，并能够感觉到强烈的太阳风。这样，水星上就没有大气层。天王星、土星、木星和海王星相比地球而言积聚了巨量的物质，因而变得相当大，这些更大行星的形成与太阳系的形成差不多。因此，各行星都发育出微型太阳系一样的配置结构，在这些结构里面，行星的作用与太阳差不多。因此，它们都有自己的卫星、残片和尘粒。但是，跟月球不一样，它们的卫星并不是因为灾难性的撞击而形成的，那些卫星在行星形成的同时一边围绕它们的行星转动，一边还在积聚质量。大部分卫星都是一样的情形。木星和土星分别比地球重 300 和 100 倍，它们因为自己的强大引力而获得了更多的氢和氦。

但是，并非所有几千米大小的物体都会为行星所包容。那些没有被捕捉到但的确存在的物体现在还没有一个名字，这些物体统称为小游星，或者小行星。

因此，约在 45 亿年前，自然在数百万年间制造出一个分子云团，这云团压缩而成太阳、行星、地球和月球。这些物体集体称为太阳系。因此，太阳系通过自然过程演变，经由自然力量而成。

创世记之第九书：

初生地球

干燥大地谓之陆地，
众水汇集谓之海洋。

第1章　地球冷却

有神灵初现，

群山熔化如蜡。

这是地球史的开端。在众多可能路径中，地球独辟蹊径，时间是45亿年前。超巨型流星最后撞击地球的时代过去了。原始超密大气层在很大程度上已被吹散，初始气体很久以前便消失了。但是，剩下来的更稀薄的大气层仍然比现代大气层厚得多。

地球来自更小天体，因此处在炽热和狂乱的状态中，地球几乎全都是熔岩。于是，地球开始了冷却过程。

在地球深层，炽热熔岩地区膨胀并上升。它向地表漂移，并释放出自己的热量，然后冷却。接近地表，温度更低一些但仍然炽热，然后慢慢地下沉。在地球的中心，它吸收热量，然后又变热。当热度到达一定水平时，它又开始膨胀并上升。

这样循环移动的岩流在地球的各处发生。熔岩地球是一锅沸粥。岩流慢慢使地球的热量从中心向外层传递，因此，在地球内部，发生着远及数千千米的热对流运动。

延及地球外层的热量传递至地表，然后逃逸。经过大气层之后，热量以辐射形式进入外太空。

地球现在固化了，但是，它仍然很热，而且发出红光。它很干燥——因地表太过炽热，任何一滴水都无法积存下来，全部都变成了蒸汽。

水啊水，四处无水。

地壳，也就是地球最外层，还非常脆弱，四处都是一些碎片。它如同一块炉烤的肉饼。就在地表下面的许多地方，熔浆四处横流。地壳碎片在液体的地球上浮动，如同海面上的冰山。

一大块岩浆裂片冲出地表，将硬壳分为两块。岩流充溢各处，漫溢四周的固体地表。二氧化碳、氢化硫、氮、二氧化硫、水蒸气、氧、氨和甲烷喷入大气层。

岩浆冲刷地壳的活动在地球各处发生。从远处看，就如同地球的皮肤被撕裂，流出红色的东西来。这些就是地球最早的一些火山。从远处看，它们像地球皮肤上的丘疹。炽热的岩液从中央隧道中泻出，同时，富含碳及硫的化合物气体直冲云霄。

地球表面的某个地方不是固体，而是一池火热的岩浆。热腾腾的气体在浆池上形成一个云团。在别处，一片地壳突然断裂下陷，另一处岩浆池形成并冷却。地球又多了一处伤口，这样，地表有多处岩液池。

两块邻近的地壳会彼此分开，形成巨大的地缝。那个地区会裂开并流血。岩浆自地缝中冲出，流到附近薄弱的干壳上，同时，炽热的气体喷入大气层。岩流冷却下来，最后固化。地裂冻结起来，如同冬天的溪流。

在别处，一片岩浆冲出来，火山爆发将团团岩液喷入空中。火山岩流四处流动，到了附近的陆地。但此陆地无法支撑岩流的重量，因此，岩流借地球引力下陷，成为一处熔岩坑。然后，火山紧跟而来，之后沉入表层之下。

地表遍布伤疤，气体从各处炽热的薄弱地壳洞眼冒出。

一块巨石自外太空的暗处奔袭而来，与地球大气层相撞。巨石的表层熔化，燃烧并汽化。接着是一道闪光。然后，那个物体击中地球。撞击发生时，岩浆汩汩喷涌，炽热的气体一冲而出。

地球的各处还浓缩着寿命短促的放射性元素。刚巧在地表之下的那些元素发生了衰变，产生热量，并导致一些小热点。在这些热点之上，岩液和气体汩汩冒出，如同汗孔冒出的汗水。

又因自然之力，两块地壳板块彼此相撞，造成山脊隆起。但山体并没有持续多久，因为在100多万年时间里，它们会分解完毕，如同黄油进了火炉。

地球炽热的表面使附近的空气升温，这样的热空气升到地球上方后，会膨胀并冷却下来。然后，这冷却的气体会下降，直到再次触及地球。随后再次升温，等温度升高到一定程度后，它会再次升入空中。

气体在各处大规模运动，不断地升上降下，那是大气层在对流。

上层大气层的热量释放到外太空，成为红外形式的辐射能。辐射波以光速向各个方向扩散。

第 2 章　初期大气层

抬眼望去，太阳坐落在 1.5 亿千米之外的地方，那是离地球距离最近的恒星。它没有现代的太阳亮，在远古的过去，太阳是一颗不太亮的恒星。

地球人看不到太阳，因当时的大气层太厚。太阳光线不强烈，并且为云层和大气层的气体所吸收。在白天，天空是亮的，但总有乌云笼罩着。空中总有阴云湿气高挂。在黑夜，地球一片黑暗，连月亮也看不见。

朝地球射来的所有太阳辐射均会碰到大气层，并使大气层升温。炽热的空气分子快速移动，有时候到达高纬度，然后离开地球逃往外太空。太阳事实上在燃烧部分大气层。

虽然很少有光线射入大气底层，但是，那里的空气仍然十分温暖，因来自地表的热量困在主要是二氧化碳的大气层和水蒸气云层中。这些云层和气体因地球引力而束缚，如同系在地上的热气球天篷，热气上升，但又还保持在天篷之内。

此时，大气层如同一座化工厂，二氧化碳、硫化氢、水、甲烷、氨氮及氢混在一起，新的分子形成了。这些新创造出来的分子与旧分子合并，更新的分子形成了。

氧气与含碳物质的化学反应很快，因此，氧气抑制了许多碳基反应。但是，因为几乎没有任何大气二价氧存在，某些有机分子的产生就开始了。这些分子当中有甲醛、氰化氢、含氧酸、葡萄糖、果糖和氨基酸，因此，大气氧的缺乏对有机分子实为福音。

第3章　地球固化

群山夷为平地。

数千万年过去了，地球熔体继续辐射出热能，这样的热能升向上面的大气层，然后释放出来，地球一点点冷却下来。

数百万年间，地球硬壳的某些部分隆起，翻身，然后下沉，最后消失。地壳就这样反复折叠，如同面团夹在巨人掌中，任面包师反复搓揉，制好面包。此时，地球处于不稳定期。

数千万年过去了，地表继续冷却。地球外层成为更厚的固体层，这就是岩石圈。相比现代而言，此岩石圈当时要薄一些。在地球内部，高压下形成了某种晶体结构，铀、钍等重金属元素受到挤压，被迫迁移。此类的迁移重元素有一些就升上表层，最后在氧化物与硅酸盐的晶体中固定下来。

岩石圈的某些地方有铀238的斑点。在接下来的20亿年当中，约有四分之一的铀会变成铅。在40亿年时间里，几乎又有四分之一的铀变成了铅。这样，铀238斑点就如同一个沙漏，上层的沙是铀，沙子流到下层后变成了铅。通过检查铀和铅的比例，人们就可以看出有多少时间过去了。

在岩石圈别处，还有其他一些铀238斑点，因此，有许多放射性时钟埋藏在地球的表层。当这颗行星的表层形成时，放射性时钟便嘀嗒嘀嗒作响了。它们在地球的全部历史中一直在不停地嘀嗒着，一直到今天。现代的地质学家可以收集地球表层土壤的样品予以检查，借此读出时间。从西澳大利亚收集到的样品读出43亿年前的历史。因此，科学家可据此总结，地球至少在40亿年前就已经出现了第一小块陆地。

科学家考察月球、陨石和太阳系的其他物体，这些物体包含一些放射性元素。科学家们还检查这些元素以判断时间的流逝情况，检测结果为45亿年。因此，科学家们得出结论，构成太阳系的太阳、地球、行星、彗星、月球及小游星的年代为45亿年。

在接下来直到今天的43亿年时间里，地球岩浆和火山岩会流动，最后固化，形成熔岩石。

地壳运动导致峡谷、平原和山峰的形成。陨石的冲击形成了巨型地坑。但是，地球表面处在不断的变迁中，在100万年时间内，陨石坑、峡谷、平原和山冈会重新塑形和消失，新的结构会慢慢形成，替代原来的那些地形。

地球继续冷却下来，新的固体层出现在岩石圈下。它有一个名字，叫作岩流圈。构成岩流圈的岩石主要是橄榄岩，是一种富含镁的橄榄石。地表以下10多千米的岩石圈和岩流圈之间的夹带也有一个名字，所谓M界面，或叫莫荷不连续面。

一块陨石击中地球，巨大的声波传遍地球。此声波渗透莫荷面之后突然加速进行。

地球陆地不断变动时，大地震令地球抖动不已，火山喷发又熄灭，地球遍体鳞伤，山谷沟涧须臾出现。

第4章　地球存水

让天下之水聚在一处，

令陆地出现。

大气低层的厚重云层令水滴垂下，水滴自然落到地球上，这就是雨水，为地上第一片雨水。二氧化碳、二氧化硫和其他化学物质被吸收进下降雨滴，比如二氧化碳与水珠合并形成碳酸，形成酸雨。酸雨落到地球上，上升热气流会与雨水相遇，使水滴汽化，这些蒸汽又被带回到低层大气。

因此在地球的这一时期，大气的每一处都在下雨，但从来都没有雨珠真正落到地球表面。

数千万年过去了，地球表层继续冷却，地表温度为500开氏度。大地炽热且干燥，大气层厚重且充满毒气。

太阳宇宙辐射加速了大气层气体向外太空的释放。它们摩擦掉外层气层，如同砂纸磨光物体，因此，部分大气层消失了。但是，地表大气层又补充了二氧化碳、水蒸气、氮、氨及甲烷。

低层大气制造出某些复杂的分子，闪电和太阳紫外辐射帮助进行这样的分子合成，富含能量、比ATP原始但又类似的有机分子形成了。

地球行星在冷却，如同一个喷火的大铁炉。因热量损失，岩石圈更厚了。但是，地球内部的大部分都还是熔岩状金属。

一亿年过去了，一片黑云形成了酸雨，从天上降下来古代的清澄圆珠。第一滴雨水降落到地球热岩上。水珠在岩石上嘶嘶作响，然后立即汽化。又有一些水珠落下，那是对地球的洗礼。水汽自岩石蒸腾而上。

> 薄雾自地上升起，
> 清洗大地的容颜。

雨珠继续下落，岩石冷却下来。小水池形成了，一池池的雨水积存起来。但一天之内，岩石又为地温所热。水池重新汽化，池中之水变成蒸汽升上天空。蒸汽将热量带到低层大气，薄雾热气在云中冷却，雨滴重又形成。另一层厚云又酝酿起来。

数千万年过去，有雨的地方，雨水下得更猛烈了。雨落在山上，汇到山谷。雨水冲下山坡，冲刷矿层和地壳裂隙。雨水在地上冲出沟壑，在地表下陷处形成深池。雨水积存在山谷中，因此，地球上满是水坑和池塘。

池中酸水侵蚀岩石，令矿物分解。碳酸盐与钙离子合并，形成方解石，方解石又沉淀，由此，方解石粒子成为地表水池中的沉淀物。

数千万年又过去，在地球内部，更多的熔岩固化了。在岩流圈下，新的固定层又形成了。岩流圈和底下新形成的岩层共有一个名字，叫作地幔。此地层之下便是被称为地核的地方。

在地表，温热的酸性水切割地表低处，河流因此而成。河流流入数不尽的池塘，充溢了地表的低处。世界上有了真正的河流，这些河流成为地球的动脉和静脉。

温热之水蓄积于谷地，形成湖泊。因此，地球形成了第一批湖泊。地球继续冷却，汽化率慢下来，湖泊扩大了。数千万年过去了，湖泊彼此相连，形成海洋。地球有了第一批海洋。

地球继续冷却。数千万年过去了，海洋规模扩大了。海洋彼此相连，形成大洋。数千万年之后，所有大洋相连，形成单一巨大的水体，叫作泛古洋。水体淹没整个地球，只剩下少数高地。这些留存下来的高地为微型大陆。除开微型大陆外，海洋之中的火山也构成一批陆地。

地球自此有了巨大的水源。

雨从天而降，水珠吸收了尘粒和空中毒气，即为酸雨。酸雨落在洋面。此后，含碳、硫和其他元素的酸在海里与钙、镁、钠和其他碱基发生化学作用，盐就形成了。有些盐为悬在空中的粒子，这些粒子为沉淀物。引力抓住它们，令其顺水而流，变成沉积物。

盐粒沉积海中，如雪花遍地。

天上下来的雨在空中穿梭，冲走了在"大气层工厂里"形成的复杂分子。这里面有有机化合物，它们落在泛古洋里。生命的种子落在海底。

远在泛古洋的海底，

伊甸园在继续休眠。

　　每次下雨，天上便少了一些碳。碳从天上落下，落在大洋的底部，因此，大气中二氧化碳、氨及甲烷等气体的总量在慢慢减少。但是，氮却留存着。因此，连年的雨水起到了大气净化器的作用。在接下来的三亿年里，大气层中的二氧化碳下降到原来的五分之一。

天上有话传下，

"河流要入大海，

然大海不得溢满。

譬如水之所来，

复归水之所去。"

地球演化之书

地球演化之第一书：

太古代之一

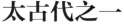

大地遍布贵重宝石，
有蓝宝石、绿玉髓并红宝石，
又有绿宝石、玛瑙并碧玉，
更有肉红石英、黄玉并钻石。

第 1 章　地壳初成

在 45 亿年前，前寒武纪时代开始。寒武纪历时达 40 亿年。寒武纪的第一部分是太古代，太古代一直延续至公元前 25 亿年。

地球逐渐成熟并进入青年期。

事有巧合：一颗 10 千米大小的流星穿透地球外部的大气层。一道火光冲天而起，天空有如另一颗月球升起。但是，这颗"月球"是红色的，它在天空划出一条长长的光痕。尔后击中地球泛古洋浅水的海域，冲天水浪直入蓝天，顿时地动山摇。接着，气体从海底冒出，升到洋面。波浪与气泡混在一起，乱成一锅沸水。地壳只是受了一些皮肉伤，因泛古洋起到了盾牌的作用。

地球更冷了一些，地底较低的温度使 300 多千米厚的岩浆层固化了。它主要由 50% 的橄榄石、30% 的辉石、15% 的石榴石和 5% 的其他火成岩构成。

第2章 古代岩石

熔化一切的大火燃烧，

令海洋沸腾不止。

忽有一日，海洋底部裂开一道5米的缝隙，巨量气体逃逸而出，气泡上升，直到海洋表层。海面之上，泡沫翻滚，如同海面下有巨兽挣扎。

裂隙更大了，手掌大的熔石被喷到数米高，之后翻到海中。

地球恰似罹病，

从洋底咳出石块。

接着，洋底向前推挤，膨出一座小山，气体、砂粒和岩石喷涌而出。小山慢慢变大了。

在地球演化史上，液态岩浆在冷却过程中固化，形成火成岩。最轻的岩浆上升到地壳的上层，因此，在地表附近，岩石主要由花岗岩和安山石构成，它们富含硅，也包含一些铝。更重一些的岩浆固化形成地壳较低层的岩石，因为强力及高压作用，这些岩石经常会变成晶体，成为辉长石和玄武岩。更深的这些岩石含有硅酸盐，但与表层相比就少得多了。它们包含铁、镁和钙，但所含钾成分较少。

地球岩石里的高压形成了结晶宝石。其中一些是人们争相抢夺的，比如蓝宝石、红玉、绿玉和钻石。

地球岩石里还有其他一些宝石，其中有12种极受人看重的：绿玉、肉红石英、绿玉髓、蓝宝石、黄玉、贵橄榄石、紫水晶、风信子石、绿宝石、碧玉、玉髓和条纹玛瑙。

第 3 章　岛屿随潮涨落

岛屿悉数冲走，

山体不复再现。

忽有一日，一座火山升起，形成了海中小岛。

天下起雨来，水滴中的酸侵蚀岛上岩层。岩层分解，土和砂粒随流而去。因流水终归大海，土和砂粒也归之大海。最终，砂粒沉积在海岸上。

每隔几秒钟，海浪无情冲击岸岩。数百万年过后，岩石一层层、一片片剥蚀殆尽。剥离下来的石块被冲到海滩和附近海底。

千万年后，这个岛屿重新滑入海中，海岛不复存在了，成为海底山。海底山由此形成。

在泛古洋的别处，岛屿又在形成，之后再下沉并消失在海底。

第 4 章　沉积岩

微大陆上火山爆发形成重量很轻的多孔物质，名为浮石。另有火成砾、烟灰和火山灰。雨水将这些东西冲刷进河湖之中。此时，既无树木，也无草根绊系土层。大地上并无植物，地球上光秃秃的，寸草不生。地球上无水的地区看上去如同月球。巨石、卵石、尘土和砂粒从山坡滚下，无遮无拦。风刮起沙漠的尘土，雨水流过岩石，冲走了小堆泥沙和土块。这些残渣废土冲到河谷，沉积在河床上、池塘和湖中，因此，沉积物在地球低洼处的水中积聚起来。

河流将卵石、泥土冲进海洋，巨浪拍打岸岩，岸岩变成小块，一些岩

你的祖先应该是一只漂亮的猴子。

片纷落。风刮起岸边岩片，巨浪将岩片和卵石卷入海洋，因此，沉积物沉积在海岸上，沉积到微大陆的大陆架上。

沉积物和烟尘从海底喷流冲出，又落在海底。雨水将空气中的尘粒冲向海洋。水流侵蚀盆地，形成泥沙。强大的海潮将大陆架上的砂土搬运到各处。

如今，一些沉积物因为物理及化学效应而岩化成沉积岩。岩化之后，沉积物变成了岩石。碳酸钙沉积物变成了石灰石，而硅结晶物也形成了黑硅石。地球上的沉积岩随即形成。

在接下来的 40 亿年里，侵蚀和风化继续形成沉积物。沉积物会固定下来，岩化产生地球的沉积岩。

第 5 章　原生板块碰撞

海洋底有两大岩石圈板块，各为 1000 平方千米大小。一块在另一块的东边，相距 200 千米。这两大板块合在一起移动，也就是原生筑造板块。岩流圈承着各板块，而对这两块板块而言，岩流圈是滑溜溜的。因此，岩流圈板块像北冰洋中的冰山一样浮动着。每隔十多年，东边的板块就向西滑动半米，而西边的板块也向东滑动半米。

在 2000 年的时间里，两大板块接触到一起了。它们继续挤撞，其间的地壳弯曲，在地表形成褶皱。

地壳的移动造成摩擦，摩擦又导致热量产生。热量熔化了岩流圈的上层，因而形成大量熔浆，并沿缝隙向上喷涌。压力如此剧烈，地缝越来越大。岩流推挤地壳，流到地上，像土拨鼠经由草地向上打洞一样。火山立即出现，以巨大的力量喷发出来。岩浆从海洋底部涌出，发出咝咝响声，四处流淌，然后结成硬块。

岩石圈板块有巨大的动量。板块彼此冲撞时，内部的力量企图减缓运动，但是，板块保持某种向前的动量并继续碰撞。约 10 万年后，一个板块上的地壳滑到了另一个板块上。出现了一座长长的巨岛，宽达 50 千米，长达 500 千米，上有火山 10 余处。

在接下来的百万年中，板块继续碰撞和滑动。一个板块在另一个板块下滑动有一个名字，叫作地块下降，其在拉丁文中的意思是"潜入地下"。在发生地块下降重叠的地方，地壳的厚度增大一倍。在这个地区，出现了一处微大陆，叫作原生西澳大利亚。

在随后的数亿年间，其他的原生岩流圈板块发生碰撞，其他一些微大陆又形成了。

地壳底下的热量和压力产生了巨大的地壳移动，形成断层及山体。有时候，这样的地壳移动会形成微大陆。

第6章　洋中脊的扩散

火从底部喷出，

洋面顿成血海。

上层地幔的一个地区有很多热量积存下来，热从海洋原生岩流圈板块上穿过，并在中部裂开缝隙，形成被称为长峡谷的地貌。沿此长达 3000 千米的长峡谷，地震令海洋底部摇动。数百万年过去，海洋板块一裂而成为两半。这两大板块彼此分离，中间形成巨大的缝隙。

从此以后，两大板块的移动一直在进行之中，一直延续下去，达数亿年之久。每年，海洋地壳会从洋中山脊上离开几厘米，彼此都是横向运动。因此，在山脊附近，地壳是年轻的，而稍远一些的地方，地壳就相对久远一些。比如，100千米之外的地壳年代是500万到600万年。

第7章　地表结构的形成与毁灭

在数亿年时间里，大部分海洋地壳、无数的岛屿和一些微大陆形成了。再过数亿年，同样的地壳和岛屿又潜入地幔中，从地表消失了。在数亿年时间里，地球演变过程毁灭了大部分微大陆。因此，在太古代的早期，此时形成的一切，过了不久又被重新毁灭掉。在地球的青年期，地球处在不断的变化当中。

地球演变速度虽然会慢下来，但是，创世的过程和地球的毁灭过程会继续下去，越过太古代一直到今天。

第8章　地球运动的多样性

地球与太阳、月球和其他行星之间的引力会引起地球运动的微小变化。比如，地球的轨道从几乎呈圆形的轨道变成了椭圆形轨道。该轨道在这两个形状之间来回波动。当轨道呈椭圆形时，地球以椭圆形绕太阳运转。结果，在每年的固定时间段内，地球运动至离太阳最远（近）的那一点，成为远（近）日点。

地球旋转轴的倾斜也会有些微的变化。有时候，地球会垂直转动，有时候它又会横向转动。这种变化会持续下去，直到今天为止。因此，到现代，倾斜的范围保持在 22 度到 24.5 度之间。地球的旋转轴会在这两个角之间来回变化，时间为 4 万年。

旋转轴的方向也会影响遥远的星星。在上千年时间里，它会有相当大的变化，这个效应被称为岁差。地球如同太空中的一只陀螺，它的旋转轴会产生一些岁差。"北极星"也在不断的变化之中。到现代，一个岁差周期会持续两万年以上。

在整个地球历史上，地球的这三种变化会对气候产生深远影响。地球的气候在地球历史上会出现相当频繁的全球波动。

地球演化之第二书：

生源论

天地之间要有生命，
于是便有了生命。

第 1 章　长期实验

他以闪电照耀地球。

空气湿热，大地也湿热，天地间弥漫着浓雾，蒸汽潜行于地球的黑水之上。山谷间白雾缥缈，群山为云气缠绕，大地一片黑暗，洋面上炽气蒸腾，数百万年地球处在雾霭云翳里。

风开始轻轻吹动，雾霭形成旋涡。云层在神秘中潜移，片片白雾在山巅缠绕。雾霭齐聚谷中，飘浮于众山之间。

一阵风吹起，旋涡挟雾成云，好似有何居心。这雾卷成了管形，然后又变如手臂。这手臂伸开，如同生有触须，类似人手。风吹动，令元素移动，令云下之水翻腾不止。在浅水之下，泥沙和土层混在一处。雾之手呈圆圈形转动，似也在搅动泥沙浅水。泥中的不同分子合在一处，以不同方式结合起来，新的分子因而合并。

数百万年过去，泥水转动，分子混在一处，且形成新的分子。

曾几何时，在一处富含矿物的喷泉附近，含有氢、氧和碳原子的有机物质合并形成复杂分子。这些复杂分子捕捉住其母分子中的化学能量，又如同小小的心脏一样脉动起来。它吸入生命能量，依靠自身力量跳动了数秒钟。但不久之后，这力量衰竭，分子停止了跳动。

有巨眼看到微细跳动，
谓之曰善。
薄雾并尘埃不再吞吐，
泥水业已翻滚搅动。
光线自云中透出，
海水不复旧时模样，
大地在混沌中萌生。
海中有分子生成，
仅只存活不多时刻。
生命断续黑水之上，
生死冥灭须臾之间。

高天有巨翅者在歌唱。
"云下有命运奇迹，
苍生罕有且脆弱。
其动也奇，其存也贵。
仅只凡尘，仅只一心，
谓之能量之源。"

泥淖翻动，达数千万年之久，有能量的分子形成，断续在分秒之间。

继之以数百万年，太阳更明亮一些了。太阳的光芒令大地温暖，雾升起在地球之上，穿过高高的群山，为云层所聚敛。山谷中、湖及洋面上的空气清澄干洁，但是，云团依旧笼罩大地，令大地灰黑不见。

云越积越厚，天空一片黑暗。大地也在黑暗中，地上之水也不可见。云不再积聚湿气，天降瓢泼大雨。雷在回响，闪电撕裂天空，制造新的分子。

雨水令现存河湖和海洋溢满。水积在山谷里，新湖又形成。天降大雨，直到云层变薄，光即从中透出。光线触及地球水体，水即温暖起来。温水蒸发，形成新的雾气，雾气旋即上升，形成新的云层。云又变厚，雷电重新响起和闪耀，天再降大雨。

云水如此往复，达数千万年。

地上有风，风轻轻吹动。地上有水，水涌动不止。浅湖之泥不停混合。核苷、氨基酸和矿物彼此交换，彼此混合。新分子形成了，其中有某些有机复杂分子。这些复杂分子即为原生初始细胞。此类细胞不断形成，但是，原初细胞经常只存活片刻。

如此往复，数百万年间不曾有变。

忽有一日，云天清澄，光线落在山谷和谷底湖中，有风更猛烈地刮起，令止水翻腾。两个分子合并形成了一种特殊的原生细胞。此原生细胞获取光线和其中的能量，震动起来，然后自己移动。一整天下来，它在不停震动，四处移走。然后，当天夜里，它又一动不动了。

早晨，有光线落在地表，原生细胞又开始震动；有云层挡住光线，原生细胞又不动了。当天空清澄时，原生细胞重新燃起生命之火。它先"生"后"死"，如此往复何止数千次，再后，它便死了，毁灭了。

有巨眼看到微细跳动，

谓之曰善。

薄雾并尘埃不再吞吐，

泥水业已翻滚搅动。

光线自云中透出，

海水不复旧时模样，

大地在混沌中萌生。

地上有原生细胞"存活"，

此即它的生命。

高天有巨翅者在歌唱，

颂扬有生命萌生。

"原生细胞令人鼓舞，

苍生罕有且脆弱。

其动也奇，其存也贵。

原生细胞仅只星火，

仅只一心，谓之能量之源。

海底有伊甸园诞生。"

它给予生命之礼。

高天下有原生细胞"活着"。

由此，大海生出万亿的原生细胞，原生细胞有万亿的"生命"，但是，原生细胞不能自体繁殖。

数千万年来来去去，忽一日，因偶然而产生一种突变原生细胞。它在海上漂浮，吸收了诸多光线。然后，当某种分子经过时，此突变原生细胞便吸收了它。原生细胞更大一些了，附近有其他一些分子也很快被吸收。原生细胞的体积不断增大，越来越大，后来就散落了。

天上有巨眼见此生长，

谓之曰善。

由此，海洋产生万亿的原生细胞，细胞增大，但还是无法繁殖。

第2章　自立细胞

数百万年过去，海洋与原生细胞共同成长，吸收了光线能量。接着有一夜晚，某种分子团合并了。奇迹即将发生。首先，跟前面的原生细胞一样，这种细胞吸收了其他的分子，体积有了很大增长。但后来，它自发分裂成两个。这样就从一个大细胞中产生了两个细胞，这个细胞生成了自己的镜像细胞。它复制了自己。这两个细胞也发生了体积增长，然后分裂。不久，海中满是众多活体细胞。

天上有巨眼见此分裂，

谓之曰善。

新细胞产生，

可自行分裂。

海水与微观生命同在。

地球不复旧时模样。

宇宙搅乱了。

大地上有一个细胞，

可存活下来。

此即上帝的礼物。

高天有巨翅者在歌唱，

颂扬这伟大的创造。

"活体细胞诞生了。

其孕也奇，其生也奇。

苍生罕有且脆弱。

其存也贵。

由细胞及生命，及心灵，

自此不息繁殖。

此即上帝的大礼。

高天下有细胞生存，

有可分裂的细胞，

有可存活的细胞。"

容我等颂扬。

我等颂扬生命诞生，

在高天亦在地上。

容我等有每日，

并每日时时呼吸。

因此，经由漫长的试误，大自然产生了满是生命的海洋。在行星地球上，竟自有活物存在：细胞吸取光线的能量，细胞分裂并成长。

有生命分子移动于浊水。

苍天有巨音回荡，祝福苍生出现：

"尔等须结果，多有繁殖，令海中之水有生命。"

新细胞成长并繁殖。海中游动生命，数亿生灵，又有十亿生灵，再有万亿活体细胞。接着，成长开始缓慢下来。

数百万年过去，海中潮流湍急，最终出现许多许多活体分裂细胞。

第3章　自然选择

海水与活体微细胞为伍，一个有机物浮动于表层之下。海浪涌起，有机物亦起。海浪下沉，它即下沉。潮流冲动，浮游有机物随波逐流。细胞吸引光线，阳光变成能量，能量有助成长与繁殖。此有机体即是原生植物。

海中长满许多种单细胞原生植物，它们无法四处游动。大部分原生植物靠光线中的能量存活，但少数也利用海洋泥沙中的化学物和热量存活。原生植物之多数不胜数。

另一种有机物也存活于海洋水面下，也是单体细胞。借助细胞的连续收缩，它因此而慢慢移动。它在洋面下缓缓移动并包裹住原生植物细胞。原生植物细胞被"吃"掉了。化学反应由此产生，因而生成能量。这能量用作运动、成长和繁殖，此物即为原生动物。

海中满是多种原生动物，原生动物利用一切办法移动。它们由单体细胞构成，大部分都可吃掉一些原生植物。但是，有一些可吃其他原生动物，还有一些吃掉海底的淤泥。所吃之物经化学消化，转变成能量。

原生动物很多，但没有原生植物多。这些活体有机物的大小各个不一，但它们都是微生物，大部分只有微米大小。

因其可快速复制，或利用有效保护措施，于是原生动物存活下来。存活下来的原生动物，是最能回避为同类所毁的那些微生物。

　　　　巨眼见有机体资源不断，

　　　　　是为活物所需。

　　　　　　即谓之日善。

　　　　事乃如此延续数万年。

　　海洋波浪无尽涌动，海浪喷入天空。大海满是生物材料。其中一种生物分子无精打采地游动。一个细胞随即与此分子相撞，生物分子吸附此细胞。化学反应即在此生物分子内发生，能量生成了。然后，这分子与细胞分离。

　　此时，这生物分子还不是活体细胞，它没有办法自主游动，没有自身营造能量的能力，原生病毒才有营造能量的能力。它们吸附于细胞，抽取其中能量，有时候自身还能生长。

　　又过了数百万年，一个细胞和原生病毒合在一处了。原生病毒抽取了能量并开始生长。它生长一段时间后，分裂成两个细胞。这两个部分是原来的原生病毒的复制品。再后，这两个复制品吸附到其他细胞上。它们又生长起来，开始分裂，病毒如此在海洋中产生。

　　海洋里尽是原生病毒，它们自身可以分裂。但它们不能存活，因脱离寄主后，它们既不能活动，也不能够生长，更无法分裂，也得不到能量。它们是微生物世界里无生命的寄生体。

　　出现了许多种原生病毒。原生病毒附到了原生植物上，随后发生了强烈的化学反应，此种反应在原生病毒成长和复制之前便杀灭了这个细胞。原生病毒附到原生动物上。强烈的化学反应随之而来，在此原生病毒成长和复制前便杀灭了这个细胞。因此，原生病毒无法复制其后代。

　　数千年之后，这些并无致命作用的原生病毒主宰着原生病毒的数量。一般来说，当一个原生病毒吸附于寄主细胞时，会抑制其生物功能。有时候，细胞会有不当的反应，在此情况下，寄主即会生病。有时候，当细胞和病毒发生相互影响时，细胞会发生变化。如果细胞的变化太大，那么，寄主也会死亡，不管这寄主是原生植物还是原生动物。

后来，在一种原生植物的中心，有一节细胞将阳光转化成能量。原生病毒吸附于这一产生能量的部分。化学反应随之而来，细胞内的分子发生了某种程度的重新排序，这细胞就发生了变化。令人奇怪的是，它将阳光转化成能量，比以前更有效率。

大洋成了巨大的战场。这时候，一些原生动物吃掉一些原生植物，一些原生动物吃掉另一些原生动物，原生病毒既攻击原生植物，也攻击原生动物。有些物种死灭，有些存活下来。有些消失掉了，新的重又出现。另外一些分解了，再有一些发生了进化。

巨眼见活体有机物的发育，

谓之曰善。

第4章　三个寓言

平地有狼和羊群，并生长着青草。起初，狼和羊群的数量都很少。草地青绿而茂盛，因为白天有阳光普照，清晨有湿气和露珠润泽大地。青草茂盛修长，羊群在其中觅食。羊群膘肥体壮，数量大增。群羊每天游走，逐草而生。在羊群吃过草的地方，青草在阳光的照耀和晨露的滋润下再次生长。由此，羊的数量极多而狼的数量很少。羊的性情温驯并肥厚多肉，狼吃羊。羊继续繁殖，狼也成群，而且吃羊脂。狼不饥饿，因羊脂肥腻多汁，而且数量无限。狼群多有交配，数量大为增加。羊群从此开始躲避狼。大地平坦，很少有洞穴，也没有可以藏身的岩坡。羊没有凭借可以御敌，所以数量一天比一天减少。狼性情凶猛，而且数量一天天增加，日日交配，没有穷尽之日。羊的数量更少，狼的数量更多。狼继续吃羊，羊的数量继续减少。狼群日渐凶残而且饥饿，最后羊被狼吞灭，狼再也没有可以吃的羊了。因为再也没有食物，狼便彼此吞并，强壮的狼吃掉瘦弱的狼，大的吃掉小的，狼群数量就减少了。最后的公狼吃掉了母狼和母狼腹中的幼崽。最后的公狼最后再也没有食物，由此饿死。

母牛在多岩的乡间觅食。土地干裂，野草生长很缓慢。起初，牛的数量很少。牛吃草而健壮，体壮膘肥。母牛又生小牛，数量增长。牛接着吃大地植被，野草一天天变得稀少，草场每况愈下。母牛饥馁，变得骨瘦如柴。一些母牛饿死了，只有少数得以存活。最后，只剩下一头牛，此牛无后，牛就绝迹了。

深山的山谷里，生长着山羊、绵羊、小狼、狮子和草木。起初，小狼和狮子数量很少。深山和谷地青绿，羊群在其中觅食，其数量增多。羊啃草和树叶。羊群数量太多，植被消失，可吃的草和树叶日渐减少。小狼和狮子以羊为食，所以不愁食物。狼和狮子吃羊，其数量一天天增加，使羊群数目减少。猛兽兴旺，食草动物受灾。羊群一天天减少，山羊攀登山崖寻觅新草场。狮、狼可以吃的食物很少，所以它们的数量也减少。草又生长，树木重新茂盛。山羊下山寻找食物，狼和狮子受苦，而羊群重新繁殖。

此时，寓言反复说唱："深山有谷地，谷地有……"攻击性的物种时涨时落，没有定数，防卫性的物种活在深山、谷地与草木之间。猛兽和猎物都不能兴旺。

第5章　谚语四则

藏此谚语者必得福。

为兄弟所背弃者落入陷阱，又卖身为奴。此人存活，有意志，必将反而御其兄弟。

曲其背而不折者，必将为强者。

生身为奴，为人剥削者，必逃而御其主。

但凡有志，修愿且胸有成竹者，纵一时无钱财，必将富而终其生。

第6章　生命繁衍

细胞越来越复杂，并执行复杂功能。

有小片可食生物微粒接近原生动物，可食物中的有机分子游离并接近细胞。细胞中有原生接受体与有机分子产生反应。化学反应链随后发生。在细胞内，有信号从一个分子传递到另一个分子。信号引起一些细丝飘动，细胞接近可食微粒。

细胞的原生接受体组成了自己的感觉系统，因此，细胞可以感受到一些化学物质，并产生反应。这种反应便是反射，也就是，一个既定的分子产生一个决定性的化学反应链和固定的反应动作。这种基于化学检测的感觉，在某种意义上说就是微生物原生嗅觉和味觉。

感觉系统会进化，有两种基本的类型，一种是化学的，一种是物理的。因此，感觉系统有化学和物理的两种感受器。

有朝一日，活体生物会发育成多种物理和化学的感觉。某种生命形式会"嗅"和"尝"化学物质，而别的活生物或者人类都无法具备这些功能。

对有些活生物来说，它会"感觉"到与某一个物体的接触，这就是触觉。对有些生物来说，电磁辐射是可"感受"的。如果辐射是光，那就是视觉。有些早期的生物对紫外线敏感，因在地球的初年，紫外辐射很强，也很危险，因而值得检测，没有这些紫外波感受器的生物就死掉了。数十亿年过后，一些猛兽会"看到"红外线，因红外线意味着热量，也可能指明有一种温暖的活体猎物在附近。如果一种媒介中的分子快速运动可以被"感知到"，则它就是听觉，因为发出爆裂声的分子的传播就是声音。许多海底生物能够"感觉到"压力，这就使它们能够判断海底的深浅。这也是人类不具备的一种功能。还存在其他一些感觉，比如对磁场，特别是地球磁场的感觉。

再后来，生命形态变得越来越复杂，感觉信号的交流也需要更加复杂。一种神经系统发育成了。神经元会将生物细胞之间的生物信息传递出去。在神经元内，带电的波，比如电流，就是传递信号的方法。信号会传递至中枢系统予以评估、处理和做出反应决定。待反应信号沿神经系统传递出去以后，随后就会发生一种反应，会有激素释放出来，作为协同反应，化学反应会产生一种生物响应。

因此，生物不仅生活在自己的环境中，而且，它们还学会了如何反应并对之做出反馈，这就为生物世界增添了新动力。

碰巧有可食粒子从细胞外膜处通过。可食粒子受原生质黏液的操纵，直到它到达细胞的某个地段，食物由此而消化。接下来，可食粒子的一部分被处理成可存储能量的分子，可食粒子因此而消化。另外一个部分为废物，它受原生质的控制，直到它到达细胞的黏膜处，并透过黏膜。原生质使带能分子进入细胞的另一处，化学键被打开，释放出能量，此能量立即得以利用。因此，细胞原生质移动并操作分子。

后来，会发展出更为复杂的方法来消化食物、营养物和分子。比如，肺和胃会处理它们。最后，废料会排放出来，比如，能呼吸的动物会呼出二氧化碳。对大型动物来说，有效的运动是需要的。这样，肌肉会出现，使肢体及身体部分得以移动。

最后会出现复杂的再生方法。有一天，简单的细胞分裂会为多种繁殖过程所替代，会出现细胞的有丝分裂，还会有减数分裂。通过性产生的繁殖是生物进化的最大成就。

所有活体生物，从简单的单一细胞有机体到复杂的人类，都会有内部的交流、消化、能量再生、输送、再生和外部运动的方法。

第7章　细菌

微生物为自然最基本且较早的生命形式。35亿年之前，有很多原始的喜热生物，它们生活在极热的水中。在漫长时间里，微生物在进化。胚胎微生物分支后形成两大类型：原生动物及细菌类。古生代在生物大战中存活了30多亿年，之后演变成现代的系统发育王国。它们生活在最恶劣的环境里：温泉、盐池、硫黄池、多矿物深海喷口以及几乎没有二价氧元素的生态系统中。它们是伟大的幸存者，生活环境严酷得不容其他任何生物存活。

又过了近20亿年，第三类微生物才出现。它们是一些真核微生物，里面都有复杂细胞，它们也存活到了今天。因此，到现代就有了三种微生物：原生动物、细菌和真核细胞。

在整个地球历史上，每种微生物的类型都会演变成更为具体的形式，有简单和复杂的类型，它们的数量会随时间的推移稳定增长。它们会成为所有生命的公分母，也就是生物基础：生命的金字塔会建构在它们的背上。细菌为基础，微生物会成为世界的控制者。

在整个地球演变史上，有时候会有大规模的灭绝运动，使地球生命受到打击，许多生命形式会永远地消失。在动植物体系中，会有很多失败者及胜利者。但是，胜者当中就有微生物，它们总会赢得胜利，因为它们最为坚实。由此，微生物会逃脱大规模灭绝的命运。

三叶虫有一阵子统治了海洋，但后来死掉了。恐龙有一阵子控制了陆地，但后来也死掉了，而微生物却幸存下来。它们靠其他物种的尸体过活，竟然比较繁荣。

到现代，人类认为自己是宇宙的主宰，微生物却"了解更多"，是它们最终统治了世界。

微生物建造了最结实的房舍。

地球演化之第三书：

太古代之二

乌云确曾在地面投下长长的阴影。

第1章　岩石带及稳定地块

山体隆起，

故大地得以分隔。

在整个地球演化史上，地球的大陆地壳在继续回流。每隔 10 亿年，地表的三分之一便会毁掉，回到地幔中去。风没有刮倒的一切，雨会冲毁；雨没有冲毁的一切，海洋会令其倒坍；海洋未能令其倒坍的，地震会震垮它；地震未能震垮的，地块下移会移动它；地块下移吞并地表，地表的那一块便会消失。因此，在地球的早期，也就是约 40 亿年前，地球的历史写在地壳和岩石上，但那大部分历史都消失不见了。

在公元前 40 亿与 25 亿年之间，有重大的事件使地球震撼了。在太古代，岩浆形成了巨大的岩石带。地壳上层的岩石带主要都是深青花岗岩，而下层的都是些片麻岩。深青花岗岩都带有绿色，而片麻岩是由高热和压力形成的绿玉岩的低硅变种。

此即为地球古生带，

赏心悦目，美丽无比。

它们如长袍编织的岩石彩带，

所有建筑师中最有能力的大师，

它造就了地上一切美丽事物。

38亿年前，一块巨大的地壳冲破了片麻岩。变形岩与轻质岩浆熔合在一处，形成了塞鲁克威带。10亿年后，因同样的过程，伯林格温带也在附近形成。再过两亿年，布拉瓦约和沙姆瓦岩也形成了。这些岩石带合起来形成了几乎无法摧毁的固体地壳核，这就是稳定地块。

由此，岩带合成稳定地块，成为未来大陆坚硬的核心。

第2章 微观生命

微生物的世界在纷繁发展，但是，大部分微生物有机体都只有微米大。它们在海洋中浮动，或者生活在浅海的海底。海水保护它们不受致命紫外光的损害。生活在表层附近的那些微生物利用阳光作为能源，这些就是光养微生物。这样的微生物中的每一种细胞都包裹在紧实的膜中，这些膜保护细胞不受周围环境的损害，并防止太阳紫外线的照射。潜藏于深海的其他微生物生活在热喷泉附近，都是些嗜热生物。另外一些可分解硫黄之类的矿物，就是化能自养生物。从非有机来源获取能量的有机物称为自养生物，"自养生物"的意思是可以自行摄取能量。如果来源是阳光，它就是光养生物。如果来源是化学物质，则称为化能自养生物。有些有机物利用两种能源，比如存在一种化能光养生物。有些微生物要消化有机物质，它们不是自养生物，但属于异养生物。

此时，所有生命形式都是原核生物，原核生物一词来自希腊语，意思是"在核之前"。原核生物简单地说就是一些有结构的单细胞生物，比如太古生物及细菌。根据定义，它们的细胞并不具备带特定功能的特别部位。比如，原核生物不包括可以存储基因代码的核子。原生质是细胞基本的生物材料，它们完成所有的生物活动。原核生物的繁殖很简单，它在中间收缩，然后分裂，因此而使原生质一分为二。

原核生物如同一门业务，

一切都在无所不能的房间里进行。

自彼到此，原生植物排出了作为废料的氧气。对这些古代的微生物而言，氧气是有毒的，因它可与有机分子产生反应，从而使新陈代谢受阻。如果不是因为海水里面有大量金属阳离子的话，有些微生物可在自己排出的氧化废料中灭失。金属阳离子捕捉氧，然后沉淀出来，比如铁离子与 O_2 结合形成氧化铁。但是，这种氧化物并不可在水中分解。它会下沉，集淀于海洋底部成为红锈。在富含微生物的地方，生物形成的铁箍形出现了。

因此，初期生命的废料排出系统很简单：金属阳离子收集垃圾，并使之存放在垃圾堆中，也就是海洋底部。

第3章　陨石引发的灭绝事件

又有硫黄烈火自天而降，如滂沱大雨。

有巨石击打地球。

随后发生之事，

如子弹穿透肉体。

地球抖动且战栗。

天空有若在移动和震荡。

岩浆之血从伤口喷出。

烟雾自其鼻中喷发。

有火自其口中吐出。

煤层为其点燃。

灰尘飞扬，逐东南西北之风，

灰烬布满天空。

灰烬又在天上的厚云中积存。

黑暗广布云层脚下。

雷在怒吼，

闪电劈向大地，如武士之箭。

海洋升起，岛屿消失。

死亡之波包围一切。

海洋退潮，令陆地出现。

火山在密实处喷发，一块巨大的浮石喷入泛古洋。浮石长 350 米，50 米宽 30 米厚。多孔的浮石如同船只漂浮海上。

灰尘和烟尘充斥天空，在地球的各处飘动，这些尘粒成为雨水的种子。乌有年的第二月，天开始下雨了。雨水落在大地上有 40 多天和 40 多夜，天如同一只液体的球突然被打破一样。

水冲毁了微大陆。岛屿下沉且淹没。海面上升，所有陆地消失了。

巨大浮石在泛古洋上漂浮。浮石富含矿物和灰尘。原始海洋微生物紧贴其下侧，吞噬其中的营养物。

四十天四十夜后，雨停了，海平面不再上升了，太阳刺破云层。炎热的天气紧跟而来，地上满是蒸汽，海面开始下降。150天后，微大陆干了，岛屿重新出现。

乌有年的第七月，巨大的浮石在浅海大陆架上固定下来。泥水注满浮石孔洞，附着其上的微生物很快繁殖。

太阳跟以前一样在黎明升起，大地从陨石天灾中复苏。地球上的生命照旧繁衍。

有声音从高天传来，

"尔等须前往，多有繁殖。"

第4章　古生物圈出现

数亿年晃而又去，生命在前进。原生海藻通过原始光合作用产生了生物物质。在光合作用中，光中的能量被用来使二氧化碳与水结合以产生有机化合物。作为废料的氧气也加以利用。氧气与水中的金属阳离子结合。但是，少量的氧渗入空气中。这种氧气有很多都被吸收到矿物质当中，还有一些为地上的金属矿石所吸收。因此，大气里只有少量氧气。

原生海藻很多，且大量繁殖，它们吸入二氧化碳，呼出氧气。随着时间的推移，大气中的二氧化碳减少了一些。再过一些时间，海中金属阳离子总量也下降了。沼泽地的生物产生了少量沼气，然后又逃逸至空中。至此，生命开始改变地球的化学环境。

第5章　生物的古代残留物

尔等砖石竟有何义？

一些微生物在湿热浅水中成群栖息，垫起了一层层穹顶一样的结构，谓之叠层。

之后，叠层压缩成岩石，成层的结构如此得以保存下来。在附近，微观的死亡细菌扭成长茎，并压进岩中。此微细印记就是微生物化石。

由此，微生物创建了一个艺术品，一份生物遗产，历经数十亿年风雨而流传至今。35 亿年之后，在西澳大利亚和别处，古生物学家会找到这些叠层，他们会看到跟 35 亿年前一样的生命形式。

大气层的大部分都是氮。大气中的二氧化碳含量继续下降，但是，当时的二氧化碳比现代大气层中的含量仍然高出 20 多倍。温室效应仍然在起作用。在大气层的厚毯里，地球非常温暖，当时也没有冰帽形成。

数亿年来来去去，微生物异体菌变成了原核原生动物，地球具备了新形式的原生动物和原生植物。

某些死亡的原核细胞残体存留在硅沉积物中，之后固化为黑硅石。微生物在这些岩石里留下了印记。

第6章　太阳系的神秘史

在太古代，太阳发出的光更明亮一些了，但是，一直到太古代的末尾，它发出的光还是只有现代的 15%。在夜晚，星星的布局从地球上看去很是不同。因月亮的圆盘比现代大四倍，所以有月亮的夜晚更为明亮一些。月亮离地球有 20 万千米，比现代的距离少一半。更近的距离引起更强烈的潮汐。

地球当时比现代转动更快，太阳升落之间仅有 6 个小时。同样，夜晚也只有 6 个小时。因此，当时的一天只有 12 个小时。地球渐渐地转得慢一些了。每隔 100 年，地球的一日都会增长几毫秒。角动量转移是引起这些变化的原因：地球失去的旋转传递到月球，传递是由地月引力的潮汐扭矩造成的。

> 大自然看不见的手在天体之间传递旋转。
>
> 尔等须知，此非禅宗妙论所致。
>
> 时间是恒定的，但一个月会短些，
>
> 一天也会短些。此非无意义，
>
> 只因当时的世界一切都不同。

第 7 章　古代沉积盆地

两亿年过去了，近临某些高地的地方有一处湿地。风、雨和自然剥蚀生成尘土、砂粒和卵石，其中一些含有矿物，包括铀和金。溪流将泥土、尘粒、铀和黄金带入湿地，沉积物在那里固定下来。岩浆流过，盖住了沉积物。在接下来的数百万年间，风雨侵蚀产生了另外一层沉积物。又若干年岩浆再次流过，沉积物及矿物再次为玄武岩所盖。沉积层继续积累，达数百万年之久，直到形成厚达 11 千米的地质结构。

在此期间，以矿物和有机分子为食物的微生物在湿地的泥水里繁殖，大部分只有几微米大小，但是，有些像丝线一样的物种长到数毫米长。这就是原生藻类、原生真菌类和原生苔藓。这些菌类死灭后，微观的碳残余物留存在沉积物中。当沉积物固化时，印记形成了。这就是化石，它们是时间的手印。

这长达 300 千米、宽达 200 千米的地区有一个名字，叫作威特沃特斯兰德盆地。它在接下来的几十亿年里留存下来，成为地球上最古老的沉积盆地。到现代，它们会为人类所开采，以获取其矿物。但是，铀及金并不是最富的矿脉：古生物学家会收集到一些沉积岩样本。在显微镜下，科学家们会仔细研究岩石，寻找里面的化石。科学家会看到如同 28 亿年前一样的生命形式。

在太古代地球的别处，大自然形成了沉积盆地，并为原生的微观生物提供了居住地。

地球演化之第四书：

原生代

地壳挤压岩石，
岩石排干水分。

第 1 章　地球球体构造

21 亿年前，太古代结束，地球进入少年期。前寒武纪时代的第二部分，也就是原生代开始了。这个时代会持续到公元前 5.7 亿年。

微大陆合并形成大陆块，这些微大陆之间的冲挤引起地壳弯曲和隆起。两个大陆块合并时，会形成褶皱山系。称为造山带的岩石带在地下形成，这就是造山运动。

微大陆彼此相遇产生了地球上的第一座超大陆。这一超大陆覆盖了地球的 15%，海洋占到余下的 85%。

在前一个地质年代，地球的温度有了相当程度的下降，形成类似现代地球的形状。在 20 亿年时间里，一种像洋葱的结构已经形成。

地球外面的部分是地壳，地壳有两大类型：大陆型及海洋型。地球的超大陆由地球的大陆壳构成。它质轻，在地球上飘浮，如同奶油在牛奶上。它的平均厚度为 35 千米。但是，在山系之下，它的厚度经常会翻一番。海洋地壳构成海洋底部，跟大陆地壳比较而言，它更密实，更整齐划一，也更薄一些，其厚度约为 6 千米。海洋地壳跟伸出来的手掌一样，托住了地上的水体。

地幔就在地壳之下。地幔的外层和地球的地壳构成岩石圈，为地球的外层。岩石圈底下是岩流圈。岩流圈热而柔软，一直延伸至地表之下 200 千米。地幔余下的部分在更底下。

在巨大的压力下，地球的最里层，也就是内核，被压缩成一个固态的球体，其半径达 1000 千米。在此球体与地幔之间，有一个液态的外核。在这里，电流在飞旋，形成地球磁场。

大陆地壳是永恒和坚不可摧的。它的密度很低，因此很稳定。因其具备某种浮力，如同水中瓶塞一样，无法下潜。有时候，筑造力量会向下推挤大陆地壳，但是，它最终又会弹跳起来。另一些时候，大陆地壳的边角会发生侵蚀作用，但是，其主体差不多保持不变。如果它破成两块，每块仍然会留存下来。它的边际有可能不时被淹没，但是，当洪水退却时，边际部分还会复现。大陆地壳结构复杂，构成也不一样，这是漫长岁月中的地质动力引起的。

对照大陆地壳而言，海洋地壳相当整齐划一，但并不长久——它的生命期为数亿年。海洋地壳分成数个地质板块。海洋地壳在岩浆熔化时于上层岩流圈内形成，在洋中山脊上诞生。在数百万年时间里，它在海底移动，往返移动着岛屿和海底山，如同物体在传送带上一样。最后，海洋地壳在大陆地壳的边缘潜入海沟。它在那里下沉，消失，再循环到它的起始处，也就是岩流圈上。

第 2 章　大陆水系

他在岩上劈出河道。

超大陆上下起雨来，水从高原及山上流下。水在小溪流里蓄积，小溪流流入更大的溪流，大溪流沿低处流经各处。大溪流进入河流之中，河流流进泛古洋。河流与溪流形成支网，如同动脉和神经网遍布人体。它是超大陆的排水系统。因此，落在超大陆上的水积存下来，然后流进泛古洋。

卵石、泥土和尘粒被内陆的河流带到三角区和超大陆的边缘区沉积下来。边缘区是指大陆的周边地区，因大陆如同书页的内文，大陆的边际如同书页的边角。

数百万年间，海洋地壳缓慢地流动，从泛古洋的海脊流到超大陆的边际地区。这个地壳是由海洋板块来移动的。当海洋板块靠近超大陆时，它们会下潜。与它们一起下潜的还有海洋地壳。

在下潜区内，板块深深切入岩石圈。它们使海水下流到"伤口处"，并与之摩擦。岩流圈因之而大量出血，喷出火红的岩浆。这种岩浆富含钙及碱，它推动地壳，在地壳上形成火成岩。

地底岩浆的上升使边缘地区变长，陆地扩大。慢慢地，边缘地区增大并上升，它们变成了大陆架。

第3章　突变

宇宙射线照在一个原生植物上。质子变成中子，这是核的点金术。基因代码的一个分子一分为二。当原生植物分裂并繁殖时，突变异种后代会出现，这新生的原生植物会在几分钟内死掉。

原生病毒攻击原生动物，但在原生病毒进入原生动物的原生质时，原生病毒也会死灭。原生病毒的分子与原生动物原生质的分子相混，因而产生新的原生质。

一道紫外线从天上射下，击中细菌分子，此分子一分为二。因此，一种有机分子转化为两种，细菌死亡。

原生动物处在繁殖过程中，有毒的氧进入了它的原生质。原生动物的有些分子与氧产生反应，细胞按自己的意图分裂成两个。但是，原生动物产生的这两个突变异种只是在大海上无生气地浮动着。

在原生代早期，一些突变微生物不停地产生，几乎很快便死亡了。它们是大自然试错实验中的畸胎。但是，大自然有数亿年时间来拼凑数万亿的细胞。在极少的情形下，细胞和它的兄弟细胞会存活下来。

经由随机和罕见的过程，一种突变发生，产生更强的微生物。如果变化太大，生命的新链会发生。但是，新链形成的速度越来越慢，历经数代才成，小的"正向"变化慢慢积累，然后形成新物种。

由此，原生代微生物得以进化。在进化中"进步"确有发生。与后来的时代相比，那种演化的节奏很慢，但很稳定。

这就是往日的好时光，那时，生命相对稳定、安宁，自然营养物有很多。在这些日子里，物种的花样很少，具有吞噬功能的细胞很少，活体生物之间的竞争并不多见。那时，生命的敌人少而又少，而且远在天边。这是往日的好时光，物种的数代可以历经 5 亿年的时光。

第 4 章　光合作用

原生植物更好地利用阳光中的能量，它们开始制造富有能量的糖分子，比如葡萄糖。制造葡萄糖是一个相当复杂的过程：数亿年的试验、失误、事故及机遇，都有助于使这个进化过程完善地进行。为制造出糖，原生植物会安排多个基本的有机分子组合，并从阳光中摄取能量。化学反应随后发生，从中产生化学键，从而使糖分子中的原子束在一起。这些化学键将能量存储起来备用，能量可通过化学键的断裂释放出来。

自然经由试错法进行实验，

令生物化学得以完善。

自然是无所不能者，

他是大地上的生化学家。

通过键合更小的部分而形成的分子结构称为代谢合成。当太阳中的光子提供能量时，这个过程就称为光合作用。

许多微生物以原生植物为食，它们摄取食物中的糖，再用水及化学反应打断化学键。这个过程称为代谢发酵。代谢发酵提供了原生代微生物的生命所需要的能量。

第5章　热量打破超大陆

血火冲天，笼罩大地。

像钾–40、铀和钍等元素中的放射线衰减在地球内部产生了热量，因此也可以说地球内部就是一座核反应堆。

月球因引力作用而拉动地球，拉动引起地球产生应力和延伸。拉伸作用导致了摩擦。摩擦也会产生热。

重金属下沉，进入地球中心。在下沉过程当中，物质与周围的熔融金属发生摩擦，这也会产生热量。因此，引力潜能转变成动能，动能又转换成热能。

因此，地球内核如同一个炉子。地球内部的确就是一座地狱，跟所有的火炉一样，热从各个方向向外散发，逃逸出去。但是，地球各处的热通过不同的方式逃散。它从地球的液体内核传递至地幔，再到地壳上，传递过程稳定、平滑，一个跳动的分子与另一个跳动的分子相撞。一个分子的热力运动跳到了下一个分子，这就是热力下潜。但是，地幔中的热量通过更长更热的薄管对流，这就是巨大的地幔柱。这样的地幔柱中的物质虽然是固体，但它的温度如此之高，竟然会慢慢地隆起。为了逃出地球的外层，很多热量就通过洋中山脊渗出，地壳中的这些裂隙提供了最小阻力通道。但是，有些热也通过海洋地壳进行传递，更少一些热通过了陆地的地壳，因为更厚、更轻的大陆地壳传导最差。因此，地球内核的热通过不同的方式和途径传递到地表。

热量在地球超大陆下面积聚。超大陆起隔绝帽的作用，其底下的温度缓慢而又稳定地增长。物质在超大陆底下的岩流圈中熔化，这样熔化的物质使岩浆富含铁及镁。厚重的岩浆隆起，在某些地方冲出来。在那里，山体和火山形成了。

超大陆如同饼屑，

饼在炉中烘烤。

发热扩张的饼屑，

令地壳不断隆起。

2000万年过去了，一路穿过超大陆的热力在五六处裂开了缝隙，断层形成了，岩浆由此喷出，一直到大地上，山体和火山形成。

由此，超大陆形成裂缝，如同七巧板一样，超大陆分成了7块。火山山系相邻。

在接下来的 2000 万年间，热量通过断层上升，然后使大陆分开，七个部分彼此有些分离。地球邻近火山山系链的重岩崩溃了。这样，在山系的两边出现了地沟和峡谷平原。

高原和山系之间出现了一道地沟谷。天下雨的时候，水顺着两边的山坡流到地沟的低地中，使其充满雨水。雨水冲刷土层和颗粒到低地，使其成为盆地。沉积物就存留在那里。微生物在灰黑和幽暗的水中生长。藻青菌在沼泽地里多有繁殖，细菌在泥塘里生长，细小的孢子类生命在池塘中浮动。这沉积盆地在原生安大略的南边，即所谓休伦盆地。

雨水积在遍生裂缝的微大陆的地沟中。狭长的海洋围住了所有七片超大陆。微生物在这些海里生长。超大陆分成了七大块。

饼已烤过火了，

地壳裂成了几块。

蒸汽从中冒出。

饼中填料从裂缝中喷出。

在接下来的 4000 万年当中，七大块彼此移开，其间的海洋连成一体。这七大块就是地球的第一批大陆。每块大陆都由又厚又轻且隆起的地壳构成。

这样，约在一亿年前积聚在超大陆底下的热量就发生了一次"爆炸"。爆炸产生了极大的能量，使超大陆裂成了更小的几块大陆。它使大陆彼此移开了。但是，一切发生得如此缓慢，数以百万年计。无论在哪一年，如果人类曾在场，你们什么东西都不会发现。大陆移动的速度为每年几厘米！虽然这样的速度很慢，但其动量非常大，因为大陆很小的速度被其巨大的质量所补偿。如果要减少大陆的动量，则需要数百万年的时间。的确，这样的运动很难停下来。在数千年时间里，每个大陆都会沿着特别的方向漂移，由此而产生了板块造地运动。

第6章　板块构造运动

　　数百万年过去，大陆向泛古洋的海洋板块移去，并移到其上。两大相撞击的板块之间的边际地区称为汇集点。在汇集边界，海洋板块的下潜会使大陆架上升，由于大陆架与大陆连成一体，地球的大陆地壳部分增大了。

　　下潜的海洋板块滑入地球的岩流圈上，这是引力作用拉动的结果。它们如同刀切开了肉，将大洋之水带到"伤口处"，并与之发生摩擦。岩流圈流出大量的岩浆。这时候，岩缝中吐出了火。当富含钙和碱的岩浆在一些地方腾出泡沫并固化时，火成岩就形成了。

　　断层沿泛古洋的海岸形成。地震摇动这些沿岸地区，地震喷发物又增添了大量玄武岩和火山灰。

　　数百万年过去，大陆在泛古洋上封闭起来。泛古洋的规模缩小了一些，有些深水消失了。现在，大陆的扩散新劈了大陆间的海洋，这些海洋变成了浅海。水从泛古洋的渠道间流过，到达了新成的浅海。海平面接着上升。

　　数百万年过去，大陆被各大陆间的海洋板块推挤着，因此而漂向泛古洋。泛古洋沿岸的海洋地壳的下潜使内陆的陆地上升，与现代落基山脉类似的新山体形成了。

　　在地球其余的全部演化史中，板块造地运动会构成地球的外形，地表将由这些板块的运动决定。聚合边际会引发岩流，在洋中山脊，它们会经常发生。但是，当一个聚合边界从一个大陆上出现时，这个大陆会裂开，从而形成海洋。这些板块在转移边界的活动中会引发地震。在一些聚合边界上，有地震，也会有火山爆发。聚合边界会出现在大陆的边角上。海洋地壳会在这些边角上下潜。有时候，一个聚合边界会将两个大陆拉在一处，最后引起它们彼此碰撞。这样一个缓慢的巨力碰撞会产生地球上最高和最坚硬的山脉。

> 造地板块盖住地球，
>
> 如同数十块瓷砖拼出拼贴画。

时在 23 亿年前，七大板块终于彼此分开。

第 7 章　原生代的第一个冰纪

> 有雪自天上降下，
>
> 洁白无瑕。

太阳明亮一些了，但其辐射力仍然比现代太阳的光辉少 10%。雨继续冲洗大气层中的二氧化碳，微生物也继续吸入二氧化碳。虽然有些二氧化碳又在大气层中循环，但是，二氧化碳的含量还是下降了。地球在冷却中。到此时，北极为一块大陆所覆盖，南极为另一块大陆所覆盖，海洋潮流不再将赤道暖流带到两极。慢慢地，极地变冷了。最后，在北极和南极，水变成了冰。

大地两头变成了白色，

两头都戴上了帽子。

海平面稍稍有些下降。无法忍受寒冷，困在干燥大陆上的许多微生物很快便死灭了。赤道和极地之间巨大的温差形成了迅猛的海流。几种生物适应了不断变化的世界因而兴旺起来。

在夏季，北极冰帽融化消失，而南极的冰层却会加厚。在冬季，北极冰雪又返回了，但是，南极的冰帽却又会融化和消失。

有位老人，

有白须和银发，

夏季他割发让胡子变长，

冬季他削须让头发变长。

数百万年过去了，地球气候进一步变冷，特别是在北半球。雪从天上下到地球上，积存于冰上。冰下嵌有卵石、岩石和土层。在山上，冰川慢慢形成。然后，引力起作用，使冰川慢慢滑下山坡。冰川下滑时，冰会侵蚀岩石，石头为冰及雪磨光。冰川中的石粒及卵石会刮走表层岩石，而表层岩石又会将冰川中的卵石研成石粒，小石粒磨成小土块。

到夏季，冰后退了一些，留下来的是卵石、土层和巨石。到冬季，冰向前推进。冰如同爪子抓住了地表。巨石断裂，石头刮磨，卵石也裂开。一层土和泥沙又积淀于去年刮磨和断裂的岩石上。

数百年间，冰川来来去去，形成了一层层的土块和石块。冰在夏季融化的时候，湖就出现了。冰中所带土和卵石积在湖床上，年复一年的积淀就是纹泥。

一块巨石出现在冰川上。冰川一寸寸地向前移动，如同蜗牛，巨石也随之前移。当冰在夏季融化时，巨石落在纹泥上，压迫下面所有沉积层。这样的巨石就是滴石。在冰川纹泥的许多地方都有如此沉积起来的滴石。

冰层从原生魁北克经由原生安大略、原生密歇根和原生怀俄明前移3000多千米。在某些情况下，巨石移动了很长距离，如同货物随船移动。在世界别处，冰川也在形成。冰和雪一直进入原生西伯利亚和原生芬兰东部，就连非洲的南部也被冰盖覆盖住了。

这就是地球的第一次大规模冰川移动。它持续了数千万年，然后，极帽消失了。

冰川时代结束时，一些土、卵石和岩层构成的地层岩化成冰碛岩。事乃如此发生：有些冰碛岩会存留至今，比如，在安大略地区2万千米的地区内，200米厚的冰碛岩有一天会讲述地球古老的原生代冰川史，这次冰川活动发生在20亿年前。

这还不是原生代唯一的冰川时代，接下来的冰川时代，约在17亿年前。

第8章　地球大气中氧气的增加

数亿年到来又消失，表层岩石中的金属全都氧化了，再没有氧气可吸收了。地球表面再没有洁净的金属了，而只剩下铁锈。海面微生物释放出来的氧气最后排放出来。氧升入空中，如同精灵从坟墓中逸出。地球大气中第一次出现了一些氧气。

　　　　毒气排出会变成祈福，

一时的不利变成好事，

甚或有更好的时候。

数千万年间，微量的氧气积存于大气层中，地球生命受到可见的干扰。浮在海面上的原核生物死掉，因为氧气使它们的生化反应中断，代谢终止了，由此发生地表微生物大规模的灭绝。在海上，浮渣无处不在，地球的海洋发出刺鼻恶臭。

但是，海面上细胞壁极厚的一些原核生物却存活下来。深海的生命留存下来，它们并没有受到致命打击。在那里，氧化过程还在继续，因为深海金属阳离子捕捉了氧气，并使其变成沉淀物。

第 9 章　异形细胞

一种新型厚壁原生绿藻早在一亿年前便产生了，此为大自然进化结果。这是一种异形细胞，其外层壁膜非常坚实，可保护里层的有机分子。对生命而言，异形细胞是一场革命，因代谢受到了保护，不会受到像氧这样的致命非有机分子的损害。新的原生绿藻生活在海面，而其他的一些非异形绿藻无法在海面上存活下来。

对未来生命而言，异形细胞是关键的一步，它为即将到来的、满是氧气的环境准备了有机物。从约 15 亿年前开始，氧气的含量对地球各处的生命至关重要。当时，许多没有异形细胞的生物会在氧气中死掉。这样，没有新的细胞壁保护，很少有活体生物能够存活，无法越过 15 亿年前的那个关口。因此，没有这种大自然的干涉，就不可能有任何生命。

1.5 亿年前，生命从地球的大灭绝活动中复苏。微生植物群落繁殖起来，原生微动物群繁殖起来，生物群出现多样品种。有些细胞形如圆球，有些呈杆状，还有一些像圆盘，有些像管子。有些细胞是很长的细丝。有些微细生物带有弯曲的茧形细胞，甚至还有孢子形原核细胞，其直径达20微米。许多原生代的细菌已经出现了现代细胞的外表。

有些有机体死灭后，会漂到海面上解体。另外一些有机体死掉后，会沉到海底积存在海洋底部，或者沉积在湿地的低处。

数百万年间，更深的沉积物固化成黑硅石，在某些异形细胞的残留物上形成了保护层。这样的保护层会逃过接下来的20亿年的毁灭性地球演化而一直保存至今。这是古生物学中的时间胶囊。

第10章　大气含有臭氧层

大陆在地表四处移动，地球也在不断发生着变化。氧气进入了大气层，空气中的氧含量约占现代大气层氧含量1%的水平。

上层大气的一些氧气受到太阳辐射，引起氧分子分解成氧原子。这就是分子形式的光解作用，系指分子吸收电磁辐射而发生的分解。当光解产生氧原子的时候，其中的一些会与O_2结合起来形成O_3，也就是臭氧。这就是分子重组。

如此一来，地球大气层就包含了臭氧层，臭氧层很薄，但吸收了太阳的紫外线：当紫外线撞击O_3时，O_3就分解成O_2和O以及热量，热传递到周围的气体中。O不久与O_2重新组合形成臭氧分子。因此，实际上，紫外线辐射通过光解和重组变成了热量。在地球全部的上层大气层中，不断毁灭和再生的臭氧就过滤了太阳紫外线，撞击地表的紫外线辐射总量因此而下降。

第11章　地球的恒温机制

一亿年过去了，后来，一颗小游星横穿地球轨道。小游星在加拿大苏伯里地区击中北美大陆。岩片四散达数百千米，形同没有核辐射的核爆炸，土层、残渣和尘土构成的蘑菇云升入大气层。这次冲击产生的压力形成了变形岩，热量使地球的壳层沸腾起来，岩浆熔化了。表面伤痕累累：地表形成一个110千米大的地坑，在某些地方，岩浆像大出血一样喷流出来。在地表之下，挟裹着铜、镍、钴、金和白金的岩流塞满了65千米大小的一个穹顶形空室然后固化，富含这些矿物的沉积物便形成了。

在撞击发生地，碳及硫化气体喷入空中，如消防龙头破裂一样，气体喷发出来，冲入天空。这些气体上升到大气层，与大气层中的尘土混在一起，一大块乌云形成了。它在地球投下长长的黑影，数千千米的海洋和陆地一片黑暗。

几个星期之后，气体和尘土在全球各地飘散，太阳光被挡住了，雨也下下来了，使尘土一洗而净。但是，很多二氧化碳和其他气体却留存下来。

因为二氧化碳更多了，地球温度上升了一些，池塘、河湖和海洋的温度也升高了。水比以前更快地蒸发，蒸汽上升并带走了热量。在上层大气层中，水蒸气释放出自己的热量。地球向外太空的红外线辐射增强了。雨云较以前更多地出现，大气层中的二氧化碳溶入雨滴，碳酸雨滴落在洋面上。

水文周期是地球的空调，

温度上升时，

就好像有人开大了空调。

多少年过去了，大气层中的二氧化碳含量下降了，回到了原来的水平，地球温度回归正常。

如此，地球的恒温机制就在 H_2O 中。雨水和水蒸气调节大地气温。在地球演化史剩下的时间里，恒温作用继续存在。

第 12 章　好氧生物

再后，从异形细胞生物中出现了一种新的微生物有机体。这种微生物漂在海洋的表面吸收微量氧气。跟其他许多种微生物一样，它以原生植物为生，并经由代谢发酵过程吸取富于能量的葡萄糖。跟其他一些微生物不一样的是，它利用氧来进一步分解一些化学键。为了打破这些额外的化学键，会利用原始酶。这种新的氧化代谢方法称为呼吸代谢。它从葡萄糖中产生比发酵代谢多两倍的能量，因此，这种新的微生物有更好的能量产生方式。不久，它和其他一些类似微生物成为海洋的主宰者。

地球拥有了第一批利用氧的生命。

大自然吸入了第一丝空气。

古老的植物生命和新的动物生命合并形成代谢周期，其作用机理如下：微型原生植物吸入二氧化碳，经加工后吐出氧气，同时，会呼吸的原生微型动物吸入氧气并吐出二氧化碳。这样，原生植物的废料就成为原生动物的"空气"。原生动物呼出的东西就是原生植物的食物，植物和动物因此而形成伙伴关系。最后，会呼吸的原生动物会繁殖起来，其数量大到足以在动物和植物之间形成氧气和二氧化碳之间的平衡。

伙伴关系会一直持续下去，

直到地球生命的最后一刻。

植物如同一个圆圈构成的弧，它们是一个半弧。动物也如圆弧，它们是另一半弧。这样，植物之弧与动物之弧形成一个整体的圆圈。

第13章　太阳及地球慢慢变冷

再后，太阳温度有所下降，核中的能量生产有所减缓，太阳的光亮也弱下来。同样，照射到地球的光线也少了。地球温度稍有下降，在南极和北极，雪和冰又开始融合了。

太阳光亮的波动会引起极地冰帽消失。冰川会推进，后退，再推进。但在数亿年间，极地的一些冰雪还会保留下来。再后，也就是3亿年后，冰雪消失了。

第14章　因氧气而发生的第二次大灭绝

原生植物产生氧气，跟以前一样。但是，由于水中阳离子相对较少，氧气在水中分解。这种情况四处发生，更多的 O_2 进入了空气中。

氧气与细胞中的有机分子发生反应，破坏了它们的生化系统，引起细胞大量死亡。海底各个深度上的生命大量消失，细胞分解成纯净的有机物质，海洋各处浮满死灭的有机生物。许多微生物物种消失了。在海底，死灭的微细胞就躺在那里。

由氧引发的大规模灭绝开始形成。

并非所有生物都灭绝了。有些微生物拥挤在洋中山脊的喷口上，而那些喷口处积满大量矿物和金属阳离子，并且还在不断地向外喷涌。这样的安全之所，地球仅有数处。一些由抗氧异形细胞组成的厚壁微生物存活下来。继续存留下来的这些微生物当中，有一些是表层原生绿藻，它们早在5亿年前便已经克服了氧的威胁。留存下来的另一类生命形式是呼吸微生物，它们利用氧气完成代谢，甚至得到了更大的发展。

弯而不折者存，

终有出头之日。

第 15 章　原始真核细胞

一亿年过去，原生植物以极快速度产生氧气时，空气中的氧气含量增大到了现代大气水平的某个百分比。相当重要的臭氧层出现了，它挡住了太阳的紫外射线，就好像地球周围加装了过滤器一样，因为几乎没有紫外线到达地表。

此时，发生了大规模的微生物合并过程，生命在进化，细胞在合并。更大的真核细胞在大气层的臭氧层下进化，因为臭氧层保护了地球上的生命。

数千万年过去了，再后，有些微生物继续变大。其中较大的一种具备了细胞核，这个核如同一座圣殿，供奉着遗传密码。这种新的细胞得有一名，即真核细胞，其意思是指"细胞核优良"。

不久，地球上满是真核细胞。其在核心带有特别的功能，称之为细胞器官。有机分子保护和闭合住每一个细胞器官，细胞器官在黏液似的物质上浮动。

带细胞器官的细胞就是真核细胞，细胞器官是真核细胞更小的关键部分。

真核细胞如同公司的办公室，

里面布有功能不同的房间。

办公室就是细胞，

细胞器官就是房间。

在海中，真核细胞多有繁殖。有机分子加速聚往繁殖地。一些遗传密码也移动到位，它们展开，延伸，对齐，然后断开。第二套密码魔术似的也出现了。在细胞里面的核延伸并分裂成两个。每个核都包含这些密码的副本。其他的一些细胞器官也分裂成两个。当细胞拉长时，原生质会断开，母细胞就没有了，两个新生的细胞保留下来。

因此，真核细胞的繁殖并非简单繁殖，这跟原核生物不一样，这种细胞并不是简单地一分为二。但是，新的再生过程也有自己的"优点"，它将基因信息传递到接下来的几代当中去了。

带有特定生物中心的细胞在生物学上有更高的效率，它们各自完成一些具体的生物学任务。因此，真核生物大大繁殖。由于它们消耗掉更多的能量，远远超过原核生物，因此，它们也就吃掉更多食物。它们以呼吸和发酵两种方式代谢。只以发酵来完成任务的原核生物在能量获取上效率更低一些。

许多真核生物的确吃掉原核生物，原核生物的数量下降了。它们是"进化过程"的受害者。

但是，原核生物并没有灭绝，它们的小体积与大数量确保了进化的成功。因此，原核细胞在"核内大战"中吃了败仗，但它们仍然存留下来。

第16章　原初细胞器官

再后，真核细胞越来越复杂了。许多真核细胞已经长到50微米大了，进化在不断"推进"。通过环境压力，又通过自然选择，原生绿藻进化成现代的绿藻，并都带有真核细胞。另外一些原生微型植物进化成微型植物。

真核细胞包含复杂的细胞器官，其中最重要的是细胞核，里面带有遗传密码。在核中，细胞功能的指令被复制，然后发送出来。一种圆形绿色细胞器官将阳光变成了能量，这就是原初叶绿体。另外一种长椭圆形的细胞器官通过化学反应进行能量的摄取，这就是原初线粒体。这两种细胞器官是最基本的，因一种细胞没有能量就无法发挥作用。还有另外一些细胞器官。溶酶体可分解蛋白质和原初碳水化合物。原初高尔基体和原初内胚层网状组织是一个微管网络，它们收集、修改和排出蛋白质。杆形中心粒由细胞的分裂和繁殖形成。

再后，单细胞真核细胞的原生质里包含了一个空洞，这就是液泡。这种真核微型有机体在液泡里填满气体，液泡膨胀起来。真核通过深海的水体上升，然后，真核细胞又排出一些气体，液泡就松了。这个运动再反过来，真核又下降了。

其他细胞的液泡用于其他目的，比如包裹住营养物，排放废料，存储生物物质。

真核细胞如同一座工厂，

各有专用的楼层和隔间，

隔间里面进行不同的活动，

专业化导致更高生产率。

第 17 章　进化加速进行

广宇多有交配欲，

众生无不多后嗣。

再后，藻类真核细菌开始繁殖。细胞器官在复制，细胞拉伸成椭圆形。但是，细胞壁有一部分特别厚，真核的左半边紧拉住右半边，右半边也紧拉住左半边。拉锯战并不能使细胞分开，原生质并没有分裂成两半。花生形的真核出现了，这就是微观世界里的暹罗双胎，而这种功能不全、身体残缺的真核很快死掉。

数亿年期间，短命的双细胞微生物并没有兴旺起来，它们所有的成员全部死灭。

再后，一个双细胞藻类真核、一株原生海草却活了下来。这是微生物的功能性仿生物，它比单细胞真核强不到哪里去。

又有一亿年过去，单细胞微型动物出现了。它们是第一批原生动物。此时原生病毒进化成病毒，原生浮游生物进化成浮游生物。浮游生物来自希腊语，意指"漫游不定"，这是一种四处浮动的海洋生命。

数亿年过去了，两个真核细胞在某海洋水体内纠缠在一起，然后彼此结合。两者之间出现一个空洞，从而形成了一个通道，原生质即从中通行。更大的、带动两倍多细胞器官的有机物出现了。两个细胞核随机移动，直到彼此相遇。然后，它们结合成为一个单一的核。带有各真核细胞的基因密码的分子排起队来，通过折叠、转动、合并、弯曲和结合然后又断裂，分子产生出新的第三套密码。细胞核分裂成三份后，细胞拉长成为一种三杆结构，然后，原生质也分裂成三份。

通过这次相遇，从两个当中形成了三个。真核细胞在复制之前先有相互作用产生，这种新型的繁殖就被称为单性细胞繁殖。

新的繁殖模式产生了生命进化中的革命。何以如此？在双体繁殖当中，一个物种的每一个有机体并非一样的，这种繁殖形式使物种出现了很大的多样性。另外，也不可能完全准确地复制，特别是在更为复杂的双体过程当中：细胞不是从工厂自动生产线上拿下来的机器人，细胞是非常复杂的，总会有一些微观上的差别。母细胞上的这些差别也合并起来，并传到下一代的细胞当中去。在大部分情况下，这些差别不是非常重要的。但有时候，这些差别会导致"较差的细胞"。更有一些时候，这些差别还会产生一些"更优良的细胞"。重大的变化有时候会在代谢机制当中体现出来，在移动能力、原生质的构成、外层膜壁的特性等方面体现出来，功能发挥得差一些的细胞存活的时间稍短一些，功能发挥优良的细胞存活的时间就长一些。生活更长时间的细胞有更多交配机会，会产生更多的后代，平均而言也会发挥更好的功能。因此，双体繁殖导致更有进步性的进化。物种的变化有可能是不为人所注意的，有时候甚至是一代一代的随机过程中产生的，但是，在数百万年的时间内，这些变化就会非常显眼了，而且更"优良一些"。

再后来，地球上的生命获得了稳定的进化。更为频繁的进化导致更激烈的生物竞争，而获得了"生物优势"的有机体战胜了没有获得优势的那些有机体。大海成为巨大的生物战场。

这对生命来说是一个残酷的世界。当时，弱者被尽数灭掉，强者"得到极好补偿"，因它们取胜了。在一个进化时刻成为王者的物种，到下一个进化周期又成为奴隶，因为新的统治物种突然间出现了。旧的生命形式成为新生命形式的食物。从现在起，物种平均生命周期缩短了。比如，对浮游生物来说，它的生命缩短为一亿年。

适者生存的法则来到了地球上，进化的法则在地球上投下了巨大的阴影。从此以后，生命和进化的世界会以狂野和几乎随机的方式进行下去，地球再也不一样了。

生物之间的竞争是残酷的，但是，它也有一个益处：它加速了进化过程。新的生命形式每隔几百万年出现一种，进化过程出现了量子跳跃。

第18章　漫长的冰纪

时在公元前10亿年，南极为大陆所覆盖，赤道温暖的洋流可以畅通地流到南半球更南部的地区，在那里水变冷了。

此时，地球从地质角度来看是相对安宁的，火山爆发不再常见。一些大陆合在一处使数处海底山脊闭合，这样，气体释放就下降了，二氧化碳的来源减少了，同时，光合作用和雨继续清除掉地球大气层中的二氧化碳。二氧化碳下降到最低水平，地表热和辐射不再受其束缚。就好像地球失去了隔热层一样，热量更轻易和随时散失在大气层中。更冷的新型气候形成了。地球历史上最广泛、最漫长的冰纪开始了，在接下来的4亿年里，它会断断续续地继续下去。

冰雪覆盖住了所有的大陆。各处的冰川留下了冰碛岩沉积物，并在岩石上留下刮痕。海洋的温度也下降了，使细胞和生命的代谢率下降。有些物种无法抵挡住寒冷因而灭绝，另一场大规模物种灭绝酝酿成熟。

第19章　生殖革命

两个即为一体之身。

两亿年过去了，地球温暖一些了，冰川时代出现了短暂的停顿。冰川后退到了极地。因为海水温暖起来，微生物也随之增多繁殖，多细胞藻类又出现了。原生海草变成了原生代海草。

再后，一种孢子状微生植物群落的一个链发生突变。原来的链是微生物植物群落 X，新的形式为微生植物群落 Y。微生植物群落 X 和微生植物群落 Y 并没有太大的差别：尽管它们的细胞包含同样的细胞器官，但是，微生植物 X 比微生植物 Y 稍小一点点，有几段基因密码也稍有不同。

微生植物群落按下述方式进行繁殖：当微生植物群落 X 与微生植物群落 X 交配时，会出现微生植物群落 X。这跟以前的情形差不多。当 X 与 Y 交配时，Y 会出现。但是，当 Y 与 Y 交配时，就没有微生植物群落出现。因此，微生植物群落 Y 的繁殖和生存取决于微生植物群落 X。

微生植物群落 X 赋名为雌性，微生植物群落 Y 赋名为雄性。进化中出现新的革命，这就是生殖革命的开始。

原生代晚期的性解放开始了。它会导致最长最伟大的一场生命狂欢，其持续 5 亿年之久。

有些物种形成了好几种性别，比如，有一种微生物具有 W、X、Y 和 Z 链。因此，不同链中共有六种不同的交配可能，这样，此微生物的交配就相当复杂了。更多的性别并不一定会"更好"，只是更复杂一些罢了。

有些多性别有机体一直存活到今天，比如，现代的草履虫就拥有五六种性别。

生殖革命点燃了融合之火，

火苗在一个线头上燃烧，

这线头一端牵向死亡，

而这死亡坟墓又爆发出进化。

5000万年过去了，地球的温度又一次下降。冰川塞满了大陆，厚达数千米的冰床形成了，海水的水温也下降了。

微生物又一次受到严寒之苦。发酵代谢减缓下来，细菌并没有如此快速地繁殖。由于更少的微生物意味着异形细胞的食物更少，因此，有些物种灭绝了。潜在的进化爆发正在形成当中。在接下来的5000万年里，地球继续保持寒冷的气候。

看起来，烈火已经熄灭，空余灰烬。

第20章　地球的面貌不断改变

在原生代，绿玉岩和麻粒及片麻岩带继续生成。有些新的火山坑也形成了。古代山系和火山岩形成了。比如，原生加拿大西北极地下潜早期曾产生了沃梅造山带，时在公元前约19亿年。同时在原生斯堪的纳维亚，苏维克芬尼造山带也在两个大陆的碰撞中形成。

各大陆间的平原是尘土与砂粒构成的荒地。当风刮起时，灰尘吹满天空。当强风刮起时，尘暴会使整个平原一片昏暗，能见度下降到几米，伸手不见五指。看上去如同大雾，不是水汽雾，而是尘雾。

板块造地运动主宰着地球。大陆四处漂移，被邻近的海洋板块推推搡揉。大陆沿岸与海洋板块相接，所以在地质上还是相对安静的。有时候，两个大陆在海洋底部相撞，因而使之消失。如果它们继续撞击，它们就会合成一处，形成更大的大陆。这样的碰撞生成了蜿蜒的山系。但是，有时候会发生相反的情形：大片大陆裂开，分成几片更小的陆地，然后彼此分离，裂隙增大，裂口处出现海水后，新的海洋会形成。同时，海洋中部的山脊会形成，然后提供新的海洋地壳。一块大陆不时产生移动，离开邻近的海洋地壳。这样的一种运动会形成火山、岛弧和断层。有时候，一块大陆会通过邻近的海洋板块。这样一种运动会扫平大陆架，形成海岸山系。大陆有时候会叠上古老的岛弧和岛屿，地震经常摇动海岸地区。

这样的造山过程会持续下去，直到现代。大陆和海洋的形状总处在不断的变化当中，大陆不时会合并。有时候，海洋会合在一处。新的海洋和海峡不时形成。每隔数亿年，地球的面貌都会发生很大变化。

更早一些时候，约在公元前10亿年，原生非洲海岸的下潜产生了2000千米长的岛弧。在接下来的5亿年间，这些岛弧和原生北部非洲相撞。当海洋地壳在岛弧上抬起时，产生了富含蛇绿岩的地质带。新的地盾，也就是阿拉伯-努比亚地盾形成了。再后来，这个大陆地壳的核会成为沙特阿拉伯、埃及和苏丹。

同时，原生东非和原生中非的大陆相撞，并产生了泛非造山带，后来成了坦桑尼亚、肯尼亚、莫桑比克和埃塞俄比亚。

原生非洲的各块大陆慢慢移动到位。

第21章　大沉积和生物反馈

在原生代，许多地方都出现了沉积物的沉积过程。比如，在从约公元前17亿年开始的8亿年当中，一层层的泥板岩、砂石、粉砂岩和砾石沉积在原生亚洲北部的里菲期地质时代。同样，约在公元前7亿年，一个10千米厚的沉积层盆地，也就是震旦纪盆地，在原生中国形成。

沉积层中有好多种叠层，有些形如天穹，另外一些又像柱石。所有的沉积层都有几毫米厚的藻类，它们散布在精细沉积层中。最高的庙宇高达10米。从多样性和数量上来说，这个叠层"帝国"的最高峰出现在公元前9亿年。

再后，两个大陆彼此接近。数百万年过去，其间的海洋变窄了，洋中山脊受到挤压。

> 如同医生将皮肤捏拢，
> 缝起一处破溃的伤口。

地壳板块突然移动，强有力和深不可测的地震摇动了洋中山脊地区。

地壳底下有一股岩浆通过一处断层冲上来。周围的地壳上冲到海面以上。熔岩抛入空中，烟和气体形成了蘑菇云，尘土和碎石雨一样落在大地上，数百平方千米不得安宁。

在地球上，空气中充满尘土和碳硫气体。地表昏暗一片，几天之内看不到阳光。一连几个星期，落在地球上的都是棕色的雨。最后，空气中的尘土清洗干净了，但是，很多二氧化碳却留存下来。

因为地球有二氧化碳保热层，因此，地球的温度就上升了。因水温很高，也有更多的二氧化碳，某些微生物就繁殖起来。在海洋和湖泊中，一些温水很快形成蒸汽。上升的蒸汽反复不断地形成积雨云，频繁的降雨，有助于清洗空气中的二氧化碳。

此时像浮游植物一类的光合微生物就吸入过量的二氧化碳，它们的代谢加快了。很多二氧化碳进而形成生物机体和氧气。

大气层中额外的二氧化碳挥发或者蒸发掉了，还有少量额外的二氧化碳却留下来了。数十万年过去，细菌和微生物吸入二氧化碳。这些有机物就大量繁殖起来。

浮游生物消耗掉二氧化碳，并将它加工成含碳的有机分子，然后，它们作为碳酸盐在海底沉积下来。数十万年间，微生物降低了大气中的二氧化碳量，使其恢复正常水平。这个过程被称为生物反馈。

生物反馈和雨水周期调节地球上的气温。

以大量浮游生物为食的微生物繁殖起来。微生物的增加导致突变的增多，同时又导致新的物种的形成。

数百万年过去，两块大陆又一次彼此推挤。

第22章　微型多细胞动物

再后，两种原生动物碰到一起，形成了一个微型双细胞动物。这种微型动物的功能发挥很差，因为它的移动能力不行。但是，它又没有死亡。数百万年过后，大海包含大量的微型双细胞生物，但是，原生动物的数量还是最多的。

数百万年过去，一种新的微型双细胞动物出现了。它的左细胞便于行动，右细胞又有很高的代谢功能。这种新的双细胞生物发达起来，多有繁殖，很快便统治了海洋。

5000万年过去，海洋满是微型多细胞生物，这种微生物具有多个细胞。

再后，富含矿物和生物物质的叠层石成为数种微生物的喂食场。古代叠层藻类群落衰落了：那是海洋帝国的衰落，1.5亿年之前，叠层藻类群曾是海洋的统治者。现在，最壮丽的生物世界的奇迹变成了废墟，叠层藻类几乎从地球上消失了。

植物继续输出氧气到海洋和大气里，空气中的氧气达到了现代大气层水平的 7%。喜氧有机物更容易呼吸一些了，相应地，它们的代谢率也有所提高。

物种努力胜出适者生存的法则："比赛"是要获取最有效率的代谢系统。更好的代谢系统可以使更大的物种得以生存。但是，更大的物种需要更快的代谢率，因而形成恶性循环，随后就爆发了争当霸主的战争。

以氧化为基础的代谢过程的改进，使呼吸能够产生 10 倍多的发酵能量。带有线粒体的细胞器官成为细胞最有潜力的能源。

第 23 章　复细胞动物

数百万年过去，时在公元前 7 亿年。冰川时代停顿下来，地球气候温暖一些了。海洋与浮游的原生动物和绿藻携起手来，浮游生物的数量达到顶峰，它的黄金时代到来了。

在这场生殖革命中，生存竞争导致了物种迅速地进化。微型多细胞动物变成了复细胞动物，这种动物有许多细胞，各细胞都可执行不同的功能。海底生命在浅水海岸边际地区繁殖，因那里有大量营养物。数百万年过去了，许多不同的复细胞动物占据了海洋，它们都属软体生物，都是些原生小蠕虫、原生海鳃、原生海绵、原生水母等。许多复细胞动物在海上漂浮，晒太阳。但是，原生海鳃却成群生活在泥淖的海底。还有一种吸液管一样的复细胞动物，它们通过海草吸取水分，从里面得到食物和氧气。

浮游生物、海藻、复细胞动物和水族有多种多样的形式，有三角形，有长方形、星形、杯形、折叠的叶片形、八角形、花瓶形、空柱形，等等。有一种微型复细胞动物的结构好像树枝。另一种为微型杆状物，它是一种拉长的斑点，上下波动可使微型生物四处移动，就如同海豚的尾巴一样。许多复细胞动物有 700 多微米长，但是，最大的有一毫米长。有一种浮游生物是锥形柱，这种异形浮游生物是一种极小的海洋肉食动物。它四处移动，收集绿藻，然后予以消化。

数千万年过去，有些原生复细胞动物的体积增大了，微观世界的"大象"将要出现了。最大的有数厘米长。有一些，比如蝶啶，它的形状像蠕虫，而另外一些，比如三臂虫，是一些扁平的多足动物。

微生物的许多形式都具有作为一个单元来发挥作用的细胞群，比如小的组织。每个组织都有一个特别的目的，比如保护性的外层覆盖物、杆、丝等。许多微型生物都有极小的器官。

水母一样的多细胞动物浮在海面上，就如同日光浴。在它们的身下，又有一种多细胞动物在海底爬行，并在身后留下极小的爬动痕迹。

虽然空气里面有氧，但含量却很少，不到现代大气层所含氧气的 10%。然而，已有足够多的氧气溶于水中。动植物为食物、有机物质、O_2、矿物和营养品而争斗。这就使许多有机体发育出更为扁平的身体，因为更大的表面积会使更多的食物落在自己身上，也会有更好的机会吸收水中氧气。

有一种扁平身体的复细胞动物生活在海面，它全身绿得令人惊奇，它与众多微生藻类以共生形式连接在一起。事实上，它的表层膜滋生了大批的绿藻，而这种绿藻在进行光合作用时，会将氧气当作废料排出。复细胞动物寄主会吸入 O_2。这样的伙伴关系为绿藻提供了保护，如果依靠浮游生物为食的有机体要吃掉绿藻，它就必须吃掉更大的后生动物寄主。

类似的共生关系存在于海底火山喷口的数种深海复细胞动物中。

再后，一些动物死灭，并在原生南澳大利亚的埃迪亚卡拉山固化成石，共有 60 多个物种保存下来。

第 24 章　两个超级大陆形成了

再后，大陆的运动使各大陆彼此移动，数百万年间，原生西伯利亚大陆、原生哈萨克斯坦和原生波尔迪卡大陆彼此碰撞，形成了原生亚洲的北部和中部。其间的大海闭合了，里菲期流域狭窄了。沿岸的水体消失以后，活动的水下生物开始迁移，它们寻找新的栖息地。有些浮游生物到了陆地，结果却死亡了。

在别处，大陆间的海洋底部上升，像一张网一样网住了里面所有的生物。因网的提升很慢，海洋生命给网住了，然后抛置于沙地。

震旦盆地也干了，原来有水的地方，现在全成了陆地。它后来成了原生亚洲的一部分。

在世界各处，大陆间的海洋都干涸了，然后消失。干燥的陆地出现在原来的汪洋大海上。生命找到了"新的牧场"，而浅海几乎在各地都消失了，浅海栖息地非常罕见了。有机体发现自己被冲到了陆地。死亡的生物和有机物质使沿岸地区发出恶臭。

在地球的别处，其他的大陆也在碰撞。在南半球，原生澳大利亚早已经撞上原生南极大陆。原生印度与原生非洲的东部相撞，陆间海洋慢慢闭合了。当大陆相连时，海底山脊被摧毁，大陆架干涸。在这个时期，肥沃的海洋栖息地正从地表消失。

2000 万年过去了，包含原生北亚和中亚的大陆与劳伦古陆相撞，形成了一块巨大的大陆。原生南美到达了原生非洲的西部海岸。

数百万年过去了，包含原生南美和原生非洲的大陆与包含原生澳大利亚及原生南极的大陆相撞。然后，原生中国南部与其相撞，形成了更大的大陆，也就是一个超大陆。这个超大陆有一个名字，即所谓冈瓦纳古陆，这样各大陆第二次合并形成了第二个超大陆。

就这样，在南半球，地球拥有了两个超大陆，它们是从公元前7.5亿年开始的一亿年当中形成的。亚皮特斯海在这两个超级大陆间填补了2000千米宽的一个大空间。泛古洋占据了北半球和南半球的一些部分。

陆间海洋的闭合产生了大规模的灭绝活动，巨大的造地力量毁灭了地球上的生命。在这些超大陆形成期内灭绝的物种，就是那些无法在变化的世界里改变自身的物种，而存活下来的，就是那些活动能力很强，并善于改变的物种。

数百万年过去，生命的幸存者为栖息地和食物而斗争。失败者死掉了，赢得胜利的物种存活下来。

第 25 章　原生代晚期的生命

再后，许多复细胞动物吃掉海中的浮游生物。由于无数的浅海盆地在大陆合并成超大陆时消失掉了，许多肥沃的浮游生物栖息地也就消失了。因此，3000万年以前到达顶峰的浮游生物的数量大减，其中一半的物种灭绝了。

有些后生动物靠另外一些后生动物存活。这些动物是软体动物，因而很容易成为猎物。生存之战又一次加快了进化过程。

再后，劳伦古陆和原生亚洲形成的超级大陆向南移动，切断了地球中部地区的海流，这些海流无法再使南极的水体变暖。南极地区的温度降下来了，冰川开始形成。

大陆合并起来以后，许多海洋山脊就闭合了，这就使二氧化碳的释放断绝了。大气中二氧化碳的总量又下降了。

地球好像已经脱掉了棉衣，更容易散发热量的地球变冷了。这是原生代晚期，地球演化史上最冷的时期。这就是瓦伦吉冰川时代。瓦伦吉冰川时代长达8000万年，在此期间，冈瓦纳古陆被埋在数千米厚的冰川里，冰雪甚至踏上赤道地区，冰山在南半球的泛古洋中浮动。半个地球处在冰雪覆盖之下！

许多浮游生物、原生动物、复细胞动物、藻类和微生物都无法忍受这样的寒冷，有机体数量大减，新的生命形式在酝酿之中。

因为气候更冷，海洋蒸发减缓，地球云层的形成期变长了。虽然地球上也下雪下雨，但是，雨雪都没有以前多了。大气中的二氧化碳冲洗速度更慢了。这有助于使二氧化碳含量下降的速度减缓。由于进行光合作用的微生物减少了，微生植物吸入的二氧化碳也少了，这就使二氧化碳含量的下降更加缓慢，尽管减缓的程度非常之小。

地球的温度在下降，但是，热还是在两个超大陆的底下积聚。

有些复细胞动物从严酷的气候下生存下来。有一毫米粗和几厘米长的管状微生物存留下来，它们通过管子过滤富含营养物的水。它们坚硬的外壳起保护作用，里面的器官用于吸入氧气和食物。

许多后生动物的体积增大了，同时保持扁平或很薄的身体。比如，一些原生水母有一米宽，但是，它的厚度却只有几厘米。扁平的叶子从这些主干里面伸出来，就跟蕨类一样。遍布各地的长长的原生蠕虫钻进海底泥沙中，或者浮在海水中。扁平，"有毛"，看上去像银鱼的一种动物在海床上蠕动。最终，这些银鱼似的动物进化成一种强有力的古代海洋动物，也就是三叶虫。

更弱的一些物种因为缺乏肥沃的滋生地而灭绝，也有由于寒冷的气候、生物之间的竞争、生物大战等原因而灭绝的。但是，更强的一些物种留存下来。其中有复细胞动物，它们通过呼吸代谢从氧气越来越多的世界里受益。它们开始繁殖发达起来。

第 26 章　超大陆断裂

5000 万年过去，时在 6 亿年前，炽热的岩浆通过劳伦古陆中的亚洲超大陆上升。裂缝出现了，火山突然间冒出。在接下来的 3000 万年里，超大陆断裂成原生西伯利亚古陆、劳伦古陆、波尔迪卡古陆和哈萨克斯坦古陆。

岩浆使新的海洋地壳形成。不久，海洋板块分离，它们推动四个新大陆彼此分开。数百万年之后，原生西伯利亚古陆、劳伦古陆、波尔迪卡古陆和哈萨克斯坦古陆向北漂移，南极留下来了，并困在亚皮塔斯古陆上。虽然这四块大陆向北移动，另一块超大陆，也就是冈瓦纳超大陆，却向南移去了。

原生西伯利亚古陆、劳伦古陆、波尔迪卡古陆和哈萨克斯坦古陆与海洋一起为生物提供了肥沃的栖息地，在那里，新的物种不久便形成。一个大陆边际内的动植物彼此战斗，但是，来自不同大陆的那些动植物却没有争斗，因为大陆之间广阔的海洋成了它们的屏障。这样，不同大陆沿岸的一些生命进化成了不同的生命形式。在随后的数个世代里，生命以各自的方式进化。

新近形成的海洋山脊中的二氧化碳升到大气层中，漫长的雨期有助于大气层保持这张二氧化碳织成的厚毯。当地球温度增高时，更暖的气候就回到了 4 亿年前的水平。因为形成了更为适宜的气候，藻类和微生植物开始再一次繁殖起来，它们吸入二氧化碳，吐出氧气。

地球演化三部曲之第一卷：

古生代

对此地球发话，它必有回应。

引言

尔可于石中观文字。

原生代结束了，时在 5.7 亿年前。地球成熟了，显生代开始了，一直延续至今。

显生代的意思是"显示生命"，因从此时始，大量化石将在地球各处刻下历史印记。从此以后，生物日期可以确定下来。使其成为可能的是贝壳化石的出现，因为贝壳被压进泥土里，然后硬化成模子，可以保存古代生命的形象。地球演化的每一时期都会有自己独特的植物和动物区系。更年轻的沉积化石会叠在更旧一些的沉积化石上。解读沉积岩如同读一本书，每一层沉积岩都像一个章节，每一块岩石也如同一个段落，它们是一些需要解释的奇特的模式。跟牧师解读圣经一样，现代的古生物学家会读这些篇章，并解释它们。化石如同现代犯罪学中的指纹，石化的残留物如同头发和人体的纤维，石化的骨头就跟血渍一样，甚至还可进行 DNA 分析。因此，地球的沉积层显露出地球的历史。

显生代分为三个世代，第一个是古生代，意思指"古代生物"；第二个是中生代，意思是指"中期的生命"；第三个是新生代，指的是"近期生命"。

因此，公元前 5.7 亿年，一个新的世代，即古生代开始了。古生代将持续 3.25 亿年，并分为六个时期：寒武纪、奥陶纪、志留纪、泥盆纪、石炭纪、二叠纪。

故此，公元前 5.7 亿年，一个新的时期，即寒武纪开始了，其将持续 6500 万年。

寒武纪沉积岩讲述的是最古老的地球往事，这些岩石是古生物学界的"死海遗传"。

古生代之第一书：

寒武纪

要有充沛的海水，
令其挟裹有生命的物种。

第 1 章　寒武纪的地球面貌

原生西伯利亚古陆、劳伦古陆、波尔迪卡古陆和哈萨克斯坦继续向北漂移。劳伦古陆和原生西伯利亚古陆坐落于赤道。哈萨克斯坦古陆在原生西伯利亚古陆的东南边，波尔迪卡古陆在南回归线南边的亚皮塔斯海的中间。劳伦古陆在其边上，西部的原生北美在原生北美东部的北边，原生格陵兰处在原生北美的东边。

冈瓦纳古陆从北回归线延伸到南极圈。冈瓦纳古陆的原生－现代大陆的各大块都处在不同的位置。比如，原生澳大利亚和原生南极洲在北半球的南边，而原生阿拉伯却在南极附近。原生中国处在原生印度的西边，而原生印度又在原生南极洲的西南边。原生南美和原生非洲都定位于南半球超大陆的中间。但是，两相都倒过来了，原生非洲的北部处在原生非洲南部的南边，而原生南美的南边却在原生南美北部的北边。原生非洲和原生南美很恰当地互相挤在一处，就如同两个情人彼此拥抱。

公元前 5.7 亿年的世界地图与现代世界的地图不太一样，当时的世界很不寻常。

后来，海水涨潮，沿岸地区一片汪洋。所有的大陆都有广泛的边际地区，全都是浅海地带，里面有生命所需要的肥沃土壤。泥淖的海洋底部有很多营养物，水面比深海中有更多的氧气。

天空经常是晴朗的，白天常常很温暖。地球上多半是极好的气候。

第2章　寒武纪的生命及进化

风沙走动，怪云飞旋，

大地陡起尘埃，若有巨手搅动。

尘土落地之处奇形显现，

有若十一只手臂伸出，

各擎一盏烛光。

进化以极快的速度前进。雷管上的导火索在咝咝作响，一切准备就绪，只等生化爆炸，也就是进化辐射：地质条件成熟了，化学条件成熟了，气候成熟了，大气成熟了，生物学条件成熟了，因海平面上升，各大陆彼此分开，为生物提供了新的浅水栖息地，因循环的海流里面携带着营养物，海洋和空气已经温暖起来，大气里面有了氧气，真核细胞早已经出现，进化史中的生殖革命已经发生了。

此即如同装填混合炸药，

有药粉，有汽油，有火。

公元前 5.7 亿年，进化史上的"大爆炸"发生了！

进化过程发生了大爆炸，

此为生物革命的肇始。

地球上的动物的种类突然增多了，有环节动物，有节肢动物，有腕足类动物，有栉蚕属动物，有栉水母、刺丝虫类，有棘皮类动物，有脊索动物，有软体动物，有笔石[①]，还有海绵等。

寒武纪动物形成了壳体，同时，另外一些生物生出了坚硬的躯体，这是战斗时有效的保护盾牌。复细胞动物分泌出像碳酸钙、磷酸钙和二氧化硅之类的矿物，形成了它们的壳和甲衣。外壳一律称为外骨骼。由碳酸钙矿物形成的壳体称为钙质壳，由磷酸钙矿物形成的壳体称为磷酸盐质壳，由二氧化硅矿物形成的坚硬部分称为硅质壳。生物死亡时，它们的外壳和坚甲会在海底沉积下来，压碎分化为石灰石、黑硅石和磷酸钙沉积岩以后，经常会变成水底盐。有时候，海洋底部会升到海面以上，于是便生成了远海珊瑚礁。

有些复细胞动物可移动，有些复细胞动物为固着型，它们紧贴在海洋底部。

环节动物为一些分段的蠕虫，它们的身体是一段段的，是由某种东西联系在一起的。环节动物是从原初海虫中进化而来的，海虫为埃迪卡拉时代的生物。寒武纪有一些环节动物进化以后，最终会来到陆地上，变成了现代的蚯蚓和水蛭，其他的一些则一直为海洋底部的蠕虫。

节肢动物有坚硬的外甲，它们的身体分成一节节的，还生有匹配的一对对带关节的臂、附属肢体、触须、腿或翅。有朝一日，它们会成为地球

---

① 一类已绝灭的海生群体动物，曾被当作肠腔动物等，现为半索动物亚门的一纲。

我的大脑已经进化了 5 亿年。

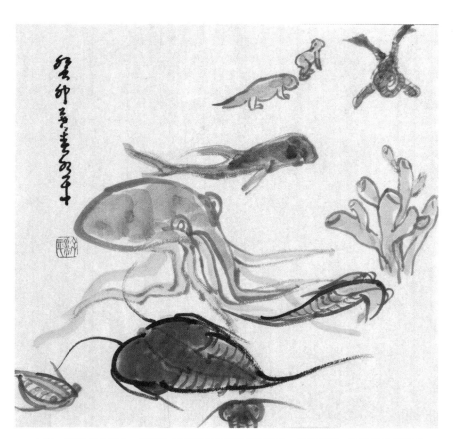

上帝：我打了个盹儿，那些边角料就变成了这些玩意儿，等我醒来，它们已经灭绝了。

上第一批在陆上行走的生物。再后，海洋底部布满节肢动物的踪迹。最后，这些古生物会演变成甲壳类，比如藤壶、龙虾、螯虾、螃蟹和河虾。也会变成像草蜢、蟋蟀、蚜虫、蚂蚁、虱子、地蜈蚣、蝴蝶、臭虫、甲壳虫、蜻蜓、黄蜂、跳蚤、苍蝇、白蚁、飞蛾和蜜蜂等。再有一些变成了蝎子、扁虱、蜘蛛、壁虱和百足虫。

栉蚕属动物为半环节动物和半节肢动物，它们是一些带有囊的蠕虫，看上去像是多足真螈。

腕足类动物也称为穿孔贝类，都是些小型海洋复细胞动物。腕足动物生活在两片壳体内，靠滤食为生。上层壳体保护上面，下层壳，也称底板，一般比上层壳稍大一些，从底部保护内部器官。壳体一般是双边对称的，左边和右边都是镜像对称的。但是，壳体有很多形状，有些看上去像舌头、飞蛾、秒表、蝴蝶或者蝙蝠，许多壳体为卵形。它们的颜色也不一样，有棕色的，有绿色的，有红色的、灰色的、粉红或者白色的。有一些身上有斑点，有一些身上有条纹。壳体内包含着极小的肉乎乎的身体，上面有纤毛，或者像毛一样的丝线。腕足动物通过两壳之间的缝隙进食，也就是用那些纤毛梳理带有极小微生物的海流。在寒武纪开始的阶段，壳体为磷酸盐类，无关节，数百万年过后，许多壳体成为钙质壳。到寒武纪的末尾，几种类型的腕足类动物成为有关节动物，身上生出了使壳体能够转开或者闭合的肌肉。

栉水母亦称梳子水母，样子呈瓶形。闭合的一端里面有一个感觉器官，许多齿即从此而出，然后摇动使水母移动起来。在它移动的时候，活体生物就被扫进开放的一端，也就是它的口。因此，栉水母就像浮在海里的一台真空吸尘器。

并非所有刺丝虫类都是寒武纪的新来者，有一些在原生代晚期就已经存在了。它们是水母、原生海葵、原生珊瑚虫、水螅、海笔、柳珊瑚等。它们都有两层表皮，而且都是食肉动物，以海中浮游生物为生。铃形水母和水螅以下悬的触须在海上浮动。原生海葵呈柱形，而且有黏附力，它们都生在海底泥沙里。它们的嘴和色彩明亮的触须都直接向上指着，看上去像一朵花而不是动物。刺丝虫都是向心对称的，就像一个圆盘。海笔看上去像羽毛，生长在海洋的底部。海扇更没有定则，它不是只生有一个秆茎，而是有数个秆茎，形成了一种分支结构，看上去像蜘蛛网。

棘皮类的意思是指"有刺的皮"，它们是一些食腐动物，生有很硬的刺壳。它们有时候在海底爬动，有时候又浮在水中，专吃腐烂的生物残体，这样当然也使洋底和水体清洁了一些。许多棘皮类动物看上去像精巧的玻璃器皿，有杆形、杯形、锥形和树叶形的容器，其中有很多看上去像水下花朵。再后来，棘皮类的祖先进化成海胆、海参、海刺猬和海星。还有一些变成极精美，甚至非常脆弱的生物，比如海菊和海百合。

寒武纪原生脊索动物相当罕见。但是，来自埃迪卡拉动物区系的一些软体复细胞动物生出了坚硬的保护性外层，而且能够游动，尽管游得不灵活。这是些无下颚的原生鱼类。但是，其他一些游动的软体生物获得了磷酸盐锥形"牙齿"。原生脊索动物死亡时，它们的牙齿变成了化石，也就是牙形石。在寒武纪，这样的长牙生物并不常见。

深海游动的原生脊索动物，

搅动了海底的泥沙沉积物。

在地球演化史余下的部分，原生脊索动物会经历广泛的进化，最终成为脊索动物。最早的脊索动物是原生鱼类。有些鱼会生出肢体来，进化成四足动物，而四足动物进而又演化成两栖类和羊膜（胞衣）动物，也就是可以到陆地下蛋的脊椎动物。羊膜动物进化成热血动物，比如哺乳类和爬行类。有些爬行类动物会生出翅膀，像鸟一样飞行，而另外一些会留在大陆上，或者回到海洋里。因此，脊索动物包括两栖类、鱼类、爬行类、鸟类和哺乳类。人类是一种脊索动物。

软体动物共有三大类型：原生头足动物、腹足动物和双壳类。原生扇贝和牡蛎以后会"加入"双壳类，这是一种无脊椎动物，它们有两扇带活动门的壳体，比如蛤和蚌类。此时，腹足动物还是水下的原生鼻涕虫以及原生蜗牛，而原生头足类动物却只是原生章鱼、原生鱿鱼和原生鹦鹉螺目软体动物。

笔石是一种线索样的后生动物，看上去像树枝。笔石成群和谐地生活在一起，它们以树枝状的结构生活，其中一些看上去像一张网，过滤水体，获取其中的食物颗粒和浮游生物。

埃迪卡拉原生海绵进化成了现代海绵，这种有机体可以过滤食物，也就是用细孔吸食，它们薄薄的身体由极细的硅酸盐质或保护性的钙质骨针构成。

第 3 章　寒武纪海洋生物

原生代动物区系中的软体动物因为很容易消化，故而经常成为寒武纪硬壳复细胞动物的食物。再后，原生代动物区系就灭绝了。但是，有少数几个管形复细胞动物因为长出了坚硬的外壳而侥幸活了下来，它们成为寒武纪管形复细胞动物。比如，有一种极小的动物长有一层很像水管的壳，里面有三个很长的缺口。管子的一端是打开的，另一端闭住。它们吸入海水，过滤其中的有机质、营养物和食物颗粒。

一种数厘米长、身上有刺的生物在海底缓缓爬动。它们的身上全部被无数的小叶形板盖住，看上去像菠萝。它们的背部有两排刺，如同两排剑威胁着上面的生物。在它们身体的前端和两侧，两排有牙齿的弧形条在海底抓动，寻找藻类和其他食物。这种动物是古环节动物中的"刺猬"，是寒武纪海洋中的"小剑齿龙"。缓慢的水流在其刺间流动，如同稳定而缓和的风在吹动。

一种球形棘皮动物直径有2厘米，它们身上覆有无数小小的硬甲。在一侧，如同海星一样，5只有沟的臂从嘴中伸出，食物颗粒从沟中移向嘴里。

原赫茨牙形石是极小但又凶猛的猛兽。跟现代的地蜈蚣一样，它们有夹子，可以将猎物活活夹死，就如同老虎钳一样。原赫茨牙形石死后，会留下极小的牙齿。这些牙齿成为磷酸盐质化石，并在硬土层里留下印记。

海洋中生活着很多无关节的腕足动物：拥有卵形磷酸盐质壳的舌形贝类和生有钙质圆壳的顶孔目动物。虽然舌形贝类和顶孔目动物会为其他物种所控制，并在数量上大幅下降，但是，它们还会存留下来，存活到今天，成为地球上最古老的陆上穿孔贝类。

一种梨形、直径五六厘米的动物可直立而坐，它们身体的一半插在泥中。跟现代的犰狳一样，它们身上盖满了数不清的片甲。它们坐在那里，食物颗粒从板间沟中通过，那些沟以螺旋方式布满它们的全身。

还有一些掠食者可以在腕足动物和软体动物身上钻孔，把里面的肉吸出来。但是，有些腕足类动物学会了臭鼬一样的战略，它们排放出一些化学物质和刺激性物体，使这些掠食者躲得远远的。有些猎物钻到泥沙里面去逃命，一些海底蠕虫也是如此。

第4章　三叶虫

海底一片喧闹，

它们急速奔跑。

有一种生物伸开几十条腿在海底爬动。它停下来，一动不动，有硬壳的腿看上去像排排肋骨。这种生物有三块圆形突出物，就如同蝴蝶一样，它有蠕虫一样的中核，再加两块扁平的盾形侧壁。它的头从左摇向右。在满是砂粒的海底四处移动，寻找自己的路。它被称为三叶虫，之所以叫这个名字，是因为它有三个圆形突出部分。再后，大海里长满了三叶虫，共有数万种类型。

有硬壳保护各片叶。当它们长大时，三叶虫会脱掉其硬壳，并生出新的硬壳，海底到处都是不同形状的空壳。

之后，脱下来的硬壳被压成了某种软泥，软泥最后石化成页岩，从而留下硬壳的印记，好像是一种飞蛾。在大海的别处，硬壳被压进泥沙，从而形成化石印痕。

再后，一种很轻和极小的三叶虫发育出一些毛刺刺的鳍替代了腿。它们不再像螃蟹那样爬动，而是浮在水里，而且能够游动。

第5章　眼

大自然的手触摸到了一种介形亚纲动物，它是现代贝虾类的古代翻版。介形亚纲动物在其头的中部长出了一只眼，为单眼动物。许多三叶虫和其他的后生动物也都长出了眼睛，因此，生命看见了光和为光所照亮的物体。视觉产生了。

欧巴宾海蝎属动物躲在重叠的片甲里面，从头部伸出的一根长管在缓缓地移动。在管子的顶端，一对极小的夹子打开，并夹住了一小块浮动的生物。然后，管子朝回扭动，弯曲，并转过来。那块生物就放进了头上的一个洞里。它经过里面的 U 形管，再通到欧巴宾海蝎属动物的柱形内脏。它的内脏从颈部开始，一路长到尾部，那里伸出两根鳍来。欧巴宾海蝎属动物有 5 只升起的按钮一样的眼睛。

它为何生有五只眼睛？

它为何不能生有五只眼睛？

此时，进化一片忙乱，

新鲜事层出不穷。

大自然探索进化之路，

路有千条，皆有问津。

第 6 章　荒原

海底虽然有无数的生物，但是，陆上却是不毛之地。平原上只有沙漠、风和尘土。大陆上看不到一点儿生机，没有任何生物，没有树，没有草木，没有植被。地球为侵蚀所累，风沙摧毁了一切。土层、卵石和石粒被搬运到了地球的河流中，并一直延伸到大陆架上。大陆架的规模由此增大。总体来说，物质是从内陆的高地流到海岸的边际上。大陆的高度在下降，因而也更宽敞一些了。大陆的扩展会在寒武纪余下的年代里继续下去，直到奥陶纪和志留纪。

第 7 章　寒武纪海洋动物

有一种海底动物扇动着两侧的鳍在海底游动，它的鳍像是一层层布褶。在寒武纪，它的身体很大，有半米长，看上去像潜艇，只是后部更狭小一些。它用头两侧的珠形圆眼搜寻海底，寻找移动的痕迹。这种异形动物看到了三叶虫在轻轻爬动，就朝它爬过去，然后在它上面游动起来。它的头下有两只夹子，由分段的管子和锯齿形的刺构成，夹子打开，抱住了三叶虫。然后，硬刺便刺入三叶虫，两只夹子收缩起来，转动，并举起正在扭动的三叶虫。异形动物的腹部有一张嘴，其形状如同一个菠萝，上面排满了牙齿。它们将三叶虫咬得粉身碎骨，这样，三叶虫便被吃掉了。

在别处，三叶虫为更大的猛兽所害。再后，一些三叶虫生出了尖刺。更有一些三叶虫在被咬住的时候还能够逃跑，而且能修复伤口。

变形虫是一种奇怪的、梦幻一样的生物，跟现代的任何复细胞动物都不一样。它是灭绝很久的一种古动物，是自己为自己点燃的一支蜡烛。那是大自然实验中谋求更大躯体的一次尝试。但是，如果寿命长度是判别因素的话，变形虫就不是很成功了，因为公元前 5.1 亿年时，这种"寒武纪海洋之鲨"就已经灭绝了。

寒武纪生物具备我们今天的生命世界里几乎所有的形状，当时的种群多得不可计数。

第 8 章　寒武纪的植物

海底植物也兴旺起来，尽管并没有动物那样活泼。寒武纪的许多光合型有机体，包括细菌和许多藻类仍然是单细胞。但是，藻类物种翻了一番。蓝藻细菌在远海石灰石平台上的沉积物中繁殖起来，构成了大量分层的生物山。有一种绿藻是猎人，它虽然只有几个厘米宽，却长达一米。

藻类进化的节奏加快了，因为生存战场复杂且惨烈。藻类物种的生命周期一般缩短到了 1000 万年。浮游生物的种类数目也急剧上升，因为它们在热带的温水中大量繁殖。泛古洋中的植物种类呈几何级数上升。由于这些海底植物可将二氧化碳转化成氧气，因此，大气层中的氧气增长也呈几何级数，氧气含量很快达到现代氧水平的四分之一。海洋表面的氧气含量增高了许多，但是，在海洋深处，氧气很少见。

弱肉强食的食物链得以形成：微型原生动物吃微生植物和浮游生物，小生物吃微生原生动物，大生物吃小生物，最大的吃掉较大的。

第9章　海洋涨落

强风刮来树弯腰，此树得存。

公元前 5.4 亿年，海平面大幅下降，浅水大陆架干涸了。因为栖息地没有了，许多原生动物死灭。生活在热带浅水中的古海绵类灭绝了。在劳伦古陆附近，三叶虫灭亡了，冈瓦纳古陆附近的生物也消失了。但是，游动的另一类球节三叶虫却存活下来，并茁壮成长。

海平面下降以后，有些细菌、真菌和海洋植物被冲到了干燥的陆地。它们并没有像前辈一样立即死亡，因为它们的代谢率很低。海雾喷洒在它们身上，使其中的一些活了下来。有机体没有水很难存活，但也有一些想办法活了下来。生命爬到了陆地。

1000 万年过去，海平面又一次上升。因为有了更多的浅水栖息地，原生动物又活跃起来。比如，有些三叶虫长成了大个子，原生北美东北沿岸的一些三叶虫长到了半米长，重达 5 公斤！

又 1000 万年过去，海平面又一次下降，造成另外一些多细胞动物绝种。无关节的腕足动物减少了，许多棘皮类动物也死掉了。

另 1000 万年过去，海平面重新升高。

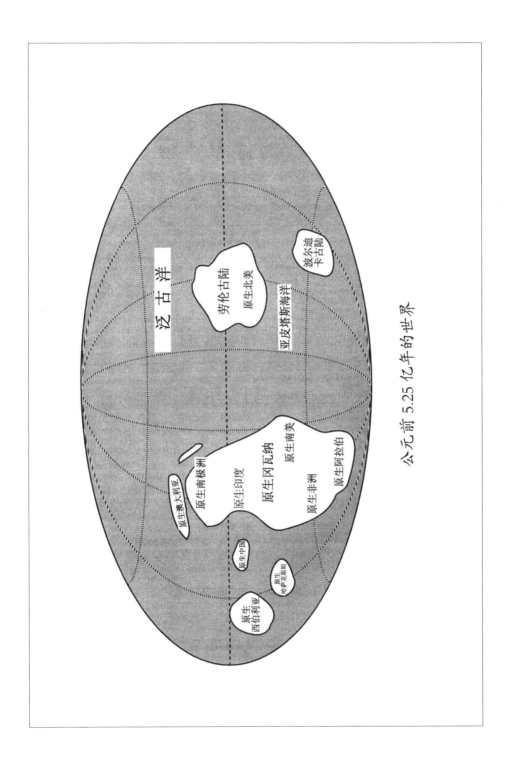

公元前 5.25 亿年的世界

泛 古 洋

劳伦古陆
原生北美

亚皮塔斯海洋

波尔迪卡古陆

原生南极洲

原生澳大利亚

原生印度

原生冈瓦纳

原生南美

原生阿拉伯

原生非洲

原生中国

原生哈萨克斯坦

原生西伯利亚

古生代之第二书：

奥陶纪

生命之树绽放新枝。

第 1 章　奥陶纪的地表

　　时在 5.05 亿年前，奥陶纪开始了。奥陶纪将持续 6700 万年。波尔迪卡古陆、哈萨克斯坦古陆和原生西伯利亚都向北漂移，同时，巨大的冈瓦纳古陆向南移动，波尔迪卡古陆在向南回归线移动，并向劳伦古陆的东海岸移动。因此，劳伦古陆与波尔迪卡古陆之间的亚皮塔斯海洋变得狭窄了。在赤道，哈萨克斯坦古陆也到位了。新的海洋在冈瓦纳古陆、波尔迪卡古陆和哈萨克斯坦古陆之间形成，也就是古地中海。原生西伯利亚在向赤道前进。冈瓦纳北部、原生澳大利亚都滑到赤道南侧。冈瓦纳的南部、原生阿拉伯到达了南极。

　　海洋植物继续产生氧气，因此，空气中的氧气含量达到了现代大气层含氧水平的三分之一。

第 2 章　奥陶纪早期

要自死中得生，

尔须先行死过。

　　因极地冰中的水来自海洋，因此，不断扩大的南极冰帽使海平面下降了 100 多米。更冷的海洋流在南极区。许多物种灭绝了，包括无数的三叶虫，也就是说，三叶虫的黄金时代过去了。因为潜伏的捕猎者更少一些了，其他的某些物种便兴盛起来，特别是一些有关节的腕足动物、笔石、鹦鹉螺软体动物和有双活动门的软体动物。

自然的本质：消灭一切，重建一切。

　　新的海洋物种发达起来，它们适应能力更强，通过适应海平面的涨落，生命形式开始向不同的海洋深度发展。

　　一些肉乎乎的囊体游来游去，在蓝色的浅海水中推动一只只壳。这种"真正的甲壳类动物"是鹦鹉螺软体动物。在壳内是一只拉长的头足类动物，看上去像是一条鱿鱼。在地球的别处，软体动物缓缓地游在浅海里，它们的躯体从头上的小洞眼中伸出来。

　　而笔石也逃脱了新的寒冷气候的打击，它们属于浮游生物，在海洋中漂浮着。这就使它们不太受涨落不定的海平面的影响。

　　再后来，栉蚕属动物从海底爬到了沙滩上。它用几秒钟爬到沙滩上沐浴阳光，它们的本能驱使它们很快回到大海。

　　在地球演化的余下历史里，海平面还会涨落。在奥陶纪，也跟在其他地质时期里一样，生命会适应不断变化的环境，否则，它们就会灭亡。

再后来，藻类有机体在潮湿的沙滩上定居下来，进化成了极小的植物。它们没有导管，也没有叶片，只能通过孢子进行无性繁殖。它们是苔藓的最初级形式，在湿岩和沿岸地区生长。因此，陆地上有了第一批植物。

地球上又出现了新的食腐动物，其中有腹足动物、水下鼻涕虫，蜗牛也进化出来了。

再后，出现了单板类动物，这是一种软体动物，有简单和单一的帽子形壳体。不久，海洋里面就生满了单板动物。在8000多万年时间里，它们一直生活在地球上。后来，它们的数量大幅下降，壳体形成的化石不见了。

再后，原生中国的水体中，一种新的复细胞动物出现了，这就是苔藓动物，它们以浮游生物为食。这样，生命之树上又多了一根分枝。苔藓动物是一些看上去像没有树叶的树枝一样的群落，树枝里有上千的小孔，每个孔里面都有一个通过滤器进食的苔藓动物。它们覆在海底的岩石、壳体动物、石头和海草上。这样，地球又多了另一个动物门。

枝形蜡烛灯上又多了一支蜡烛。

原生珊瑚进化成珊瑚，这是极小的一种空心活体圆柱。珊瑚紧贴在一起形成极复杂的结构。它们与苔藓动物和海绵一起形成珊瑚礁，其中最大的有几米高，数十米宽。因为海中有数不清的珊瑚，有些是软体，有些是硬体。它们筑成蜂窝一样的结构，有羽毛，有角，有些石化了。它们有黄色、棕色、黑色或者蓝色，有的像彩带，有的像网，有的像铁锈，有的像刺。

这些复细胞动物只是奥陶纪数不清的生物当中的一批，它们在海洋里面游动，使地球的泥水一片混浊。

第3章　奥陶纪中期

有鱼自水道中游过。

3000万年过去了，海平面上升。海水漫上陆地，许多大陆为洪水淹没。再后来，关节腕足动物，就是那些壳体可以打开的动物，在浅水里兴盛起来，在某些地方甚至覆盖住了每一寸海水。对腕足动物来说，那是它们的黄金时代。

南回归线以南的冈瓦纳古陆浅层大陆架上的三叶虫开始兴盛起来，它们处在生存战斗中，三叶虫努力想取得胜利。

像蝎子在海洋底部缓缓地爬动的是板足鲎目动物[①]。这些带有夹子的掠食者在海洋里四处爬动，寻找自己的猎物。它们成群移动，成为主宰志留纪的掠食者。它们的后代会生存2.5亿年，然后消失。

无颚的原生鱼类进化成无颚的鱼，或者成为无颚类脊椎动物。另一个门类又增加到生命之树里面了。这第一批的鱼类是甲胄鱼，它们是带有外层甲壳的无颚原初鱼类。

甲胄鱼用没有壳的尾部游动，它们在水中无规则地移动，这一片水域就是后来的澳大利亚。它的头藏在极薄的盾甲里，头上有开口供鼻子、眼睛和鳃移动。这种鱼形似蝌蚪，游动的时候也像。水进入并通过其鳃部后，氧气被抽了出来，并用于代谢过程，同时，废气在水中分解，并排放出来。它的眼睛生在两侧，彼此分得很开，眼睛会活动，寻找一些食物颗粒。在附近，一些死亡的有机物质无目的地浮动。它的鼻子闻到食物，然后极笨拙地游到跟前去，并使其进入它圆圆的小口里。再后，在这种鱼的

---

① 也称"阔翅目"节肢动物门，肢口纲已绝灭的一目。

下面还有另一类甲胄类，它有五六个厘米长。它张开嘴游着，在搅动的浑水中寻食。

但是，大自然赋予鱼类极好的大脑和神经系统，还有原始心脏、腺体、肾、肝和消化道。对活体生物和进化来说，这些复杂的器官是杰出的进步。

新鱼类从旧鱼类进化而来，它们的进化模式是怎样的？更新、"更好的"物种会出现，并与旧的鱼类一起游动。"更好的"意思是什么？它指更有效率的呼吸、游动、进食和其他的生存方式。当新鱼类出现时，旧鱼类会慢慢退化。它们会被吃掉，被迫离开自己的栖息地，或者成为环境变化的受害者。它们会灭绝。数千万年之后，新鱼类"变老"，更新的鱼类出现了。这一过程继续进行下去，直到今天。

同时发生的还有所有大自然生命的进化。因此，新的动物物种从旧物种当中进化而来。比如，单眼动物是一种新的棘皮类动物，看上去有如"飞碟"，边沿上有数十个悬杆。它们的腹下和正中有一个洞眼，那就是它们的嘴。它们的杆来回移动，就好像在海洋底部舞蹈。它们的身后会留下痕迹，因为它们边走边往嘴里塞食物和泥沙。

小型无脉管植物和微型动物占据了热带的沿岸，生命在大陆上一直继续着。

古生代之第三书：

志留纪

墓上有花圈。

第1章　志留纪的地表

时在 4.38 亿年以前，志留纪开始了。志留纪将延续 3000 万年。劳伦古陆开始逆时针旋转。原生北美的北部处在原生北美南部地区的东北地区，原生中国北方朝赤道北部漂移过去。古地中海周围有劳伦古陆、波尔迪卡古陆、哈萨克斯坦古陆、原生中国北部和冈瓦纳古陆，现在古地中海开始加宽了。原生西伯利亚到达了北回归线，处在劳伦古陆的北边。与现代的西伯利亚相比较，原生西伯利亚是倒过来的。泛古洋的汪洋大海仍然占据着北半球和大部分地球。

再后，地球温暖起来。原生巴西和冈瓦纳古陆上的原生西非原处在南极，上面的冰川现在都开始收缩了。冰变成了水，因而海平面上升。赤道的温水蒸发变成雾。热带信风使水蒸气上升。雷雨云经常形成，在劳伦古陆、原生中国北部、波尔迪卡和哈萨克斯坦的大陆上倾下大雨。至于劳伦古陆，三分之二的地方为洪水所吞没，这些浅水地区为生命提供了肥沃的栖息土壤。

在南半球，季风在冈瓦纳古陆的某些地方吹过。季风是漫长强烈但稳定的风，在夏季，大陆上的热气上升，而更冷一些的远海空气会挤进来。在冬季，风的流向反过来，大陆上更冷的空气下沉，推动低处的大陆空气吹向海洋。

这样，生命与地质演化的综合作用形成了大陆架和地球。

有时候，在洪水淹没的地区，带有沉积物的水会蒸发。沉积物留了下来，成为大陆上的盐层。比如，在志留纪，数百米厚的盐层从原生纽约的盐床延伸至原生俄亥俄州，再到原生密歇根州。

第 2 章　生物大战

波尔迪卡古陆进一步推入劳伦古陆，波尔迪卡古陆的大陆架与劳伦古陆的大陆架连在一处。再后，原来属于波尔迪卡古陆的三叶虫咬住了原来属于劳伦古陆的环节动物。它抓住了那个环节动物，并摇动它。这个时候，另一条三叶虫来了。两条三叶虫共咬这环节动物。环节动物黑色的体液在清澄的蓝色海水里拖动着。再后，原生于劳伦古陆的一些细菌在原属于波尔迪卡的珊瑚上繁殖起来。细菌消化掉珊瑚微生物，珊瑚结构就垮掉了。在劳伦古陆与波尔迪卡古陆之间的海洋大陆架上，数百万种原生动物彼此作战，看上去就像两支军队在浴血奋战。

因此，劳伦古陆东海岸的生物与波尔迪卡古陆西海岸的生物作战。劳伦古陆上的捕食者吃掉波尔迪卡古陆上的猎物，波尔迪卡古陆上的掠食者吃掉劳伦古陆上的猎物。两个大陆的掠食者彼此攻击，这是最为惨烈的生物大战。许多仅属于劳伦古陆的物种灭绝了，波尔迪卡古陆上也在发生同样的事情，剩余下来的的确就是最强有力的竞争者。

在地球全部的进化史上，其他的大陆会合在一处，同时也爆发生物大战。"弱小的"物种会被打败，然后从地球上消失。只有那些"优胜者"才会存活下来。这些彼此斗争并不由物理学的法则来掌握，而是由进化律和生存律的法则来统治。除开痛苦、残酷和道德上的判断以外，生物大战是自然的，它是被大自然的法则本能地驱使的。

现代也没有什么差别，两个不同大陆的人彼此相遇的时候也发生这样的事情。比如，当欧洲人来到美洲时，它们会带来欧洲疾病。印第安人的免疫系统不能够对付这些新疾病，因此就会大量死亡。数百万印第安人会染病，然后死掉。再后，欧洲人与印第安人争夺土地，欧洲人用先进的武器和马匹打败了印第安人，几乎所有的印第安人都死掉了。志留纪的战争只是时代和参与者不同，但是，其基本的原则还是一样的。

此时，会思量战争的正义与否，但是，昆虫、哺乳动物、爬行类动物、飞鸟、两栖动物和鱼类以及几乎所有的生命的战斗本能——为生存而战斗——就是要战而求存，不要坐以待毙。

漫长岁月以后，波尔迪卡古陆和劳伦古陆交接处的生命开始被迫彼此相安生活在一处，取得了这种稳定以后，后生动物群落就进行调节，"学会了"多少和谐一点儿地生活在一处。

其他的生物大战会在地球整个历史上发生。特别是在一些外部的失衡事件发生时，或者是当一个物种进化得到新的"武器"后。"痛苦和残酷"的战斗会接连不断地进行，某些生物会灭绝。有时候，会发生重新调整的情况。新的稳定和"和谐"会再次实现，战争会被和平所替代。

这些石头有何意义？

新生命源自旧生命。

笔石经历了快速的进化。有些树枝形的笔石变成了窄叶形的笔石，形状各式各样。

再后，在热带，有些鱼生出了颌，这样的颌会使地球生命的进化发生革命，鱼可吃掉更大的猎物。随后便发生了更大更激烈的战斗。第一批生颚的鱼类是棘鱼类，也称为"刺鲨"。

第 3 章　水涨水落

在志留纪长达数百年的时间里，大海时起时伏，海平面的高度相差 50米。海平面上涨时，深海藻类有难，大批死亡；水再回到正常海平面时，新的物种会形成，代替原来的那些物种。比如，高水位出现在公元前 4.4亿年、前 4.36 亿年、前 4.33 亿年、前 4.3 亿年、前 4.28 亿年、前 4.24 亿年的时候。特别低的水位出现在公元前 4.1 亿和前 4.08 亿年。海平面下降后，活动的后生动物从海边浅水地区移向深海。海平面上升时，活动的后生动物再一次爬上来。

再后，一种百足虫般的栉蚕属动物从海里爬出来到了陆地上。它在陆地上生存下来，并没有死亡，因为它已具备了原始的吸氧系统。这对栉蚕属动物来说是一次小小的进步，但对动物来说是一个巨大的进步。不久以后，其他的栉蚕属动物也活了下来，并留在了大陆上。最后，其他动物也入侵大陆，各种生物都各据一方土地。这就跟现代的美洲拓地运动一样，英国人占领了北美的东北部，法国人宣称拥有加拿大和路易斯安那州，西班牙人占有南美等。最终，这些国家为争夺土地打起仗来。同样，生物也占有一片地，并为土地所有权而战斗。而在当时来说，土地广大无边，但取无妨。

第4章　志留纪晚期

地上要有爬行动物和野兽。

事乃如此成就。

甲胄鱼占领了地球三分之一的赤道地区的水体。但最后，它们游到溪流和河水里，再后又到了湖里。它们令大陆的水体充满生命。地球有了第一批淡水鱼。

地球植物生命的进化节奏加快了。原生苔藓多有繁殖并广布大地。脉管植物只有几个厘米大小，但它们出现在陆地的沿岸地区，具备了脉管系统，那是输送液体的组织网络，这样，它们就可以吸收营养物，并从土中吸取水分。此时，光合作用也在秆中进行。大自然此时尚没有提供叶片给植物，当时的世界很不一样。

劳伦古陆、波尔迪卡古陆、原生西伯利亚古陆上的植物与哈萨克斯坦古陆上的植物不同，而后者与原生中国南部和冈瓦纳古陆北部的原生澳大利亚古陆上的植物不一样，这些植物与原生中国北部的植物亦不同。冈瓦纳古陆南部没有植物，因为那里太冷。高仅五六厘米的库克逊蕨属原属劳伦古陆、波尔迪卡古陆和原生西伯利亚古陆。它们是第一批进入地球内陆的植物群。它们生有光滑的分枝秆，上面有可生孢子的叶片，并通过扩散孢子而繁殖。因此，孢子遇风而走，四处飘移。孢子在没有生物的肥沃地区找到了繁殖地，库克逊蕨类通过这些方法广泛传播。它们不断进入新的地区，从而逃脱了野蛮的生存竞争。

古生代之第四书：

泥盆纪

要结籽并多多繁殖，
令海洋注满海水。

第1章　两个大陆间的碰撞结束了

时在 4.08 亿年前，泥盆纪开始了。地球在早期史上转动极快，现在转速慢下来了，因此，白昼的时长增加了，为 22 个小时。因为白昼比现代稍短一些，一年的天数就稍多一些。地球围绕太阳转动一年，地球即自转 400 次。这样，在泥盆纪，每年就有 400 天。

亚皮塔斯海最后的一片海水干涸了，因波尔迪卡古陆完成了与劳伦古陆的碰撞。一座新的大陆，即罗拉西亚大陆结合两个大陆而成。碰撞继续着，引发地震，形成山系，并使火山喷发。岩流在纽芬兰、新英格兰、新斯科舍、苏格兰、斯堪的纳维亚和格陵兰的东部等原生古陆上流动。富含二氧化铁的喀里多尼亚山系形成了。山峰在原生格陵兰和原生斯堪的纳维亚的西部出现，一直到达原生英伦岛的北部和原生北美的东部，再到原生哈得孙河。在这片地区，地下的火山侵入岩浆构成了一个基础，可支撑山体的增长。

第 2 章　生命进化

　　一种植物长到了 30 厘米高。它的主干上有极小的腔室，可收集光并进行光合作用。植物的这一地上部分受到地下横向根系的支撑。布满细毛丛的根系可吸收土地湿气。

　　在地球上，还有其他一些无叶植物，也能够进行光合作用。比如，工蕨属是 20 米高的攀爬植物，有极细的枝干。这种植物及其后代最后演化成石松（伸筋草）族。这类植物后来成为含碳的楔叶植物和蕨类。石松、蕨类和楔叶植物当中的有些物种在接下来的 4 亿年里活了下来，直到今天。

　　空气中的氧气达到了现代水平。自此以后，空气中氧气的多少会维持与现代差不多的水平。

　　像出现在志留纪的翼鲎属动物一类的巨型板足鲎目动物开始以鱼类为食。因此，鱼类既为掠食者，自身也是猎物。

　　再后，有些长达 60 厘米的巨型三叶虫出现了。好像大自然明白，鹦鹉螺目的软体动物原始的极长单体壳太难受了一样，有些软体动物采纳了螺形壳的形式而得以进化。

　　在获取太阳能的战斗中，植物里面起光合作用的极小腔室变得更大了，然后又变平了一些。这就是第一批叶片。叶片的出现是自然的，植物有了叶片以后，能够更好地进行光合作用。随着时间的推移，带叶片的植物生长更快了，长得也更高。不久，有些茎秆长出了杈，枝形结构就出现了。

　　还存在这样一些植物，它们只有管形组织网。地面以上部分的管茎是秆，地面以下的管茎是根。再有一些植物有密实和带叶的茎秆。

第3章　鱼类发达起来

彼生护胸甲，

坚硬如铁。

　　泥盆纪期间的甲胄鱼种类繁衍，所有的鱼类都发达起来。因此，鱼类的黄金时代已经到来，特别多产的是鳍甲鱼属。它属于无颌鱼的一个门类，带甲的头盾有两块板，一个在上，一个在下，彼此分开便于觅食。虽然它还没有生出鳍来，但已能够在水中以极快的速度游动了。它所有的特性都是依"流体动力学"设计的，便于快速游动。它的头上有弯曲的刀形骨头，可做背鳍用。长长的锥形尖嘴向外突出，可使水体分开。两侧的刺扇当作胸鳍用，还有灵活的长尾提供推进动力。

　　一种两米长的鱼类在海中巡逻，为的是要寻找食物。它有三角形的尾鳍，有力的下颌，还有发育成熟的尖形釉质牙。它有五排鳃口可滤氧气。它的脊索上有两排背鳍，还有两排胸鳍，鳃后有很大的一对胸鳍，尾巴一半的地方还有一小对鳍。这种生物为原生鲨类。在地球演化的这一时代，许多原生鲨类都可以在地表海洋里快速游动。原生鲨类需要两亿年方可进化完毕成为现代鲨类。再后来，在侏罗纪，在海洋底部栖息的鲨鱼进化成鳐鱼和鲅鱼。鲨鱼、鳐鱼和鲅鱼物种一直存活到今天，它们仍然保持着像软骨架这样的古生物特性。

　　鱼类在体内发育骨头花了一亿年时间，首先有了皮骨、脊索和软骨。然后有刺在鱼的体内围绕软骨形成，再然后又替代了软骨。因此，鱼获取了骨架结构。如此，大自然之手造就了鱼的体形。生命获得了新的建筑材料，体内骨系形成了。

　　在数百万年的进化当中，出现了一种圆鳍鱼类，之所以这么叫，是因为它们有肉乎乎的长鳍。虽然它们的骨盆和胸鳍都由一堆骨核支撑，但是，这些圆鳍鱼类身上的肌肉却使它们能够在海里自由地游动，联合起来的头骨增大了颌部的撕咬力量。它们从现在开始有了漫长而稳定的进化史，在泥盆纪，它们会在淡水领域大大兴盛起来。在二叠纪，它们的体积会增大，并移动到海洋里。它们会进化到三叠纪和侏罗纪。再后，在白垩纪的末尾，它们会与其他一些动物一起没落，比如恐龙等。公元前6500万年后，它们就从化石记录中消失了。

再过了几百万年后，圆鳍鱼当中的一些鱼类的气囊变成了肺。这些淡水鱼成为肺鱼。再后，一条肺鱼生活在池塘里，通过它的鳃抽取氧气。旱期到来后，池塘的水干了。肺鱼将鼻嘴伸出水面，大口呼吸空气。通过这些方法，肺鱼就吸入了氧气。肺还出现在其他一些动物中。再后，大自然为生命提供了另一套基本的器官。有朝一日，肺成了重要的器官，它使脊椎动物占领了陆地。

一些圆鳍鱼开始变化了：它的四排低层鳍上的肌肉强过以前，并发育出肺。它在水中游动，用鳃呼吸空气。但是，升到表层以后，它有时候还会直接呼吸空气。再后，池塘干涸了，鱼在泥水中拍动，张开鳍来等待着。它们在等待雨水再次从天上落下来。

第4章　泥盆纪晚期的生命

草要结籽，籽即结了。

时在公元前3.7亿年，原生格陵兰出现了一种15厘米长的生物，它有4个带有趾的粗短肢体，此即四足动物，意思是指它有4只脚。它有很多方面像鱼：有尾鳍，有脊椎，有外层骨质鳞片，有蹼样的肢体和头盖，并且跟圆鳍鱼一样。它们栖息的池塘干涸了，因此蹒跚而行，拖着肚皮往附近的湖里爬。一路上，它们停顿一下，抬起头来，嘴里吐出了一些气体。然后，它们的头耷拉下来，空气又进入它们的嘴里。通过这些办法，它们开始了呼吸，因为它们的胸腔由骨头构成，无法扩张。它们爬到附近的湖里，刚好有一条带有尖牙的鲨鱼在附近游动。这条鱼接近四足动物，这动物就立即逃出水面，回到岸上来。这就是鱼石螈属动物。那是第一批在陆上行走的脊索动物。由于它既可以在水下生活，也可以在陆上生活，因此，它也是第一批两栖类动物。当鱼石螈属动物踏上陆地时，对它而言是一小步，但是，对脊椎动物来说，那是迈出的一大步，因不久之后，两栖动物会大批生活在地球的池塘和水体中。它们靠更小的节肢动物为食。虽然它们能够在陆地上存活，但是，大部分时间还是生活在水中。

生命之树又萌新枝。

两栖类动物继承了鱼石螈属动物的一些特征，比如鳞、相对较大的头盖和釉质牙及尾巴。

再后，保护性的外壳盖住了某些植物的孢子，这就是第一批种子。地球具备了第一批能够蓄种的植物。

种子飞到空中，落在不同的地方。有些种子随地散落。昆虫来了，吞下这些种子。有些种子落在石地上，因为没有可以生根的土而干死了。还有一些种子落在浓密的棘刺上，棘刺长大，使种子窒息。但是，有些种子落在潮湿的黑土上，这些种子便生长起来，长成了原来的模样。

在一片土地上，原生树长高了一些。其中必有一株是最早的。不久，地球的各处都是这些原生树，它们变成了树林。它们长高、长粗了，其中一些的树干粗到两米多。它们成群生活在地球的陆地上，并在大地上第一次形成真正的森林。比如，在原生纽约州，当时处在温暖潮湿的热带里，长满桫椤的森林形成了。

第5章　大灭绝

旷野冒出浓烟，

如同炉灶大开。

再后，原生西伯利亚和哈萨克斯坦古陆开始碰撞。它们从北面和东面向劳伦古陆撞去。这三块大陆的撞击形成了大陆地壳的叠起，乌拉尔山系由此形成。

在此地区，岩浆在地下涌动，岩流从上面的地表流过，大气因为7000万年的岩流而受到火山烟尘和火山灰的污染。地球空气的化学构成总在变化。同样，地球温度也随之上升和下降，这取决于火山喷发的情况。有时候，地球非常之冷，平均来说，总有一个趋冷的倾向。也有出现暴雨的时候，缓解长期的干旱。某些陆地广大的地区变成了沙漠，因为河流不再流动了。当浅浅的潟湖温暖时，水中的氧气含量下降。植物和动物的生物化学状态受到干扰。许多物种因此而消失，泥盆纪所有的三叶虫，除了一个系以外，其他的全数灭绝。盾皮鱼纲死亡了，但一些生活在海底的门类却活了下来。某些菊石亚纲从地球上消失了，但是，另外一些却活了下来。一些珊瑚、原始鱼类、腕足类、海绵、浮游藻类都灭绝了。最大的腕足类动物五房贝永久性地离开了地球。

哪一个物种应该灭绝，这似乎没有逻辑可言，就好像大自然在扔骰子一样，谁死谁不死全凭运气。"适者生存"的法则好像只起次要的作用，就好像被迫参与进化的俄罗斯方块游戏。只要是"不走运的"，不管它是强还是弱，都会灭绝掉，而"走运的"却会留存下来。但是，生命再也不会是原来的样子了。

古生代之第五书：

石炭纪

大地流淌牛奶和蜜糖。

第 1 章　石炭纪早期

大自然频生惊天动地之举，

深不可测，无有定数：

令大地得雨，令田野有水。

时在 3.6 亿年前，石炭纪来临，并延续了 7500 万年。

地球虽然仍然温暖，但是，南极冈瓦纳古陆上的原生非洲南部仍有冰层凝结着，海平面仍然很高。罗拉西亚大陆经常是洪水滔天。

鹦鹉螺属软体动物，和菊石①在海洋里游动，它们寻找有机废料或者捕捉猎物，用拖把一样扭动的肢体推动自己前进，身后留下串串气泡和打着漩涡的水。它们在蓝色的海水里疾速游动，留下短短的白色气泡痕迹。数百万年过去，生物进化了，3 米长的巨型软体动物出现了，不同的菊石

---

① 软体动物门，头足纲已绝灭的一类。

动物数量有了极大的增长。

新型鱼类出现了，旧物种的数量也有增加，大海多游鱼。但是，一些海底生物比如海绵、珊瑚和三叶虫却衰落了，当时，地球已经开始失去一些珊瑚礁了。

同时，在大陆上，植物死灭，残余物腐烂，形成松散和黑色的有机物质，与土粒和尘土混在一起。淡色的土层成为黑土，深色的土层变成了土壤。地球有了真正的土层，其为未来植被提供肥沃的有机物，新的生命将从死灭的物质上产生。

此时，生活在地球上的两栖类动物的数量相对较少，许多新的物种却产生了。有一些失去了腿足，从而成为像鳝和蛇一类的动物，它们在地上爬动着前进。但是，另外一些进化出短小的爬行肢体，它们长达30厘米到两米，并且呈蝾螈形。有一些大部分时间生活在陆地上，但是，太阳光线太强，使它们的皮肤干裂，它们又跳入水中。它们在地球的海洋、溪流和河湖里生活着。就是在这样一些地方，它们靠捕捉水中生物而生活。也是在这样一些地方，它们产下自己的卵。因此，两栖类动物无法忍受干旱陆地。

会产孢子的植物左右了地球上的沼泽和有水的地区，同时，会结籽的植物左右了更为干燥一些的地区。但是，苔藓、地衣、蕨类和藤类以及灌木和树覆盖了平原、河谷、山地、山坡和几乎所有可以生活的陆上地区。罗拉西亚大陆的原生欧洲和原生北美温暖和湿润的地方，生长着丰富和茂密的原生植被。生活在其他植物的阴影中的植物生长得不是很茂盛。长得最高的植物得到了光线的照射，有一些长到30米高。大地上出现了第一批丛林。

通过种子而不是孢子繁殖的蕨类遍布大地。原生松类出现了。它们是一些极高的植物，生有球果和针叶。大自然植被的品种增多了。除开蕨类、石松和马尾松以外，没有哪一种植物像现代的植物和树木。由于蕨类特别多，故此，石炭纪亦称"蕨类时代"。

昆虫亦多产起来，新的昆虫种类出现了。大部分只有几毫米长。所有昆虫都有一个头、胸腔和腹部。许多昆虫还有触须用于触摸，还有6条腿用于爬行。因此，它们都称为六脚节足动物。它们以树叶和土中的有机物质为生。白蚁、无翅蟑螂、原生蟋蟀、蝎子和原生臭虫爬满了森林。新的食物链开始在陆地上形成，链上有两栖动物、腹足动物、昆虫、细菌和植物。

第2章　石炭纪中期

时在公元前3.2亿年，地球温度下降了很多。地表出现了新的冰川。冰川广布冈瓦纳古陆南极地区。原生澳大利亚、南极洲、南美南部、非洲南部和印度南部都为冰层所覆盖。在这样的冰天雪地里，大地植被和动物尽数灭亡。但有一些陆上生命在极冷气候里存活下来，它们就生活在冰川停顿的北部地区。

有时候，冰层会前进，海平面会下降一些。另外一些时候，冰层后退，海平面上升一些。

热带有浅层湿地，上面布满植物，这些就是沼泽。沼泽里面密布生命，昆虫、两栖动物、小鱼和植物生活其中。当植物死亡时，它们的有机物质会发出臭味。黑色的软泥在这里堆积起来。

有些沼泽干涸了，黑色的有机软泥固化了，雨下来了，一些沼泽得以复生。

在热带丛林里，当蕨类、树木和小植物死亡时，它们的有机物质会在雨和潮湿空气里腐烂。黑色的有机物质到处积存。

原始蟋蟀从原生蟋蟀中进化而来，原始的草蜢出现了。在热带丛林里，唧唧鸣叫的昆虫声可以在夜里听到。在白天，在空旷处，还可以看到昆虫四处弹跳。

因为陆地没有大型猛兽，两栖类动物繁殖起来。它们在池塘、沼泽和陆地上生活。许多两栖类动物长约 2 米，跟蝾螈一样的形状。但是，吃鱼的翼盾螈属动物却有很大的个子，它们有 5 米长。

再后，在原生新斯科舍，一种 20 厘米长的四足动物在地上下了蛋。这种蛋跟两栖类动物下的卵不一样，它们不会干燥，因为有特别的壳体保护着它们。壳体让地球的空气进入，但又不允许水分逃出来。因此，胚胎可以在里面的"微型生态里"生活。这种自然的创造就是羊膜卵。它在进化的生命之树上开始了一场革命，因为自此以后，羊膜动物，也就是能够下这种蛋的动物，可以在远离水体栖息地的地方生活。这种四足动物下完蛋以后就跑走寻找食物，去找昆虫和无脊椎动物。它的厚皮在太阳底下闪光，因为它们身体里面有角蛋白，这种物质像油一样可以防止进水和脱水。这种像蜥蜴的动物称为林蜥属，它是第一批爬行类动物。这是一种杯龙，是爬行类当中最早的一种。尽管这样的脊椎动物可以在陆地上生活，但是，此时的杯龙经常在海洋、溪流和湖泊里生活，因为其中的许多杯龙都以鱼类为食。

第 3 章　石炭纪晚期

地上要有风，翅膀也会有。

丛林和沼泽中的死亡植物形成了大量的有机物质，它们被埋入地下以后压缩了。数百万年期间，巨大的地球演化力量进一步压缩这些有机物。黑炭岩形成了，这就是煤炭。热带有很多地方有这种岩。比如，在原生宾夕法尼亚的东部，厚达 30 米的有机物质被压缩成厚 10 米的煤层，然后形成门莫斯煤床，这个煤床一直保存至今。在原生宾夕法尼亚的西部，一个 4 米厚，1.6 万平方千米的煤层形成了。煤床也在原生不列颠群岛形成，在原生比利时和原生法国以及原生德国和波兰并原生俄国形成。另有一些矿脉出现在原生朝鲜、原生北非和原生中国北部。更多的煤层在公元前 3.3 亿年形成，其数量超过了地球演化史上的其他任何一个时代。这样，石炭纪的名字由此而来。

此时，冈瓦纳古陆在缓缓北移。冈瓦纳古陆和罗拉西亚大陆合并了，两个大陆之间的海峡也消失了。一个新的巨型大陆正在形成，这就是原生盘古大陆，也就是盘古大陆的胚胎期。各大陆之间的碰撞引发原生欧洲、原生北美和原生非洲的形成。在数千万年时间里，原生南美的北部与原生北美的南部地区相撞，形成沃希托山系。然后，原生非洲与罗拉西亚大陆相撞，三个山系由此形成：阿巴拉契亚山脉、原生欧洲西部的瓦里斯堪山脉和原生非洲西北部的毛里塔尼亚山脉。所有这些山系都挤在一处，如同今日的落基山脉。

哈萨克斯坦古陆和原生西伯利亚古陆相撞，形成了一个新的大陆，就是安加拉大陆。结果，更多的山系在原生亚洲形成。

某些昆虫在腿的中间长出了蹼一样的结构。蹼一样的结构遇到风的时候，昆虫会在空气中鼓动。不久，蹼便形成了。蹼又变成了翅膀。地球有了第一批能够飞行的动物，这就是蜉蝣类，是一种像蜻蜓但又只有一对翅膀的昆虫。

这样，大自然通过进化而为生命赋予了另一个武器，这就是翅膀。有了翅膀，在空中移动就有可能了。其他昆虫，比如草蜢、蟋蟀和蟑螂也都长出了翅膀。

时间过去了，有一类蜉蝣进化出第二对翅膀，这样，它就有两对翅膀用于飞行了，后来变成了蜻蜓。地球上空如今充满了生命。

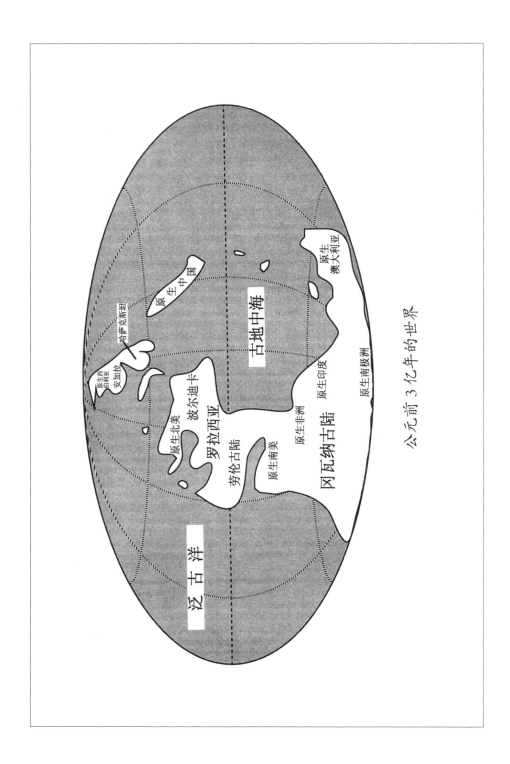

公元前 3 亿年的世界

古生代之第六书：

二叠纪

大地合并，百川归海。

第1章　二叠纪早期

荒漠野兽遇孤岛畜生。

时在 2.85 亿年前，二叠纪开始了，并持续了 4000 万年。包含有原生亚洲东北部的安加拉大陆向南漂移，它的边际开始与靠近乌拉尔山的原生安加拉的北边合并。

石炭纪中期开始成形的冰川在二叠纪仍然存在，它们盖住了南极圈内所有的陆地。而在北极，覆盖着一层冰帽。原生西伯利亚的东北边盖在冰下。在二叠纪内，地球温度会缓缓上升，冰川后退了一些。

石炭纪的植被类型到二叠纪仍然存在，因此，蕨类、子蕨和可生孢子的脉管树等植物继续在湿地里生长。比如，舌羊齿属是一种带舌形叶的子蕨类，生活在冈瓦纳古陆的各处。但是，因为气候越来越干燥，地球植被的模式会经历一种变化：风吹走的种子会在孢子上生长。比如石松属植物，它们会为结子的树木所替代。到石炭纪中期，裸子植物会控制地表，像长有果子的针叶树会传播到很远的地方。

在热带森林里，昆虫多有繁殖，因为有植物提供食物和保护。巨型蜻蜓长出半米长的翅膀，它们飞在树间，并在长有草样植物的大地上飞翔。与它们一起飞动的还有原生飞蛾、蝴蝶和生有双翅的盲蛛。盲蛛还生有蜘蛛一样的细腿，后来演化成今日的蚊子、跳蚤和蝇类。有些昆虫吃树的木质，这些原始的白蚁类可消化纤维素。另外一些昆虫是原始的蚜虫和木虱，它们在植物上吮吸食物。还有一些生活在植物和树木上的叶蝉、跳虱以及可以发出声音的原始蝉类。爬在低矮灌木中的是一些臭虫和甲壳虫，蜘蛛在植物和树木的叶间织网，这些网上的水珠反射出清晨的阳光和露滴。原生蝇类和原生跳虱不时落入网中，并在网上挣扎至死，然后，会有蜘蛛来取食。

在冈瓦纳古陆，一种蝾螈样的爬行动物长出了带蹼的手和脚。它们的蹼有半米至一米宽，生活在水中，而不是在陆地上。它们弯曲自己的身体前后摇动，并用脚扑腾，还摇着自己的尾巴，左右摇摆着游动。深潜之前，它们会游出水面，伸出头部来让顶端的鼻子吸入一些空气。下潜时，它会找到一群鱼类，张开笼子一样的口，咬住一些鱼。这种游动的爬行动物就是一种中龙。冈瓦纳古陆附近的水域里满是这种游动的鳄鱼一样的爬行动物，它们生有交错的牙齿，还有长长的扇尾。

第2章　盘古大陆

2000万年过去，安加拉大陆挤入原生盘古大陆，这样，新的山脉便加入了乌拉尔山系。这些大陆之间的海峡消失了，海底生命被推挤至其他水域。同时，原生盘古大陆和原生中国之间的浅水域变得更狭窄了，紧接着就出现了为争夺肥沃的栖息地而进行的战争。海洋生命减少了，生物大战却还在继续。

最后的三叶虫消失了，一个强大的王国从此灭绝。有一阵子，三叶虫曾是最为复杂的地球生命，它一度控制地球，相当于后来统治地球的恐龙。

数千万年过去，原生中国的长长大陆最后与原生盘古大陆的东边相撞，这两个大陆联合起来，形成了一个超大陆。这就是盘古大陆，意指"所有陆地"。

盘古大陆在原生中国的南部和原生非洲的北部生出锯齿形地形，这之间就是特提斯海。除开这个海和盘古大陆以外，地球的其他部分全都是海洋，也就是泛古洋。除开泛古洋上的一些岛屿以外，所有的陆地全都在盘古大陆上。

来自安加拉大陆的生物与罗拉西亚大陆的生物作战，更强的生物赢了。类似的战争在许多地方进行，同时盘古大陆在形成。虽然激烈的竞争和不断变化的陆上环境使动物十者存一，但是，一些新的物种还是出现了，特别是一些大型动物。

在原生非洲，一些恐龙开始吃树叶和植物的茎部。这些爬行动物有河马一样的躯体和粗大的腿以及骨板护甲，头上生有角和刺。

在原生德国，一种原龙属动物跟在昆虫后面飞跑。它有两米长，并且长得像蜥蜴。在别处，一些鳄鱼样的槽齿动物在沼泽里浮着。跟现代的爬虫类不一样的是，它们的背上生有骨板。这些动物就是地球上的第一批祖龙（古蜥），或称统治性的爬行动物，因不久之后，它们的后代将统治世界。

第3章　大灭绝事件

他的前面有火，

令大敌焚毁。

再后，赤道干燥和炎热。有些地区太热太干，绿色植物、蕨类变黄、死掉然后消失。荒漠替代了它们原来的位置。

所有陆地合并成一个单一的超大陆，这使众多的物种栖息地连在一起，从而引发了地球生命之间的战争，因为来自不同地区的物种共存，并为有限的资源而战。能够适应的生命形式，而且还很健康的物种得以生存，没有灵活性，身体很弱的一些就消失了。许多物种灭绝了。

陆地的合并还造成巨大山系的形成，同时也引发了大量火山活动。在原生西伯利亚地区，岩石圈断裂了，那里的上层地幔曾是特别热的地方。岩浆通过断层喷涌出来，大量地流到陆地上。烟、二氧化碳和硫黄气体充斥大气层。黑云缠绕着地球，黑暗笼罩了地面，太阳不见了。植物无法再进行光合作用，藻类死亡。靠藻类谋食的海洋生物也大量消失。食物链的底层断了。许多大型无脊椎动物饿得乱叫，接着就一命呜呼，只有极少数活了下来。

接着，太阳再次出现，地球环境得以恢复。1000 年过后，原生西伯利亚第二次喷出岩浆，大地一片火红，天空布满烟尘，死亡的黑影再次盖住地球。

在接下来的 100 万年里，喷发频繁。地球环境反复恶化，后又恢复。太阳只有在两次喷发之间才得见，大陆上的生命和海洋中的生命苦不堪言。

岩浆叠合起来，形成了巨大的溢流玄武岩。总体来说，共产生了 200 万立方千米的岩浆。它们覆盖了 30 万平方千米的陆地。这个巨大火红的地质结构就是西伯利亚暗色岩。

西伯利亚暗色岩的活动使地球温度上升又下降，这又引起极地冰帽融化又重新结冰，海平面涨了又落，落了又涨。当海平面下降时，浅海栖息地消失了。有些海洋动物被冲到陆地上死掉了。有机体与环境及气候变化作战，有适应能力的活了下来，否则灭亡。许多物种消失了。

随后，地球海洋生命历史上最壮烈的大规模灭绝时代来临了。这个变化是因变得越来越有敌意的世界引起的，也就是各大陆合并引起的。因为这次事件引发了火山，并使近海浅水栖息地消失了。地球表面出现巨大的死亡之波。所有棘皮类动物、角状珊瑚、板足鲎目、菊石、吐丝类原生动物永久性地离开了地球。几乎所有的网形或扇形动物、软体动物、腹足动物、海百合、鹦鹉螺目动物和腕足类动物全部死灭。珊瑚虫衰败消失了。海洋中 95% 的非鱼类物种灭绝了。

食物链断裂了，鱼的数量也大幅下降，像原生鲨鱼的掠食类鱼类饿死了。棘头鱼，也就是志留纪出现的第一批有颌的鱼永久性地消失了。

许多脊椎动物赖以生存的鱼大量减少。比如，中龙饿死了，所有的中龙悉数死亡。其他的爬行类动物因为食物缺乏而受苦，也因世界不断变化而难受。许多爬行类动物和四分之三的两栖类动物从地球表面消失了。

存留下来的一切生命，
皆为中生代生命之种。

地球演化三部曲之第二卷：

中生代

有巨蛇前来统治地球。

引言

古生代结束了，时在 2.45 亿年前。中生代开始，并将持续 1.8 亿年。中生的意思是"生命中期"，是显生代的第二阶段。

中生代分为三个时期：三叠纪、侏罗纪和白垩纪。因此，公元前 2.45 亿年，三叠纪也开始了，并将持续 3500 万年。

中生代之第一书：

三叠纪

当时的世界极不一样。

第1章　三叠纪时期的地球

盘古大陆覆盖了地球表面的四分之一，海洋占据了其余部分。盘古大陆从极地伸向极地。覆盖盘古大陆顶部的冰帽在后退，不久就消失了。在热带地区，气候相对温暖干燥。地球内部的热量还在盘古大陆底酝酿。

地球环境和气候稳定下来，海平面上升了一点。从二叠纪的大灭绝中逃脱出来的海洋生命重新活跃起来。苔藓虫类、腹足类、棘皮类和有孔虫目等原生动物繁殖起来。尽管腕足类动物也有反弹，但是，它们的黄金时代已经过去。

呈球体的单细胞藻类包裹在钙质壳里，它们在海上游动。它们死亡后会沉积在海底，然后与其他有孔目虫类的原生动物壳体连在一起，因此而形成白垩。

珊瑚虫的新物种以珊瑚礁点缀着海洋底部。

辐鳍鱼类是在泥盆纪发育而成的，它们的种类极其繁荣。原生泥鱼、雀鳝和角鲨鱼在海里游动。鱼类物种获取了不同体形，如骨结构、鳍、尾、眼、鳃和鳞有了不同的形状，梭子鱼一样细长的龙鱼科、垂直圆盘形的戴普鱼、青鱼样的叉鳞鱼和美鳞鱼。

新的双壳类软体动物在地球的水域里上下左右地蠕动。有些双壳类软体动物依附在遍布全球的海草上浮动。有时候，它们在泥沙里挖洞躲藏起来。在二叠纪晚期大灭绝中活下来的那些物种当中，地球上游动壳类的菊石又一次反弹。它们的数量激增，新的形式也出现了。它们有极富特色的装饰壳体，里面有腔室可以容纳液体和气体。菊石是海洋的明珠。再后，轻快游动着的菊石和双壳体软体动物繁荣起来，并统治了海洋。

第 2 章　三叠纪爬行动物

生活在海洋中的爬行动物种类增多。大自然进化树的枝杈上产生了鱼龙、盾皮鱼和幻龙。

在海洋里，一扇由尾鳍扇动推动着的一只大型圆滑生物在水中快速前进，像金枪鱼，也像四鳃旗鱼，这就是鱼龙，它的侧影看上去像海豚，又大又宽的眼睛在寻找鱿鱼样的箭石[①]。不久，它的嘴里就叼着一条了。箭石和壳被咬碎，然后在它长齿的嘴里被嚼得稀烂。接下来，鱼龙游到海面大口呼气，它的鼻子就在两只眼睛的前部。

远在古地中海的近海浅滩里，有一只像龟一样的巨大生物在游动。它潜下水去，游到海边，并抓住一只软体动物。它强有力的颌部将壳撕开，吃掉里面的肉。这只游动的甲壳爬行类动物就是盾皮鱼。

[①] 箭鞘亚纲动物多为箭头状、载状、矛状或弹头状，在中国过去统称为"箭石"。目前，大多数学者以自然分类法为准则，把箭鞘亚纲分为五个目，每个目都有化石发现。为了尊重传统译名，在翻译及命名箭鞘亚纲化石名称时，多在属名之后加上"箭石"两字，但其含义已超出Belemnites 的原意。最早出现于石炭纪早期，繁盛于中生代，白垩纪末期衰落。

上帝：创造生物需要的是想象力。

离海岸再远一点儿的地方，一条幻龙在水中"爬行"，它用长长的扇形肢体而不是手臂和腿快速游动，这条长尾长脖子的爬行动物张开嘴咬住了一条小鲅鱼，然后用交错的牙齿将其吃掉。

在地球演化的这一时期，兽孔目爬行动物是地球陆上生命的主宰者，不过，当时并没有哪一种脊椎动物能够真正宣称拥有整个盘古大陆。比如，"半爬行类，半猪类"的水龙兽在南半球所有的陆上游走。这时候还有其他一些食草的水龙兽，它们的身体像牛、猪和河马。同时，食肉的水龙兽使大陆上的其他动物风声鹤唳，它们有时候是成群捕食的。

四脚蛇的新物种出现了，它们在地球低层植被里爬行。同时，其他的蜥蜴占领了沙漠、沼泽和溪流。昆虫是许多蜥蜴的食物，许多蜥蜴还以更大的脊椎动物为食。

太阳落山了，有一种在树叶间爬动的声音传出来。这就是原初古蜥蜴。它看上去像蜥蜴，但是，从头到尾生有一排尖刺。它在追逐臭虫，然后用尖嘴吸住臭虫。

大部分爬行动物的腿都是向外长着的，它们都是横向爬动前进。但是，有一些槽齿目动物发育出了向下的腿。这样的爬行动物可以跑动，而不是像蜥蜴那样爬行。最后，某些爬行动物，仅凭两条腿走路，很快学会了奔跑。因为跑动很快，它们就可以抓到更多猎物，数量大幅增长。

在接下来的1000多万年里，爬行动物主宰了陆地，爬行类动物的黄金时代就要来临。

第3章　三叠纪的植物

针叶类树种覆盖了地球的肥沃土壤，树荫下是一些蕨类植物。紧挨着马尾松生长的是一种棕榈样的植物，短小粗实，没有分枝的树干，这些就是苏铁类植物。它们的顶部很宽大，是一些尖树叶和大果实。陆上还生有多枝的高树，树上结有大如樱桃、发出极难闻臭味的果实，这就是银杏树。它们生有扇形树叶，夏天长得极大，冬季落叶。虽然很多种银杏都会出现在中新代，但是，只有一种银杏树活到今天，那就是白果树。

中生代之第二书：

侏罗纪

其时，有巨兽行走于大地。

第1章　侏罗纪早期的环境

　　时在 2.1 亿年前，侏罗纪开始了，并持续了 6500 万年。原生北美和冈瓦纳古陆之间的裂缝扩大了，水潮涌入。新的海峡把泛古洋和古地中海连接起来。盘古大陆变成了两块，是南边的冈瓦纳古陆和北边的罗拉西亚大陆。罗拉西亚为三块合并起来的大陆，即原生欧洲大陆、原生亚洲大陆和劳伦古陆，劳伦古陆包括原生北美在内。

　　数百万年过去，罗拉西亚大陆和冈瓦纳古陆进一步分开。向西移动的海流在这两块大陆之间流动，从古地中海流到泛古洋。沿岸有新的大陆边际地区形成，使生命有了新的水中栖息地。

　　火山喷发给地球大气层提供了稳定的温室气体。空气温度高了一些，不再有冰帽存在。地球板块还在四处移动，深海水域被移动了。因为海平面上升，水漫上了原生欧洲、原生亚洲西南部、原生北美南部和东部以及原生非洲的一些部分，并留下了沙地和沉积物。后来它们固化为砂石、盐和干土。在池塘中，有机物质在腐烂。再后，它们被压扁，然后又被压实。最后，它们变成了煤和石油，广布于原生西伯利亚、原生英格兰、原生中国、原生墨西哥湾和原生德国的北部。

北半球的罗拉西亚大陆向北和西漂移。

第2章　第一批恐龙

跟大蜥蜴不一样，其他一些爬行动物经历了巨大的变迁，这样就引发了一场爬行类的进化革命。居统治地位的祖龙统治了地球，它们包括鳄鱼、翼龙和恐龙。

现代形式的鳄鱼出现了，只不过它们的嘴更长一些。它们是地球沼泽和湿地的统治者。

一些翼龙长得更大了，它们长出了长达一米的翼。它们的骨头是中空的，有很大的眼睛和长长的细尾。这些灵活飞翔的生物到达了地球的各个角落，在地球的每一片天空中飞翔。

三叠纪的幻龙为长颈的爬行类动物所替代，这种新的爬行动物有会拍动的肢体作为双臂和腿，这就是蛇颈龙亚目。蛇颈龙和鱼龙控制了海洋。

恐龙出现了，它们控制了地球的大陆。因为系带和肌腱更强有力，更复杂一些，它们走或跑的时候还会发出雷鸣般的吼声，脚下的大地抖动起来。它们强劲有力的搏动和多室的心脏使血液流遍全身和四肢。恐龙分为两类，一类是蜥臀目恐龙，一类是鸟臀目恐龙。

十字目和虚骨龙属的三叠纪爬行动物进化成了兽脚亚目食肉恐龙，也就是以食肉为主的蜥臀目恐龙。尽管最小的恐龙重仅一公斤，比一只鸡大不到哪里去，但是，侏罗纪早期的大部分蜥臀目恐龙都有数米长。与它们身体的其他部分相比，头特别大，但又很轻。它们的嘴闭着的时候，会露出一脸

"冷笑"。嘴张开的时候，会露出两排狭窄而尖锐的锯齿。所有蜥臀目恐龙都仗着两条由空腔骨头构成的腿跑动。尽管它们前端的双臂小而短，但是，它们的手却生有爪子，如同现代的鹰爪。它们的尾巴抬起的时候可以保持身体平衡，迈动轻快的腿可以跑得非常之快，跟在蜥蜴、小恐龙和地鼠类的哺乳动物后面猛追不舍，跑动的速度可达每小时 45 千米。猎物捕到后，它们强有力的颌部和尖牙就会将其撕开。所有虚骨龙属的骨头都是空心的，它们的手有三叉弯爪。这些兽脚龙长为半米到两米不等，依靠相对较长和较细的腿走动，这样，它们的小手臂就悬在前面不做任何用途。斑龙是早期兽脚龙中最大的，长为 6 ～ 9 米，高达 2 ～ 3 米。它们有粗壮的腿。

陆上还生活着蜥脚动物，身体长得跟大象一样，有力的巨尾如同巨大的砝码补偿前面长颈的重量。早期的蜥脚动物长约 6 米，重达 10 吨，很少有掠食者胆敢进攻如此大的生物。它们几乎不能够弯曲的双腿如庙宇的石柱，看上去结实、粗壮。大脚上生有 5 根钝趾，可使长腿稳定有力。有一些恐龙的脚趾上还有爪，在它们走动的时候可以提供额外的吸附力量。鳍龙行走的时候，会用到四条腿，它们走动时地动山摇。它们的尾巴抬起来以求平衡，也可以避免被同族的其他成员踩倒。鳍龙行走的速度比大象快不到哪里去，没有多少大型鳍龙可以抬起前腿来进食。但是，它们的脖子很长，也很灵活，使它们的小头可以摆动起来探到树枝。为了满足它们极大的胃口，它们要花很长时间撕扯树枝和林木，它们很少咀嚼，而是将树枝树叶整个吞下。

第一批鸟形龙出现于原生阿根廷，时在公元前 2.1 亿年。

第 3 章　爬行类进化

数百万年过去，新的蜥脚下目恐龙从旧的恐龙属中演化而来。总体而言，它们的身体更大了：有一些长到 30 米长，10 多米高，重达数十吨。腕龙是一种巨大沉重的恐龙，重量超过 50 吨！随着时间的推移，一种食肉恐龙长到了 5 米高，10 米长。它的头骨比以前更大，颌部较以前更有力。它的牙齿向后弯曲，每一颗牙齿都有极锋利的刀口，就如同切牛排的锯齿刀。它的三叉爪更长了。它后来成为异龙，一种凶猛的兽脚亚目食肉恐龙。

在原生康涅狄格州，一群恐龙跑过泥地。一个星期之内，泥地干了，成为硬如石块的干地。那上面的脚印一直保存至今。在地球的别处，还有一些恐龙跑过泥地，其中一些变成石上孔洞。

翼龙的吼声震撼了掠食者头上的天空。它们长出更大的鹰一样的爪子，抓取猎物或者折断树枝。数百万年过去，这些会飞的爬行动物有一些长出了更长的嘴，并失去一些牙齿。它们的眼睛向里缩进，长到了嘴上，尾巴也更短了，脖子却更长了。它们在水面上飞行，抓取鱼类送入牙口。

第 4 章　盘古大陆裂开

2000 万年过去了，在此期间，盘古大陆下面的热量使大陆裂成几块。岩浆在劳伦古陆和原生欧洲之间流溢，地震摇动地球，火山突然间爆发。在冈瓦纳古陆南边，岩浆冒出了地面。瓦尔维斯地幔热点使原生非洲和原生南美的南边裂开。在别处，冈瓦纳古陆的一大片，也就是古地中海南边靠近南半球中间的那一片裂开了，那就是印度。印度板块开始向北漂移。潮水漫入原来的地区，并形成了新的海洋，这就是原生印度洋。

第 5 章　地球生命继续进化

天上要有飞鸟，

地上要有家禽。

生命在进化，大自然之手使鲨鱼和鲅鱼成为现代的模样。

数百万年期间，某些鸟龙进化了，嘴变成了长喙，许多类型的牙齿也出现了。上排和下排牙齿相互叠齐，而不像以前彼此交错。发育良好的双颊出现了，这就使得鸟龙咀嚼时不会使植物、菜根和树叶从嘴里漏出去。臀部向前挤动，粗大肌肉使臀部与大腿连接起来。腿中骨头更轻一些了。这样，体重轻、速度快的恐龙就"形成了"。此时，它们仅有一米到两米长。

在原生北美，一种 3 米高、8 米长的笨重生物慢慢学会用四条腿走路了。它的重量可达到 3 吨，脊椎上面生有一排可移动的钻石形骨板，尾巴上面生有多层尖长的刺。它的头相对较小，几乎没有颌，这就是剑龙。一头异龙接近剑龙并张开了满是尖牙的下颌。剑龙转身，将尖刺来回摇动起来。异龙走得更近了，围着圆圈转动。但是，剑龙也不断转身，使尖刺保持在异龙和自己中间的地方。异龙保持两个身体远的距离，等待着，一直在转动。半分钟后，异龙转身跑开了。

由于最高的食草恐龙有更多树木和树叶可吃，因此再想变大就要承受更大的进化压力。一个物种更小的成员吃得较少，长得小，有时候甚至会饿死。蜥脚类动物就长出了更长的脖子，出现了更多的品种。比如，重达 30 吨的迷惑龙（雷龙）出现在原生北美。它可以伸长脖子吃高达 10 米的树顶的树叶！大自然为雷龙提供了唯一的木柱一样的牙齿，这样，尽管很容易扯下树叶，但咀嚼起来却很困难。因此，太多的咀嚼动作使牙齿磨损严重。牙齿磨完以后，新牙会长出来。有一只迷惑龙死了，它的骨头被埋葬并被保存至今。在地球的其他地方，还有许多迷惑龙的骨骼被保存了下来，或者被石化了。

其他新的四足长颈蜥脚类动物，如雪龙和梁龙，也出现在地球上。它们的形状与迷惑龙相似，但是迷惑龙体形较小，梁龙体形较长，体重较轻。在原生新墨西哥州，梁龙的近亲长到了 40 米长。这时候的圆顶龙有一个宽大的长方形头部，顶部有两个凸起，鼻孔很大——这些大鼻孔有助于它那小而活跃的大脑冷却。鳄龙并排站着耐心地用勺子形状的牙齿咀嚼植物和叶子——它们以一种缓慢的方式进食。后来发现一只鳄龙吞下了几块粗糙的石头。石头在胃里摩擦着半消化的植物，把它们碾碎。这些石头是胃石。其他食草恐龙也会利用胃石来帮助消化植物。而迷惑龙、卡马拉龙、禽龙、梁龙、剑龙和异龙只是在大地上行走时发出隆隆声的许多种恐龙中的几种。

更多的兽孔目动物进化成哺乳类动物，地球上有了数种不同的哺乳类动物。但是，在侏罗纪，大自然的哺乳动物只有少数几种，所有哺乳类动物都是小型动物，长得像老鼠。食草动物出现了，其中一些爬到树枝上去了。这个时期的所有哺乳动物都靠下蛋繁殖。

再后，一种鸟龙属爬行动物进化成始祖鸟，它们是第一批鸟类。在原生德国南部的原生巴伐利亚，一只始祖鸟栖在树上。一只小蜥蜴就在树下的一些卵石上爬动。始祖鸟从树上一冲而下，落在地上。但是，蜥蜴跑了，钻进了洞里。始祖鸟又看见了一条蠕虫，扑上去吃掉了。它又走到树边上，用爪子爬上树干。几分钟后，它又回到了树枝上。

再过不久，始祖鸟进化成了一种灵活的空中飞禽，不再仅仅是滑动，而是拍打着翅膀真正飞行起来。

> 大地天空布满飞禽，
> 生命之树又发新枝。

第6章 侏罗纪最后的日子

翅膀拍打的声音响彻天空，

如同群马战车奔赴战场。

地平线上露出第一线阳光。空气凉爽而湿润，地表覆满雾气。一头异龙醒来，发出雷鸣般的吼声。翼龙从树上飞过，可听见翅膀拍动的声音。然后，一头小雷龙的尖叫声传来，一头饥饿的异龙用利爪掠它而去。

雾霭在棕榈般的苏铁树上升起。在松林的边缘上，一头龙在啃树叶。阳光在蕨类的露珠上反射出来，一只小虫在湿地上爬动，大地一片霉味。一只苍蝇在蛛网上挣扎。就在几尺远的地方，一只蜥蜴嘴里咬住另一只更小的蜥蜴。

空气暖湿起来，地球干燥一些了。雾气开始上升，侏罗纪最后的一天就是这么开始的。

侏罗纪最后的一天过去了。

中生代之第三书：

白垩纪

有朝一日，大力者将为强弩之末。

第1章　新大陆漂移四散

他劈开岩石，

水即喷涌而出。

时在 1.45 亿年前，白垩纪伊始，延续 8000 万年。白垩在拉丁文中的意思是"制垩"，因地球一半以上的白垩在这个时代形成。

如今，泛古陆破溃，旁生萌蘖，造化一往无前。

在冈瓦纳古陆与北美原始大陆之间，海中央一道山脊渐渐隆起。岩浆喷涌上冲，刺破地表，形成洋底硬壳。因冈瓦纳古陆和北美原生大陆彼此漂离，硬壳即沿海底山脊向四周发展。北大西洋、墨西哥湾和加勒比海逐步形成。这些海洋自此留存，直到今天。

数百万年过去，地球巨力撕裂冈瓦纳古陆，如同撕扯人的衣服。南美原生大陆的南部漂移出非洲原始大陆的南部。两者之间升起一座海洋，类似渐新世时代的红海。岩浆从地底升高，撕破冈瓦纳南部地区：南极古陆和古澳洲从南美古陆和古代非洲大陆漂走。潮水注入其间的空隙，德雷克

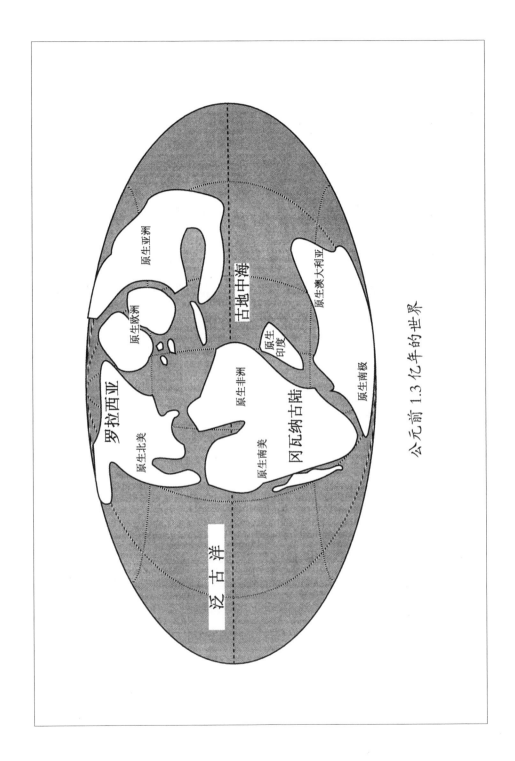

公元前 1.3 亿年的世界

泛古洋

罗拉西亚

原生亚洲

原生欧洲

古地中海

原生澳大利亚

原生印度

原生非洲

冈瓦纳古陆

原生北美

原生南美

原生南极

通道即是这条水道，好望角亦于此时产生。

海底硬壳沿中印度洋海底山脊延伸，印度亦骑在岩石板块上快速向北漂移。

泛古陆破溃，四分五裂，海平面开始上升。

第 2 章　白垩纪早期的鸟类

"进化之手"触及鸟类，鸟类变得更轻盈。它们的羽毛更为丰满，层次更复杂，双翅更灵活。如此一来，鸟类便轻灵地在天上飞，从一棵树飞到另一棵树。它们在风中翱翔，从陡崖上冲天而起，直射苍穹。

在某个地方，一只新生鸟张开小口，它的妈妈正飞过来。雌鸟将一只小虫放进幼鸟的嘴里。

在浅水里，长腿的巨鸟轻蹼缓步，好像走高跷。生蹼且有长颈的鸟为原始火烈鸟，没有蹼的鸟为原生鹳类和苍鹭。

第 3 章　白垩纪的早期恐龙

进化繁衍出新一代鸟臀目恐龙。棱齿龙和禽龙旁生异类，结节龙亦于此时出现。

身长约 5 米的结节龙靠四条矮小粗短的腿潜行，并在一丛蕨类中消失。15 分钟后，结节龙重新出现，鸟喙般的嘴上还挂着几丛植物。这结节龙看上去如同犰狳，身上覆满不同形状和大小的骨板。在它的两肋，各有一排尖刺伸出。它边咀嚼植物，边慢腾腾地走过一片开阔的草地。然后，结节龙张开嘴，嘴里，除开一堆绿油油的植物以外，还有一排彼此分得很开的小叶片一样的牙齿。碰巧有一群相对较大的虚骨龙走过这里。结节龙将四肢收在腹下蹲起来，一动不动，如同一块骨制的岩石。虚骨龙撕扯结节龙的甲板，试图杀死结节龙。但结节龙一动不动，几分钟后，虚骨龙径自离去。

在原生北美和原生欧洲，其他一些结节龙也在缓缓地走动，咀嚼着低地的植物和蕨类。

在原生中国，两米长的鹦嘴龙借着四肢朝一株苏铁走去。鹦嘴龙可朝后坐在后腿上，其尾巴贴在地上，借以平衡和支撑身体，共四指的手放在植物上。无牙的尖嘴咬动植物的籽实。它慢慢地咀嚼了好几分钟，直到确信听见了附近有步履沉重的巨大恐龙接近的声音，才撒开四蹄狂奔而去。

蜥脚类动物的"黄金时代"刚刚过了高潮，并开始衰退，但是，新的蜥脚类动物又开始出现。新的肉食龙和异龙出现了。有些新的虚骨龙又出现了，比如可怕的恐爪龙。

在原生北美洲，重达一吨、长约 7 米的结节龙伸出长颈去吃一棵高大针叶树的低层树叶。在附近，十几条恐爪龙从低矮的植被里悄悄接近。恐爪龙都生有真螈一样的长尾，其身体好像一条灰狗，还有蜥蜴一样的头，像马一样高高昂起。它们前后爪的第二节都有一个 12 厘米长的尖尖的"镰刀"。恐爪龙用两只脚稳定地、小心地前行，直到它们靠近正在进食的结节龙 30 米以内。突然，"狼群"向前涌去。这头被吓坏了的结节龙试图逃跑。恐爪龙以每小时 45 公里的速度扑向这头巨大的生物并攻击它，通过快速砍击，恐爪龙的刀爪切开了这头巨大生物的皮肤。它们用食人鱼的方式进行攻击，只是用爪子代替了牙齿。鲜血四溢。结节龙拼命甩动尾巴，杀死了几头进攻的掠食者，但它最终还是倒在了恐爪龙的爪下，庞大的身躯甚至压碎了一些掠食者的骨头和脏器。就像食人鱼一样，剩下的掠食者会把庞大的猎物一口口切开。恐爪龙大嘴张开，尖锐的牙齿深深地咬进肉里。当恐爪龙完成进食后，其余的就是食腐动物的美食了。最后，这头庞大的结节龙除了骨头什么都没留下。

第4章　献给地球的花环

时在 1.3 亿年前，一种特别的木兰类植物在一处山坡半封闭的地区生长起来。它有小小的花茎，头上藏有花粉，此即为雄性花蕊。飞来的昆虫吃掉植物的花粉，但并不是所有的花粉都被吃掉了，有些花粉粘在昆虫的腿上和身体上。这只昆虫飞往另一处木兰类的植物。在那植物上，昆虫落在卵形分子黏糊糊的茎上，这就是所谓的雌蕊。昆虫身体上的花粉擦过该植物的雌蕊。植物经昆虫进行的异花授粉发生了，地球植被在很大程度上再也不需要依赖水来繁殖了。

数百万年过去了，植物长出颜色、香味和甜蜜的分泌物以吸引飞虫。植物生出彩色花蕾以保护花粉不被风吹走，这些植物就是花卉。因此，自然是宇宙的大艺术师，给了地球第一批花束。

花卉与飞虫间接地"签订了"一份和约，并形成了"一个联盟"。这种互利现象会持续数千万年，并一直到今天。

第5章　南大西洋的活动

冈瓦纳的南部地区分开了。新的海洋形成，海中间留有一道山脊。在那里，大洋硬壳在大陆撕裂时延伸而去。因此，原生南极洲继续往南延伸，而包含有原生非洲和原生南美洲的大陆继续北上。数百万年间，就如同拉链拉开一样，原生非洲和原生南美之间的缝隙继续扩大。一道巨大的缝隙形成了，并一直延伸至原生巴西的北部和原生尼日利亚，使一块大陆分成两半。

数百万年又过去了，原生南美及原生非洲巨大裂缝裂开，直到巨大的海洋从中出现，这就是南大西洋的开始。

因此，冈瓦纳古陆不见了，分成了三片陆地：南美、非洲和包含澳洲及南极洲的那片大陆。包含南美及非洲的板块分成两块，在南大西洋的中间又出现了一道山脊。熔岩从中涌动，从而造成新的海洋硬壳，它从山脊向外发展而去。因此，在南大西洋，山脊西边的洋底硬壳向西滑去，东边的洋底硬壳向东移去。随着南美洲向西不断移动，与岛弧及海洋板块下沉部分和泛古洋沿岸的碰撞产生了安第斯山脉。

第 6 章　洪荒世界

浊水北边升起，

世界顿成汪洋。

陆地尽为所毁，

大地一片洪荒。

热带水温与极地水温之间巨大的温差是深海潜流的能量来源。但是，跟其他一些时代相比，两者之间的温差并不是那么强烈，因地球覆盖有温室气团。白垩纪深海潜流相对较弱，又因表层水没有多少氧气转移到深海部分，深海水族就深受窒息之害。许多深海有机体消失了，因此，在地球海洋的底部，白色的碳酸钙相对较少。反过来，缺氧的黑色富碳沉积物却在洋底安顿下来。它们后来岩化形成黑色的泥板岩。显生代最大的黑色泥板岩沉积物形成了。

世界的新海洋，即印度洋及大西洋变得更宽更大，同时，古代世界的海洋，即泛古洋的规模却缩小了。新海洋相对较浅，而泛古洋却相对较深。因此，深海水为浅海水所替代，这就引起了海水移位并进入大陆地带。海平面剧烈抬升，最高峰的时候升到了显生代的顶点，比现代水位高出 200 多米。巨手一般的凸出部位侵入内陆。地球上的陆地横行水患，所有陆地硬壳的一半都没入水中。水覆盖了地球的五分之四。海洋入侵北非、原生澳洲的东部、原生北美的中西部和印度的部分地区及南美洲。

洋流从北极圈向南流经原生俄国的乌拉尔沿岸的鸿沟，一直到达蒂锡斯海。水流继续通过蒂锡斯海西进，然后经原生欧洲向北通过原生格陵兰到达北极圈。这些水流形成了巨大的洋流循环道。

海洋侵蚀陆地时，沙地同时形成。有些沙变硬，成了沙石。比如，蒂锡斯海在北非沉淀了盐、泥板岩和沙石。数百万年之后，当海洋退潮时，沙石岩会干燥，并受到地球风力和其他力量的侵蚀。沙石变成了沙——撒哈拉沙漠出现了。

在广阔而潮湿的热带，植被生长茂盛。洪荒过后的陆地上、沼泽、池塘和湖中的水有时候会升高，有时候又会退却。当水退却时，植被会向前发展，占据光秃的陆地。水再漫上来的时候，植被即被淹没，然后死亡和分解。植被与水之间来回的争斗产生了巨量的死亡有机物质。后来，有些有机物质岩化。因此，煤炭在原生西伯利亚、原生澳洲、原生新西兰、原生墨西哥和原生北美的西部形成。再后来，有些有机物质被埋藏、挤压、岩化、溶解，石油由此而产生。地球上的石油出现在墨西哥湾、委内瑞拉、利比亚及原生波斯湾。

第 7 章　有花植物分出类别

地上要有草木。

果树须结果子。

开花植物与飞虫之间的共生伙伴关系结出了果实。花卉遍布陆地。大地有原生木兰和开花树木，有原生榆树和原生胡桃木，有原生无花果和结原生葡萄的植物，还有结水果的树木。大自然赠予地球人第一批果实。另有原始形态的桑树、白杨、柳树、枫树和白桦木、山毛榉，有带浆果的植物、橡树和睡莲，亦有像原生桂树、原生枣树和原生橄榄树等的树木。

此时，被子植物遍地生根。虽然地球上亦有低处的爬行藤类，但是，当时还没有草。如今，植物生存有方，无奇不有。深秋落叶者称为落叶树木，冬季亦留枝叶者称常青树。

新型开花植物为其他生命形式提供了食物。飞虫，比如蜜蜂和飞蛾大量繁殖。食草恐龙适应环境，获取了消化新型植被的机能。

直至新生代以后，葡萄藤才得以出现。有一天，它的果实会被压缩，它的汁液制成了红酒。最终又出现了石榴和无花果，出现了橘橙和苹果、梨及香蕉。在更新世和全新世，人类开始采摘和食用这些水果。

最终，历经数百万年，大地的田野里长出了庄稼，后来有了大麦、小麦和玉米。在全新世，人类用谷物做成了食物和麦片。有一天，地球将长满树木，比如棕榈树、冷杉、桑树、柳树、雪松、橄榄树、檀香树和大小无花果树。在更新世和全新世，人类会在这些树木间行走起来。

在地球的植物之上，空中会飞的爬行类拼力求生存，有些翼龙长大了。

在原生得克萨斯一带，一个阳光灿烂的日子里，一个15米宽的身影很快地爬过陆地。突然间，一只小动物发现自己处在了阴影中，它尖叫着跑开，消失在地上的一处洞穴里。在上面，空中飞着一头巨大的翼龙。在地球的别处，大型滑翔翼龙也在空中飞。它们在地上投下巨大阴影，令成群幼兽没命飞跑。

无齿翼龙出现了。这种翼龙的头像戴有头冠的鹈鹕，翅膀像信天翁，身体像一只鸟。天冷的时候，爬行动物的代谢会慢下来，它们会变得懒于行走，因为这些动物是冷血动物。动作很慢的蜥蜴和大型昆虫很容易成为翼龙的食物，翼龙因此生存下来。

一只蠓在啃蕨类植物。蠓将蕨类植物连根拔起，拖着树根在地上走。突然间，一头杯龙伸出前爪出现在蠓的眼前。受到惊吓的蠓跑开，留下蕨类植物。蕨类植物躺在地上，根部暴露在地上。几个星期以后，根茎在地上生根，蕨类植物便开始生长了。它长成了一株健康的蕨。

第8章　白垩纪的白垩

海中石藻疯长。海洋好像生满了这类的浮游藻类。藻类死亡时，它们的钙质外壳在洋底沉积下来，自此便形成白垩。数百万年间，地球总有一些地方每年会生成许多的白垩。厚重的白垩床出现在原生澳大利亚西部、原生欧洲、原生斯堪的纳维亚南部、原生俄国东部和原生北美洲南部。数千万年之后，海水退潮，有些白垩会暴露在空气中并干燥。法国加莱和英国多佛尔的白色崖壁出现了。

第9章　白垩纪晚期的恐龙

地球新的开花植物为某些恐龙提供了新食物。这些食草恐龙繁殖起来。食草动物又成为兽脚亚目食肉恐龙的食物，故此，兽脚亚目食肉恐龙的数量增长起来。

数百万年间，像鹦嘴龙样的鸟臀目恐龙进化起来，有些长得肥头大耳、圆咕隆咚，全身堆在四肢上；有些恐龙最后变成了2米长、200公斤重的原角龙和细尾龙。

在原生蒙古，一群原角龙在啃植物和树木，它们用鸟嘴一样的嘴吃东西，而这些嘴都起到了大型夹具的作用，用它们夹断树枝和树叶。这些动物都有骨质板围在厚重的长颈上。前额上有大型盾板，这些骨板可保护这些爬行动物的脖子和巨大的头部。它们的头有身体的四分之一长。

细尾龙是原角龙的远亲，它们的前额骨板相对较小，栖息在原生北美洲。

跟所有恐龙一样，原角龙都会下蛋，蛋壳在孵化时裂开，产出小恐龙。但有时候，碰巧有些蛋不会孵出来。这些未孵化的蛋跟其他一些恐龙的蛋混一起埋入地下。有些会石化，并经历自然6500多万年的风风雨雨保存下来，这些未孵化的蛋一直留存到今天。在现代，它们看上去就好像卵形的石头，散布在戈壁沙漠和地球的其他地方。后来出现了一些新的蜥脚类恐龙，比如泰坦龙。除了它们的脊椎骨是实心的而不是中空的，这些笨重的巨型食草动物与梁龙、圆顶龙和迷惑龙类似。

巧合的是，在原始亚洲中部，类似禽龙的鸟脚亚目恐龙进化成了鸭嘴龙，即"鸭嘴龙"恐龙。很快，鸭嘴龙的种类就多样化了，并且分布到了地球的各个角落。

在原生加拿大，有一种叫作埃德蒙特龙的鸭嘴龙，它的嘴里有一千颗钻石状的锋利牙齿。这种鸭嘴龙和其他类似的恐龙用紧密排列的牙齿撕碎植物。现在，进化"给"鸟臀目恐龙提供了一些奇怪的头。比如，有些鸭嘴恐龙的头上生有头冠，像盔龙、赖氏龙，都有直形平盘，而似棘龙却有长长的弯管从头部向后凸出。头冠里面并没有脑子存在，它们只是些腔室，里面全是汁液和气体。

在原生加拿大，有一群肿头龙生活着，其中大部分都以树叶和林中水果为生，长约3米，头上有一种骨质圆顶。一群肿头龙中的两头雄性龙摆出斗架姿势，互相威胁着要撞碎对方的头。另外一些肿头龙四散跑开，两头肿头龙便开始恶斗起来，发出隆隆的头部撞击声。

头部有角的恐龙出现在原生北美洲。它们是一些长角和形似鸟类的恐龙，头像犀牛，身体像大象。三角龙的脸上生有三只角，是这种龙里面体积最大的一种，9米长，10吨重。大部分角顶龙是这个尺寸的三分之二大。角顶龙都有很大的尖形面角，作为前额上的防卫武器，最长的面角可长达一米。它们巨大的头是陆上动物中最大的，长着与鸟一样的嘴，前排没有牙齿，但后排却布满牙齿。

一些角龙在啃开花灌木，这些植物很像现代的木兰，另外一些角龙吃树叶。这些角龙都很坚实，圆滚肥胖，蹄上有趾，有肥腿、厚实的皮毛和坚实的粗脖子。它们在地上爬行，头低着，这样，从前面看去，仅仅能够看到角和盾板。跟骑士手持长矛一样，它们披着盔甲前进。

在原生蒙古，一头雌性原角龙站在一窝龙蛋旁。一群兽脚亚目食肉恐龙（伶盗龙）接近并开始狂跳起来，原角龙低下头像公牛一样对这些强盗发起攻击。跟斗牛士一样，兽脚亚目食肉恐龙也会跳到一边。它们像走鹃一样迅速地围绕着原角龙飞奔，并趁原角龙不注意时抢走一枚蛋。原角龙转过身，冲向自己的巢穴。但每只兽脚亚目食肉恐龙手里都拿着蛋飞快地跑开了，而后消失在棕榈树丛中。

一种食肉恐龙进化出来，成为地球上曾经活动过的最大的猛兽，这就是霸王龙。它是食肉动物之王，长约15米，高约5米，重达8吨。

一头霸王龙躲在棕榈树丛中等待着。它吊起的小手臂一动不动，半张的嘴巴也纹丝不动。在它的嘴里长着一些弯曲的尖牙，每颗牙后面都有锯齿，形如铁路道钉。一头鸭嘴龙从旁经过。霸王龙突然间杀出，鸭嘴龙动作也不慢，蹬起两条后腿毫发未伤地溜走了。在附近的林地里，昆虫在吃一堆鲜肉和骨头，因一个星期以前，就是这头霸王龙咬死了一头棘龙。霸王龙力大无比，不论哪种野兽都不是它的对手。

原角龙、霸王龙及鸭嘴龙就是许多种边走边发出雷鸣般吼声的恐龙中的一批，它们生活在地球的白垩纪晚期。

第10章　培雷热点

在太平洋西北部的上层地幔上有一个热点，称作培雷，它是按烈眼火山女神的名字命名的。数千年间，培雷熔化了地幔，因而形成岩浆。岩浆顶起硬壳，形成了水底火山，火山升起，露出海平面，成为一个岛屿，称为明治岛。数百万年过去了，太平洋的海洋硬壳大部分向北移动，其中一些向西移动。培雷热点突然间又一次喷发。太平洋的另一座岛升起来了，露出了海平面。在接下来的 1000 万年间，培雷热点跟火炬一样不停地灼痛大洋硬壳，一个岛脊形成了。

第 11 章　德干玄武岩

地坑冒出浓烟，

如同巨大火炉。

日月暗淡无光，

因坑中浓烟不断。

白垩纪就要结束了。印度仍然在南半球，但是，它已经在向北前进了。印度在岩石圈上遇到了一个热点，在此之下，有一处地幔喷流。岩浆穿透岩石圈向上推挤，熔岩流入印度中西部的大片地区。

在接下来的数十万年间，熔岩继续流淌，时不时阵阵爆发。第一次熔岩流形成了一层玄武岩。接下来的爆发又浇在第一次形成的岩石上，形成了又一个岩石层。数万年过去了，熔岩流反复发生。每次岩流都流经 10 万平方千米的土地，每次都产生了数千立方千米的岩石，每次爆发都堆起厚达数十米的岩层。一层又一层的岩层不断固化，最后，熔岩盖住了 200 万平方千米的土地，并占据了 200 万立方千米的空间。在原来的那些地方，玄武岩积层厚达 2000 米。这些岩石就是德干玄武岩，意思是"南方高原"。

熔岩喷发的时候，尘土和残迹升起而成乌云，遮住了地球并阻挡了太阳的光辉。黑暗笼罩了地表，地球温度下降了 5 摄氏度。

大量有毒气体释放到了大气层，在数十万年时间内，烟尘包围着地球。

熔岩中的铁屑与地球磁场对齐，熔岩冻住并锁定了铁屑。但有时候，岩流会反过来，因此，北极磁针会成为南极磁针，同时，南极变成了北极。这就是地球磁场的极性逆转。地球拥有了磁场之后，这样的事情发生过好多次。这样的事情并不是定期发生的。但是，在 7000 万年以前，也就是差不多每 100 万年，地球会发生一次磁极倒转的事件。跟磁带一样，德干玄武岩中的熔岩会记录下磁极倒转的历史。

德干玄武岩给地球生态系统造成了灾难，恶劣的空气、暗淡的光线和波动的温度使生命难以存活。但是，生命依然在延续。

第 12 章　白垩纪晚期的生命

原生潜鸟现在长大了，身体变得笨重，再也无法飞行，那是黄昏鸟。在原生堪萨斯的浅水沼泽里，它生蹼的大足在水中游走。这种两米长的动物利用自己的羽毛浮动而不是飞行。突然间，它向前一扑，一头扎入水中。它的足在扑腾着，然后沉入水中。在水里面，它用尖尖的倒钩牙齿咬住了一条鱼。

三齿兽是最古老的哺乳类动物之一，后来灭绝了，它们被吃草和植物的松鼠和老鼠一样的动物所替代。三齿兽的门牙可以咬开水果和籽实。大部分能下蛋的哺乳类动物都在全新世的末尾谢世了，但是，有些却活到了今天，这就是食蚁兽和鸭嘴兽。

在哺乳动物当中，发生了一场繁殖革命：产下活体后代。在原生北美洲，曾有一种有袋动物，看上去像小负鼠，产下的后代还相当不成熟。母亲会极小心地将幼崽投入自己的袋中喂养，直到它们可以独立进入野外为止。数百万年间，有袋动物从原生北美发展到了南美。

在原生亚洲，一种地鼠一样带有鼓胀肚皮的哺乳动物在用它那上翻的鼻孔嗅某种植物，它的大眼睛看到了一条蠕虫。它朝蠕虫扑去，用长长的门牙咬住了它。

15分钟后，它钻到某种野草一样的植被下产子。它舔干净新生儿身上的黏液，然后喂食给幼崽。它属于胎盘哺乳动物。它的新生儿是在它的子宫里发育成形的，样子跟它一样，但更小。

另一种像地鼠的胎盘哺乳动物生活在树上，它们吃树上的昆虫。它的大脑相当大。在森林里，鼠类哺乳动物吃籽实和坚果。跟它们一样的还有食虫动物，比如原生地鼠和原生狐猴。在别处，少数哺乳动物还在脚趾上长出了蹄子。

地球上分布着少量会下蛋和有胎盘的哺乳动物及有袋类的哺乳动物，世界开始有了不同类型的哺乳类动物。

蛇类在田野里爬行，它们爬树，并在沼泽、池塘和湖水里像鳝鱼一样游动。两栖龟在海里游动，并在遍地芦苇的沙滩上慢慢地爬动。

世界充满了生命，进化设计好了一切。大自然是最伟大的建筑师，但是，宇宙中的力量不久便会将一切扫光。

> 天上有声音传来，说：
> "他在沙地上建了房舍。
> 雨要下来，洪水要扫过，
> 风袭房舍，到它垮倒。"

第13章　自然的大屠杀

天将降下星来。

天上有星星闪耀，亮过天上的金星。但那不是希望之星，它根本就不是一颗星。

10千米大小的小行星加速穿过外太空的荒野，接近了地球。那小行星因引力的强力拉动而飞往地球，如同自然的巨手引导着它。小行星穿透地球的上层大气层，变得很热，并发光。地上的动物抬头仰望，只见暗夜里有夜半的太阳在天上飞动。那巨大的物体穿过大气层而来，速度达到每秒25千米。空气燃烧，并从氧和氮中制造出氧化亚氮（又称笑气）。地上的动物听到嘶嘶响声，那是天庭吹响的警笛，就如末日已经到来。

夜半的太阳越来越大，越来越明亮。

小行星的一部分断裂开来，其中一小片击中了原生爱荷华州的曼森地界，一大块击中了墨西哥湾靠近原生尤卡坦的地方。有火球爆炸，其爆炸力相当于20世纪80年代全球核弹头当量的一万倍。小行星撞击大洋底部，地壳熔化成熔岩，大量岩浆、蒸汽、岩石残片和水冲上云天。8000米高的波浪溅起。原生北美和南美地动山摇，树木被连根拔起，植物被抛向了空中。恐龙、爬虫及大型陆上动物站立不稳，跌倒在地。小动物被吹向空中，然后又四脚朝天摔到地上。

冲击发生之时，水汽、尘土和灰烬形成的云团升向天空，其中一些冲破大气层进入外太空。其他的留了下来，形成巨大的云团。溅起的石英喷落在美洲各处。子弹一样的玄武岩小石球雨落在地球上。云团和雨滴之下，岩浆在原生墨西哥的各处流淌。

在墨西哥湾，一个直径200千米的大坑形成了。

方圆500平方千米以内，没有生物，甚至没有微生物活下来，这个地区的所有生命因为这次爆炸而立即死亡。所有动物的肉体变成了碎片及尘埃，这就是自然的大屠杀。

冲击波在地幔中传递，地震在地球的各处发生。地球另外一端的德干玄武岩点着了，喷出阵阵火苗。

自然把愤怒倾泻到了地球的脸上。

红尘和燃烧的岩石像雨一样落在原生墨西哥的大地上，点燃了植物。愤怒之火肆虐原生墨西哥。植被为火苗添柴，令大火直冲云天，红色的火舌如同巨人。100万平方千米的平原和森林燃烧起来。接着，大火烧到原生得克萨斯、原生伯利茨和原生危地马拉。火苗过后，只剩烧焦的木头、炭化的树叶及焦炭。

这个地区的动物一阵恐慌，争相逃命。动作慢的动物被火苗追上，立即殒命。动作快的动物逃过了大火，但发现自己为四周的火焰所围，也为酷热所困。空中满是烟尘。所有的动物，不论大小快慢，没有被烧死的就一定会被熏死。动物倒下，在地上挣扎几分钟，然后就一动不动了。

巨大的冲击波围绕地球转了7次。在7天时间内，海洋上升并下降。所有大陆都涨满水，然后又排干。海洋生命被抛了出来，好像碗中的色拉一样。许多甲壳类动物、海洋爬行动物、海绵状物、浮游生物、藻类、鱼和海洋有机物都发现自己被抛到了陆上，然后死去。

熔岩从印度的德干玄武岩中喷出，大小为2000平方千米的灰尘及气体云团在天空飘浮。岩浆点燃了北边和东边的森林。原生中美洲，一轮火圈向外扩展，沿路烧掉植被。火苗快速传播，好像跨上了骏马，又似踏上了战车。酷热将印度古陆的生物烧尽。

此时，原生北美南部和南美北部的空气一片乌黑并布满尘粒，能见度只有一米。生物吸入烟尘，开始咳嗽和气闷，它们的肺里全是烟尘和粉末。它们倒在地上，窒息而亡。

蚂蚁和其他的昆虫大开宴席，忙碌地啃食死兽。

尘土、陨石碎片、水汽、烟尘与灰土形成的气团在全球各处散布。小行星的尘土和灰烬都富含铱元素，它们从地球上飘落下来。大气层满是烟尘和颗粒。在全球各处，最大的动物因此而窒息，身高体大突然间就成了一个极不利的因素。

大气层中较大的坠落物与气体分子摩擦，遇热发光，就好像焰火遍布全世界。炽热的碎片落在树上，使林木着火。世界上一半的森林成了火林。世界变成了地狱。烟尘使本来就已经乌黑的大气层更加黑暗。

不久，从地球上就看不见太阳了，一道黑暗的帘子落在地球上。第二天，仍然是黑夜。在接下来的一天，仍然是一片黑夜。在接下来的 9 个月里，一直是长长的黑夜。因为没有了光，植物无法进行光合作用，许多植物因此而死亡。细菌和微生物在腐烂的生物有机体上大量繁殖。

在海洋的表层，藻类死亡并形成浮渣。大洋发出臭味。在内陆，沼泽及湿地变成绿色，然后是棕色。这些地方也发出腐臭味。吃浮游生物的鱼类和水族在死亡的残渣上大开宴席。对许多鱼类和水族来说，那都是它们最后的晚餐。

陆地上活下来的小食草动物靠腐烂的植物和树木为生。这些动物大吃大喝，好像没事一样。

大气层中的笑气与水相混，形成了硝酸。接着，暴雨倾盆而下。下下来的是酸雨。虽然雨水冲走了一些烟气和烟尘，但是，落到植物的树叶和树木上时，酸会腐蚀有机物质，植物和树木的叶片满是洞眼。当雨落到沙滩上的甲壳类动物身上时，壳体会溶解，然后消失。躲在壳下的肉虫暴露在大自然的风风雨雨中，也暴露在饥饿的海边飞鸟嘴前。

一个月过去了，黑暗仍然笼罩着大地，野草般的植物变成了黄色。植物生长很差，秆茎弯曲，好似祈祷一般。

在热带，温度下降了。在极地，温度上升了一些。但总体来说，地球开始变冷。数月过后，林中树木倒下了。在地球的海洋上，细菌和微生物消耗掉光养浮游生物的残体。吃浮游生物为生的鱼类和贝类死掉了，死鱼浮在海洋和水道上。海底猛兽吃掉死鱼。它们尽情享用，好像无事一般。但对其中的许多动物来说，那也是最后的晚餐。

一些死鱼和贝类被冲到沙滩上。在大自然的第一波大屠杀中侥幸活下来的小型两栖动物、爬虫和哺乳动物吃掉这些死鱼和贝类。

活下来的吃掉死去的，直到把死去的东西全部吃光，然后，活下来的就饿肚子了。其中一些身残体弱，一病呜呼。存活下来的又把刚刚死去的吃掉。

夏天来了，却没有阳光相伴，天气依然寒冷如冬。接下来的两个季节都是冬季。德干玄武岩上的释放物奔袭而来，空气中充满了硫化物、一氧化碳、二氧化碳和其他有毒气体。这些气体与大气层中的水汽合并，形成了硫酸和碳酸。下雨的时候，雨水里面全都是酸。

又过了几个月，热带的温度下降。在大陆上，比如昆虫、爬行动物、蠕虫、两栖动物和其他的一些冷血动物变得迟钝了，因为它们的代谢下降了。甲虫更缓慢地爬动。蠕虫在地里一动不动。蜥蜴、蛇类、青蛙和真螈好像睡着了一样。但是，热血动物，比如鸟和哺乳动物却更活跃了，它们吃掉动作缓慢的小虫子和蠕虫。某些胎盘动物吃掉懒惰的青蛙和蛇类。另外一些哺乳动物吃掉小蜥蜴之类的爬虫。

天上下着酸雨，酸雨冲走了一些烟尘。雨水集聚在池塘和湖水里。某些池塘的水成了酸性水。酸将鱼类和其他水族的皮肤灼伤。有些鱼流出血来，有些变成了蓝色、红色以及白色。在某些池塘里，许多鱼成批死掉。

黑暗降临地球的表面，空气温度下降。非热带地区的湖水变成了冰。真螈、水中小爬行动物、青蛙和鱼冻成了冰。南北回归线以北以南的动物都非常冷。热血和冷血动物都受严寒打击，纷纷死掉。

似乎世界要在火中毁灭了。对所有生命来说，这都是一场噩梦，黑夜延续达 9 个月之久。

雨接着又下了一个月，冲走了大气中的烟尘和颗粒。看，一片云层出现了一个洞。阳光从中射入，如同来自天上的光穿过教堂的窗口。

死亡率大得惊人，以前存在过的植物和动物有五分之四灭绝了。地球上全是这批死者的尸骸。

第 14 章　幸存者

尽管所有的菊石尽皆死亡，但是，少数一些鹦鹉螺目软体动物却存活下来。两栖动物利用水域和陆地谋求自己的生存，蛇和龟也是如此。有些大湖中的淡水鱼类存活下来，深海有机体大部分也未受损伤。小型动物比大型动物受损较轻，从巨型爬虫类到小型原生动物都是这种情形。比如，生存下来的原生动物为侏罗纪原生动物的十分之一大小。陆上所有的动物，超过 25 公斤以上的无一留存。

第 15 章　灾难与进化

生物史的大部分时段都没有灾难。在这些时候，生物对环境的缓慢变化有很好的适应能力。世界上的动物都遵守进化的规则，它们也得到了回报。

地质史上发生了一次偶发事件，自然之手巨大的力量擂击大地。每隔约 5000 万年，灾难便会降临地球一次。有小行星，有突然的温度变化，有大范围的火山爆发，有海平面突然上升或者下降，还有某种残酷无情、自私、残忍和控制性的物种。在这些灾难期内，棋盘被打翻了，棋子散落一地。地球上的动物必须继续玩下去，哪怕没有棋子，规则还必须遵守。

在这些折磨人的时期，游戏不是玩战略，而是像掷骰子。遵守规则并建立了良好栖息地的动物也灭绝了。这就好像进化已经决定了命运，谁生谁死早已安排妥当了。因此，灾难虽然少见而且没有规律，但它对进化会产生不可预测的后果。

在这样的一些事件之后，棋子又被捡了起来。新玩家来了，游戏重新开始。

第16章　恐龙及人类

此类骨肉可否存活？

白垩纪过去了，恐龙灭绝了，仅余骨头。有些骨头历经 6500 万年风雨而保存下来，抵挡住了埋藏、侵蚀地表的变迁。比如，原生美国西部的莫里森组岩层包含了 70 种恐龙遗骸。许多骨骼都埋在加拿大阿尔伯特省的恐龙公园和蒙古及中国的戈壁沙漠里。许多遗骨和残骸一直保存到今天，一些古生物学者将它们挖出来。霸王龙、三角兽、剑龙和雷龙会保存下来，不是活体动物，而是作为一些博物馆的著名馆藏。

地球演化三部曲之第三卷：

新生代

新来者将统领一切。

引言

一片土地划归它们，

即是遗传进行之地。

时在 6500 万年前，恐龙灭绝了，新生代开始了。新生代的意思是"最近的生命"。新生代一直延续到现代。我们的地球成长了，如同人到中年。

新生代分成三个时期，早第三纪、晚第三纪和第四纪。早第三纪为公元前 6500 万年—公元前 2400 万年。晚第三纪为公元前 2400 万年—公元前 160 万年。第四纪为最新的时期和以后。早第三纪和晚第三纪合称第三纪。早第三纪有三个世代——古新世、始新世及渐新世，各延续约 800 万、2000 万和 1300 万年。晚第三纪有两个世代：中新世和上新世。它们各自延续约 1900 万年和 340 万年。第四纪有两个世代：更新世和全新世。更新世是第四纪的第一个时期，全新世是历史的最后一万年，包括今天在内。全新世还有一个名字叫最新世。

在地球的地层里面记录着地球与小行星的碰撞，那是古生物学家记录簿中的一页。这一层称为 KT 边界，因 KT 代表白垩纪第三纪。

一年过去了，雨水冲走了大气层的尘土、残渣和烟尘。大部分日子都是阴霾遮天，但是，太阳有时还会照射进来。地球温度开始上升。大气层更高处的温室气体，比如水汽和二氧化碳将地球的热量罩在里面。

又过了几年，地球温度升高了。北半球更北的一些地区和南半球更南的一些地区的池塘和湖中的冰化开了，重新变成了水。热带有蒸汽冒出，因那个地区已经相当热了。

地球的"不动产"变成废墟，
但仍在原处待价而沽。

生命开始复苏。没有烧尽的开花植物的籽实生出了绿色的嫩苗，在一片焦土上茁壮成长。地上的植被重又开始在大地上涂抹绿色。有些蜥蜴、蛇和鳄鱼在灰烬和新近长成的原生草木中爬行。身材很小的哺乳动物多有繁殖。鸟类在枯死的树木上筑巢。鱼类和其他水族生出了新的一代，然后遍布海河湖泊。

驯服者承袭了大地。

脊椎动物开始控制住自己的栖息地。两栖动物、爬行动物、哺乳动物、鸟及鱼类身材都很小，它们成了地球的继承者。天上有飞禽，海中有鱼，陆地上有动物。

德干玄武岩继续流出火热的岩浆，硫化及碳化气体从印度的"深隙中"逃出，这样使地球不断有温室气体释放。地球变得很热了，温度比现代的气温平均高出 12 摄氏度。

温度要恢复正常的话，还需要 20 万年。但是，哪怕在当时，温度比全新世也热 10 摄氏度，因古新世的正常温度非常之高。

海平面比全新世高出 200 多米。在新生代，地球的水域会退潮，海平面会下降。

从洪荒巨灾中幸存下来的一些有孔虫类繁殖起来。有孔虫目原生动物大规模复苏，这包括品种和数量的激增。

花木茂盛起来，因飞虫很多，腐烂的植物又形成了良好的土壤。种子借风力飞到新的领域，开花植物和树木遍布全世界，成为地球上最茂盛的植物。

多刺鱼类数量大增，品种繁多，许多鱼类已经初具今日鱼类雏形。这些多刺鱼类在海洋脊椎动物中数量最大。

珊瑚虫也从小行星的灾难中恢复过来。许多新型珊瑚虫出现了，大珊瑚礁的建造重新开始。因此，珊瑚虫又一次开始建造宏伟庄严的建筑。这些水下建筑会一刻不停地进行下去，直到今天尚没有停下来，现代的海洋因此而充满了彩色珊瑚。最著名的一处是澳大利亚东北海岸珊瑚海长达 1700 千米的大堡礁，它是在古新世建造的。

您问我是谁？

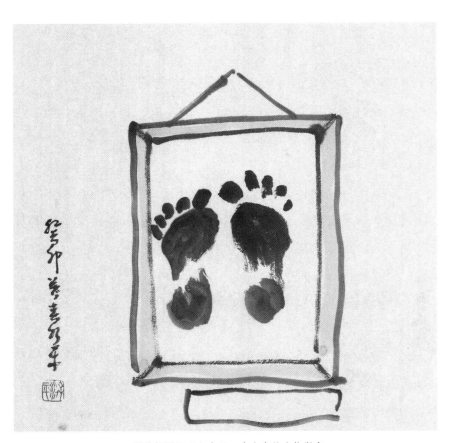

耶稣的复活证明上帝是一个杰出的生物学家。

新生代之第一书：

古新世

第1章　哺乳类繁殖

> 有令传下云，
>
> 女子将分娩产子，
>
> 且以乳汁哺后。

时在 6500 万年前，古新世开始。哺乳动物演化出繁多种类。有些哺乳动物以其他种类为食。另有一些吃更小哺乳动物的肉、鸟及蜥蜴。这些食肉动物都有带皮毛的长形身体，跟现代的黄鼠狼很相似。在热带潮湿雨林里，它们从一个树枝跳到另一个树枝，跟现代的松鼠类似。它们靠四条短腿爬到大树枝上，皮毛浓密的尾巴拖在后面，令树枝上下抖动。

有袋类动物生出幼小的崽。母兽将弱小和尚未发育完全的后代放在自己的袋中。在那里，它们吮吸温暖的乳汁。看起来那些幼兽仍然是胚胎，因为它们继续发育，就好像那袋子是第二个子宫一样。母兽会喂养这些幼兽达几个月。在别处的田野和美洲的林中，有袋类动物也以类似方式产子。数百万年过去了，它们的数量大为增加。

在南美洲，有一些吃肉的有袋类动物，看上去如同今天的野狼，只不过它们的身材更小一些罢了。许多有袋类动物生活在原生南极洲和澳洲的大陆上。在渐新世，它们的数量急剧增加。其中有一些长得像今天的松鼠、狐狸、老鼠、兔子、狐猴和熊。数千万年之后，这些动物长成袋鼠、沙袋鼠、袋獾、考拉和负鼠。它们一直活到了今天。

白垩纪晚期的一些食虫类哺乳动物长出了大眼睛和角样的鼻。它们的身体像现代的小松鼠，它们是第一批树懒。它们生活在树上，靠果类为食，也吃毛毛虫和甲虫。另一些食虫类哺乳动物长出了针皮。这些刺猬一样的动物白天有光的时候藏着，晚上才出来觅食，翻找蠕虫、甲虫、小臭虫和爬行的昆虫以及小蜥蜴、青蛙及老鼠。

在原生北美，生活着一种原始灵长类动物。有一天，一块石头偶然掉下来砸破了它的头，它因而死掉。它落下一颗臼齿，这颗牙留存到了今天。

在地质史的这一时期，地球上有许多会下蛋的哺乳动物，其中大部分是啮齿类动物。比如，羽齿兽看上去像松鼠一样有很长的尾巴，它们在树上跳来跳去寻找坚果与籽实，它们用两排大牙和刀片一样的牙齿咬开坚果进食。

有蹄动物的祖先出现了，它们是一些踝节目动物。在地质史的这一时期，它们生活在原生北美一带，看上去像毛乎乎的狗，有很长的、适于抓握东西的尾巴。掠食者靠近时，它们会在树上攀爬逃走。它们在地上嗅，寻找昆虫、小动物或者果子。另外一些"古代有蹄动物"，科学家推测它们进化成了小猎狗、野狼或者熊。它们大部分都是杂食动物。

第 2 章　鸟类进化

要让飞禽繁殖，

事果如此。

原生火烈鸟、原生鹳类和原生苍鹭演变成火烈鸟、鹳和苍鹭。猛禽的原始祖先，比如猎鹰、猫头鹰、秃鹰、蛇鹫和老鹰出现了。这些鸟只是在地球上空飞翔的众多鸟类的一部分。

古新世时代最大的鸟是营穴鸟属，这是一种猛禽，生活在北半球的大陆上。营穴鸟有钩子般坚硬的喙，站立时高达两米，但不会飞。

一只小哺乳动物死掉了，尸体躺在开阔地里。一些原始秃鹫很快飞来落在它身上。它们用爪子撕开并啄其肉身，飞走的时候，地上只剩一些骨头。

原始鹈鹕及海鸥占领了大陆沿岸。在远海，一只鹈鹕潜入海里，用其铲斗一样的嘴叼住了一条小鱼。其他的鹈鹕也潜下水去如是而行。同时，海鸥在啄着被冲上沙滩来的虾类和贝类。

第 3 章　古新世晚期

哺乳动物继续进化。一种新的动物在脖子和手指间生出了厚厚的一层皮。在一片柏树林中，它从一棵树跳到另一棵树上。一旦飞到空中，它会伸展开双臂，并在空中滑翔。在别处的丛林中，也栖息着原始飞行狐猴。

在原生蒙古，一些有毛的哺乳动物进化出大耳朵、短尾和两对上颌门牙。这些小动物是兔子和鼠兔的原始祖先。它们生有强有力的后腿，在矮树丛和树枝上跳来跳去。

有些古代哺乳动物在南美和原生北美生长，一直长到大如犀牛的程度，它们是当时最大的哺乳动物，而且是些有蹄动物。恐角兽是剑齿类动物，头上生有小角，而冠齿兽却生活在沼泽地里，用它们的獠牙吃一些笋类植物。

在原生法国，一种灵长类动物出现了，看上去像是现代松鼠放大的翻版。它有长趾和长指，碰巧还生有爪子，能够用来抱住树枝。它们像现代的猴子那样在树上蹿动。地球上有很多此类的灵长类动物，它们生活在原生北美和欧洲。

第一批贫齿类动物出现了。它们的祖先包括食蚁兽、树懒和犰狳。但是，在地质史的这个时期，它们看上去像长着长鼻的小狐狸。它们的牙齿基本没有了，只剩下前排的犬齿，但是，它们的口腔后部有角质的咀嚼板。它们用爪子在地上翻找，寻找土里的虫子。为躲避地球上的猛禽，它们有很长时间是躲在地下洞穴里度过的。

贫齿类动物、原生飞行狐猴、灵长类、原生兔类、有袋类、食虫兽、恐角兽和踝节目动物只是占据地球陆地的众多哺乳动物的部分。

第一批草叶出现了，地球终于有了绿草。风在草叶上吹动，如同有人躲在底下吹动一样。

古新世到了尽头。原生格陵兰开始从原生欧洲大陆后退，两者之间的大陆硬壳后来的确也分开了。地幔上产生一个热点，向该地区输送了大量岩浆。大量岩浆流动，如同地球被撕开。火山在原生挪威的西北边涌出，也在原生格陵兰的东边海岸和原生英伦三岛的东海岸出现。从现在起直到始新世早期，200万立方千米的岩浆在这片土地的表层固化。另有800万立方千米岩浆在地球内部流动，变冷化成玄武岩。

数百万年间，原生澳大利亚向北漂移，并与原生南极洲撕开，令南极洲孤悬南半球。因此，两个新大陆形成：在印度洋和太平洋两个海洋之间的是澳大利亚，在南极圈内的是南极洲。

蒂锡斯海的海流自由地从东向西流动。它们从西太平洋开始，经过印度洋和原生亚洲的南部，到达印度洋的北部。然后，海流继续西进，在原生欧洲的南部和原生非洲的北部流动，最后流入大西洋东部。

水体通过巴拿马海道在大西洋和太平洋之间来回流动，原生北美及南美彼此是分开的。在第三纪的大部分时间里，一直都是这样一种情形：南美是南半球巨大的岛洲。至于原生巴拿马，后来它没入水中了。

新生代之第二书:

始新世

哺乳类的王国自此得以建立。

第1章　哺乳动物的进化

时在 5700 万年前,始新世开始。曾几何时,某类古代哺乳动物灭绝,新的种属取而代之。哺乳动物多有繁殖,出现了众多子孙,其中一些体积增大。哺乳动物成为控制性的陆地动物,自此,哺乳动物的黄金时代来临。

在一片树荫下,三只啮齿动物在疯狂地啮咬,一只在咬树皮,一只在啃骨头,一只在啃某种坚果。它们这样做是要磨平牙齿,因它们的门牙在疯长。一只啮齿动物张开了嘴,它的门牙上下各一对,的确又长又尖。在附近的低矮树丛里,一个哺乳肉食动物悄悄贴近。三只啮齿动物听到声响,一头扎进洞穴。在其中一个洞穴里,一窝小啮齿动物在尖叫。

在原生北美和原生欧洲,不同类型的啮齿动物的数量在巨额增长。在这些大陆上,栖息着众多的原始松鼠类动物、海狸和各种老鼠。

因环境压力及适者生存原则,有一种哺乳动物生出了用作翅膀的蹼,那就是地球上的第一种蝙蝠。最后,它的后代甚至比鸟类还会飞行。不久,许多此类的哺乳动物就在地球上空飞翔。它们的头像老鼠、狐狸、牛头犬、驴、猪及猫，但它们的头都很小。白天，它们成群睡在树上和崖壁洞穴里。到了晚上，它们就狂飞起来，吃掉飞动的昆虫。最后，为了了解周围的情况，它们学会了发出超音波测量物体的距离。

在浅海里，有些哺乳动物涉水而过，它们在地表各处的河道里捕鱼吃。尽管有些哺乳动物体大如牛，但是，浮力使它们沉重的躯体得以支撑。在数百万年的时间里，它们的四肢变成了鳍状。

这时间，古生蹄类动物出现了。地球上出现了偶蹄动物、奇蹄动物和南美有蹄动物。此时，有蹄动物都有五趾的蹄，吃小植物和灌木的叶，但不吃草叶，因草刚刚在地球上出现，很少见。许多有蹄动物都有尾巴，来回不停地扫动。

南美有蹄动物栖息在南美洲。最小的南美有蹄动物与兔子类似，但有趾，其中较大的一些像马，或者像猪，但有皮毛生长，如同现代的熊。在渐新世，南美有蹄动物大大繁殖，出现了犀牛及熊类动物。在中新世，它们的数量庞大，但自此之后，它们的数量就下降了。经过上新世的美洲哺乳动物大战，进入更新世后，它们就灭绝了。

奇蹄的意思是"单数蹄"。奇蹄动物最终会失去后蹄上的两个或者四个趾，而中趾会变长变宽。奇蹄类哺乳动物有一个或者三个脚趾。它们栖息在非洲、亚洲、北美和欧洲，最终变成貘类、斑马、驴、马和犀牛。另外一些，比如三爪三趾雷兽类动物和奇蹄雷兽最后都灭绝了。奇蹄雷兽是一种毛乎乎的笨重动物，高约 2 米，长约 3 米。在原生亚洲的丛林里，这样一群犀牛样的动物在啃一些树叶和灌木。在它们的鼻子上面，都生有角，跟现代长颈鹿头上的骨质角差不多。虽然其中一种的角有点儿像盾牌呈扁平状，但是，另外一些都有圆形的 Y 形角。在这些雷兽附近吃着树叶的还有另外一些三爪三趾类动物，它们的形状跟现代的马差不多，但是，它们的脚都很大，跟熊似的，而且还生有脚爪。

偶蹄动物后来会失去一只或三只趾，成为双数趾的偶蹄动物。许多会生出触角跟茸角。这些偶蹄动物遍布各大洲，只有澳洲除外。最终，它们会变成羊、猪、叉角羚、水牛、长颈鹿、瞪羚、角马、野牛、河马、山羊、黑斑羚、黄牛、骆驼、大羊驼、鹿和羚羊。

到第三纪，奇蹄动物的数量远超出偶蹄动物的数量。但到全新世，情形倒转过来：偶蹄动物遍布各大陆。

此时，历经数百万年的一系列基因变异后，古新世的一种食虫动物进化成一种刺猬。除开昆虫之外，它还吃青蛙、小蜥蜴、啮齿动物、幼鸟和蠕虫。这种动物通过其子孙繁殖了一大批。不久，许多"刺球"动物便在暗夜里爬行在地球的绿色植被里了。这是大自然最早的一批刺猬。

在半新月的夜里，一只有毛皮，看上去像老鼠的哺乳动物前后抽动着它的锥形鼻子。它一定是在嗅蠕虫、昆虫或小型无脊椎动物。天还没有亮，太阳尚没有照亮天空的时候，这种动物就开始在地上打洞，要做一个窝。12个小时后，黑夜重新到来时，它又出动了。这种动物用前爪挠动皮毛，跟现代驯化的猫一样。它还用舌头舔皮毛。在整个北半球，许多类似的鼠形哺乳动物白天都躲在地洞里，晚上再出来活动。身体长得像老鼠的是鼹鼠，身材小巧的是地鼠。有些地鼠非常之小，比一个硬币重不到哪里去。大自然的鼹鼠是极高等的挖地洞能手，能够筑造非常精巧的同心隧道环路。

在古代怀俄明州一带的茂密森林里，一种毛乎乎，长得像狐猴的动物坐在树的主枝上，它大大的圆眼在熊一样的头上飞快地眨动，它的名字就是假熊猴。它能够直坐着。大大的兔子一样的后腿能够行走，行走时可以拇指和其他手指抓住树干，长长的毛尾拖在后面，为其身体提供平衡，就如同走钢索者的平衡杆。然后，它停下来，它的手伸出去，抓住了一只梨。它就吃下了梨，然后，它的尾巴卷在树干上，就如同安全带一样。

在别处，在原生西欧的黑夜里，一只始新世时代的跗猴将手足紧紧地抓住树干，它的足趾上生有抓握垫。它不像别的动物那样生有手爪，倒长着像人手一样的指甲。总体来说，这种跗猴看上去像假熊猴，但是，它的尾巴更短，毛也更少些。它的腿比胳膊长。它长得像蝙蝠一样的大耳朵不时摆动几下，就好像在听夜间捕食者的声音一样。它弹珠一样的大眼睛在仔细打量树叶，寻找上面的小毛虫和爬虫。突然间，它发现另外一棵树上有一只小甲虫。它冲上前去，跳到那棵树上站稳，抓住甲虫就放进嘴里。然后，它的小尖牙就咬进了甲虫的壳。几秒钟，那只甲虫就成了肉酱。

在接下来的 5000 万年里，许多哺乳动物都发生了剧烈的演变，但是，跗猴却一动不动。所以，始新世的跗猴看上去像是全新世的跗猴，它们生活在菲律宾和周围的岛屿上。因此，跟现代的跗猴一样，古代跗猴的手有四根骨棱棱的手指和一根拇指。

假熊猴和跗猴并非始新世唯一的灵长类动物，因为在整个北半球，有着大脑袋的小动物都生活在树上。它们的手都有手指和拇指，脚上都有一个大脚趾。它们在树干上爬行，在树枝上行走，抓紧树枝来回摆动，用尾巴保持平衡，利用自己的手来抓握。它们吃昆虫、水果、坚果、籽实和树叶。这些灵长类是狐猴、原生猴子和树鼩一样的哺乳动物。

在印度北部，一种跟猪一样大小的哺乳动物在池塘里翻滚。池塘的泥水经常会漫至脖颈，因此，它伸高头部保持呼吸。数百万年过去了，这种动物生出了长长的嘴，鼻孔生在头部的顶端。

哺乳动物以乳汁喂养幼崽，这使哺乳动物与其他动物区别开来。红色的血液在它们的体内循环，血液由四个腔室构成的心脏泵出。为了支持它们快速的代谢，哺乳动物吸入空气中的氧气。所有生活在陆地的动物都有某种形式的毛发，又长又厚的毛发称为毛皮。哺乳动物都有脊椎、骨架和头骨。肌肉令这些动物前进，汗腺帮助它们保持身体的凉爽。少数哺乳动物，比如臭鼬，在受威吓的时候还会从一种腺体中分泌出一种难闻的气味来吓走猎物。哺乳动物的体腔分为两个部分，分隔的器官叫横膈膜。较下的部分包含有消化器官，较上的部分包含有肺和心。

此时并以后，地球产生了诸多哺乳动物。哺乳动物是地球的孩子，继承了这个世界。在别的许多地方还有踝节目动物、恐角兽、偶蹄动物、肉齿动物、奇蹄动物、灵长类动物和南美有蹄动物，地球上遍布着奇珍异兽。

第2章　陆地继续漂移

古欧亚板块和古格陵兰板块彼此分开了。格陵兰和挪威海形成了。北极圈和大西洋彼此连接。古格陵兰是现在的格陵兰，古北美变成了现在的北美洲。古欧亚板块成了欧亚大陆，也就是说，欧洲与亚洲连接起来了。

数千年之间，挪威海中的地幔热点推动地面，某些火山升出海平面，从而形成了大法罗群岛。

欧洲的陆上动物再也不能够轻易地到达加拿大和北美了，同样，北美的陆上动物也不再能够轻易地到达欧洲。在始新世的初期及以后，一些动物在靠近北极圈的一条青葱绿色带上来回迁移。陆地的分离最终导致相应动物区系进化路线的断裂。

第3章　动物继续进化

哺乳动物的进化继续进行。南美的一些贫齿动物长出坚硬的皮。它们在黑夜里翻动土地寻找食物，有时候会受到一些掠食者的攻击。那些带有更坚硬皮套的贫齿动物存留下来，而皮不那么硬的一些贫齿动物便灭绝了。贫齿动物通过后代将性状传递下去，因而这些贫齿动物最后就有了坚甲。

最早的马，也就是始马属动物，也称为始祖马，慢慢出现在北美和欧亚大陆。当时，这些奇蹄动物比一条小狗还小，为20多厘米高，60多厘米长。后蹄有三趾，前蹄有四趾。始祖马什么都吃，植物、小动物或者果子。

欧亚小型动物开始向其他大陆迁移。兔子、老鼠和小哺乳动物沿古老的北极路线从亚洲向北美发展。

天上布满飞禽。

现代鸟类几乎所有的品种都出现在地球上了。在空中飞行并在树上和灌木丛中筑巢而居的有热带鸟、雨燕、杜鹃、鸽子、鸣鸟、信天翁、大鸨、食肉鸟与鹤类。猫头鹰是黑夜的捕猎者。有蹼的水鸟在沼泽地、池塘和湖中戏水。这些禽类是天鹅、鹅和鸭子的雏形。

这时间，蜂鸟也第一次出现了。

第4章　亚洲形成

数百万年过去，印度板块与欧亚板块相遇，亚洲大陆形成了。蒂锡斯海西向的流动受阻。但是，蒂锡斯海继续由东向西移动，不过这海流是从印度洋西北部开始的，经过非洲和欧洲，在大西洋结束。

印度与亚洲相遇，印度继续向北移动，每年移动10厘米。

曾几何时，白垩纪形成的太平洋西北部的明治岛，开始沉入大海。它是因为引力而下沉的，明治岛因此而成为明治海山。现在的培雷热点过去曾是明治岛，它已经移开了 2000 千米远，大部分到了南边，其中一些部分到了东边。培雷热点和明治海山之间有一条火山岛带，叫皇帝岛。太平洋板块开始向西进一步移动。培雷热点点燃了地球，使阿伯特岛形成，并成为另一长串岛屿的开始。

第 5 章　喜马拉雅山

后来，印度板块以极大的冲力和无法想象的动量挤进南亚，速度虽然很慢，每年移动 10 厘米，但印度板块的质量非常之大。印度板块是漂浮着的，坚实而固定。因此，当印度板块"挤撞"亚洲时，南亚板块的硬壳发生弯曲。硬壳和岩石拉紧、压缩和挤撞。普通的岩石变成了变质岩。

这就如同以锹铲土，土堆成了一个土堆。但是，这把锹不是 30 厘米宽，而是 3000 千米宽的印度板块。土堆也不是只有几厘米高，而是原生喜马拉雅山，高达数千米。

在接下来的 200 万年里，印度板块向亚洲内陆戳进了 100 多千米。亚洲硬壳被挤撞着，因此，喜马拉雅山就抬高了。

在接下来的上千万年里，北部印度板块会进一步戳进南亚底层。原生喜马拉雅山会抬升，变得越来越高，因此而形成喜马拉雅山。亚洲更北部的一些硬壳会挤撞并缩短。为了缩短，硬壳就必须增厚，因此就会形成一个地势很高的高原。这就是青藏高原。

由于印度北部在向前发展，它的上层硬壳会受到巨大压力，并因此而断裂。只有最深的北印度板块会潜下去。水平滑动断层被迫形成。强而频繁的地震会摇动这些地区的陆地。上层硬壳会堆起来，形成较低一些的喜马拉雅山脉，使这个地区的山峰增多。

印度的部分下潜会激发巨大的岩浆流。火山会在原生西藏南部和喜马拉雅山形成。

印度向亚洲的移动会进一步抬升喜马拉雅山，使之成为世界最高的山峰。地球的新折叠层会形成。喜马拉雅山脉会增加新的山脉。喜马拉雅山至今还是地球上最高的山脉。在它的北面，地球的硬壳会压缩，变短，增厚，原生西藏高原会抬高，变大，并成为今日的青藏高原。青藏高原成为高出海平面5000米的高原。

大陆板块相撞形成的应力远到中亚都还能感觉到。亚洲会在中部裂开。硬壳断裂会存进水体，从而使南西伯利亚成为一座大湖，这就是贝加尔湖。它是地球上最深的湖。在全新世，湖里面生长着世界淡水鱼类五分之一的鱼种。

喜马拉雅山会压低印度北部，使它再下沉一些，出现一个相对较低的陆地。然后，冲蚀作用会使一些沉积物存积于这片土地上，因而形成格兰吉斯平原。

到全新世，印度已经戳入亚洲2000千米，引起西藏高原硬壳抬高一倍。那里的冲蚀作用会冲走一些松动部分，使坚固的岩层暴露出来。这时候，蒂锡斯海底的残余物就看得到了！在附近，喜马拉雅山会成为地球上最大和最坚硬的山。

第6章　阿尔卑斯山和南欧其他的一些山

原生意大利及其他突出蒂锡斯海非洲海岸的岛屿与漂移的非洲一起向北移动。这些岛屿挤撞南欧海岸，好像欧洲"腹部挨了一脚"。这些岛屿紧贴住南欧。数百万年间，它们推动地球，使其折叠，并形成了一些坚硬的山体：希腊的品都斯山脉，南斯拉夫的迪纳那阿尔卑斯山脉，东欧的喀尔巴阡山脉和奥地利及瑞士的阿尔卑斯山脉。意大利继续向前推进，使阿尔卑斯山成为欧洲最高山峰。

第7章　始新世晚期生命的发展

此为奇事频出的时代，

狐狸进洞，百鸟筑巢。

地球温度继续下降。有一种鸟适应了南极附近更冷的水体，长出更厚的脂层和较短的羽毛，其像皮毛一样挡住严寒。因其趾间生出蹼来，翅膀就变成了鳍，成了技术娴熟的游泳者。这就是地球上的第一批企鹅。企鹅是非常可爱的鸟类，成群栖息，结队生存。它们在水中游泳，寻找水中食物。

进化树上又生出一杈，哺乳类的食肉动物分成犬类和猫类两大类型。猫类食肉动物生有爪，可以收缩到皮里面去。爪伸出来攀爬树木，或者抓住猎物，比如小蜥蜴、鸟或哺乳动物。但是，原生猫鼬和原生香猫却以卵、鱼、昆虫、蠕虫、坚果和根茎为食。始新世晚期，出现了原始浣熊、狗、狐狸、豹、雪貂、黄鼠狼、獾、臭鼬和水獭。犬类食肉动物有极好的嗅觉。对照而言，猫科动物就有绝好的听力和极好的视力，因它们经常在晚间和黑夜里捕食。最终，许多食肉动物都获取了斑点和花纹用作掩护，帮助它们狩猎。

在北美，始祖马的后代进化成大型动物种属：先是山马属，然后是次马属。但这些马仍然很小，相当于狗的身材。

进入海洋以鱼类为食的哺乳动物演变成大型兽类，它们有鱼一样无毛的身体和由两个平爪构成的强有力的尾。它们的头上有洞孔，供自己呼吸用。这些哺乳动物是捕食动物，是海豚、大西洋鼠海豚和小鲸的原始种属。但是，其中一种龙王鲸却是一种巨型动物。它是始新世最大的哺乳动物，狭长、圆形，20米长，是大自然生产的海蛇。

俄国中部的陆地慢慢隆起，乌拉尔地槽中的水体排干然后消失了，那里不再有水的屏障，来自亚洲的动物向欧洲迁移，来自欧洲的动物向西伯利亚和中国迁移。各大陆的动物为陆地和食物争战，"更好的"物种赢了。节肢动物、恐角兽及古肉食动物在战斗中失败，它们的种属减少了，但是，其他一些哺乳动物"获利"了。欧亚动物区系的进化历经重大变更。

在世界其他地区，生命在一些地理上完全隔绝的地区进化：在南美、非洲、南极洲和澳洲，都是一些"岛屿大陆"。北美与亚洲仅通过北部的一条狭长陆路相连。动物在"各自分开的宇宙"里进化，不同的物种群类在地球的不同地区生存下来。比如，有胎盘类哺乳动物在北部大陆盛行，而有袋动物却在澳洲和南极洲快速发展。南美有蹄动物只生活在南美大陆，而马则局限于北方大陆。趋异演化在更小的一些陆地上进行：马达加斯加自有一套动物区系种属。新西兰没有蛇，因这种蛇类进化之前，新西兰已经与冈瓦纳古陆分离。许多大陆都有各自不会飞行的鸟类：非洲的鸵鸟，南美的美洲鸵，澳洲的鸸鹋和食火鸡。新西兰的几维鸟也不会飞。在第三纪余下的大部分时间里，"天各一方"的动物继续进化，出现了一些异种的动物区系。但是，环境压力也会造成不同隔绝陆地上的动物产生类似的形体。比如，为对应有胎盘的哺乳类狼、猫科动物、食蚁兽、兔子、老鼠和会飞的松鼠，澳洲的有袋类动物也会模仿狼、猫科、食蚁兽等，这就是趋同进化。

新生代之第三书：

渐新世

地表遍布死亡，
尘土萌发新生。

第1章　大规模灭绝

时在 3400 万年前，渐新世开始。地球温度下降了 5 摄氏度。在南极洲的西面，水结成了冰。自地球三叠纪以来，地球首次形成南极冰帽。在南极圈内，冰山在海中漂浮。

温度下降惊动众多的海洋生物，无数软体动物、浮游生物、深海有机体、原生鲸类和蜗牛灭绝。但活下来的深海生命却更强壮了，它们学会了如何对付低温，这就是全新世的深海动物区系。

由于形成南极冰的是海洋水体，因此，海平面下降了。浅滩上的生物干涸而死，有些海洋生命进入深海。

凉爽的空气使丛林及热带厚层植被生长更茂盛。曾为丛林的地方，现在成了开放的森林。寒冷令动物的生存更为困难，某些哺乳类动物深受其害，数量大减。许多在全新世开始的时候出现的动物灭绝了，包括纽齿兽目、裂齿目和几乎所有的肉齿类哺乳动物。飞行狐猴的古代品种灭绝了。无数的灵长类，比如假熊猴等，无法应付寒冷，因而无法生存下来。在北美，几乎没有任何灵长类存留下来，许多奇蹄动物抵挡不住严寒而灭绝。

但是，更小的动物对寒冷的敏感度小一些，新的更小型哺乳动物大量繁殖，它们控制了地球。

渐新世松鼠一样的动物进化成花鼠、旱獭、松鼠及相关的哺乳动物。现代形式的老鼠出现了。几种啮齿类生长出刺皮而不是皮毛，这是地球第一批豪猪。其他的一些啮齿类在脚趾间生出了蹼，利用蹼和长长的后腿游泳。它们收集树枝、粗干和圆木，将这些堆放在溪流和池塘边。这些结构是它们的家园，这些动物是地球上的第一批海狸。

啮齿类快速繁殖，它们产出大量的后代，数量大大增长。不久，地球上三分之一的哺乳类成为小型啮齿动物，比如松鼠、花鼠和老鼠。

第2章　新水道

加拿大和格陵兰之间的间隔是在白垩纪形成的，现在，这间隔加大了。达维斯海峡和巴芬海湾从此诞生。

不久，非洲东北部出现了一道巨隙。数百万年过去了，巨隙越来越大。印度洋的水进入以后，亚丁海形成了。阿拉伯半岛开始从非洲分开。数百万年又过去了，阿拉伯半岛继续北移，新的海系形成了，这就是中东的红海。

第3章　新哺乳类动物出现

在渐新世的后半期，许多变化会影响到大陆生命的进化，比如较冷的气候。一些动物不仅必须获取更强的隔绝机制，比如更厚的皮毛，而且，有些动物还必须迁移到地球上较暖的地区。某些丛林和茂密森林的减少会导致一些空旷地区的形成，在那里，奔跑速度和视力都必须发挥巨大的、更重要的作用。新近形成的草地只会给能够利用它们的那些动物带来利益。食草动物又会成为掠食者的新食物来源。随着世界上一些小生态环境里居存的物种数量越来越多，竞争会影响大陆哺乳类的进化。虽然两栖类、蛇类和鱼类只在慢慢地进化，哺乳类却在经历爆炸性的发展。

大象进化成众多品种，其中有始乳齿象和古乳齿象。这些动物的头部增长，并长成隧道形。它们的长牙共有4枚，躯体比现代大象来说要短些。3米长的古乳齿象的躯体如同现代河马的身体。上排的长牙向下弯曲，而下层的长牙却向上弯曲，并且向前伸长。始乳齿象的身体跟驴子差不多，它们生活在埃及和印度。它们的上排长牙成为尖尖的圆柱，底层的牙齿平整而且像锹一样。

数百万年过去了，一切都记录在岩石里。

原生鳍足类出现了。它们的手尾指间都生有蹼，但它们是指形的鳍而不是脚。这些海狮一样的动物主要靠捕捉海洋里的鱼类为食。到陆上以后，它们可以蹒跚而行，但到水中以后，它们的流线型身体会轻松地游动。

地球上的第一批狗也产生了。这些尖齿动物有强有力和发育完善的腿和足。它们在地上嗅闻，寻找可能的食物。找到猎物后，它们会以极快的速度追赶。更大和更强壮以及迟缓的犬类在地球上出现了，它们是熊猫和熊的古代种类。这些毛茸茸的动物吃坚果、蚂蚁、籽实、鱼类、啮齿类、蜜、竹笋、小动物及菜根。

第 4 章　巨型哺乳类

500 万年过去了，渐新世结束了。许多哺乳类长成大型动物，有大型猪、猫和狼狗。始乳象属和古乳象属的后代演变成大象和乳齿象。乳齿象进入亚洲，现代的犀牛也出现了。

这是渐新世晚期的一个阳光灿烂的午后，在一片开阔地里，一只犀牛在啃矮草。附近，一些粪堆正在干化。粪堆干结以后，犀牛用蹄去踢。在开阔地里踢出了很多堆粪，彼此分开，遍布各处。这时候，另一头犀牛刚巧也来到这片地区。它的鼻子开始嗅起来。接着，它就赶快跑到另一处地方啃草。在别的地方，另外一些犀牛也遍布粪堆，宣布自己的领地。

新生代之第四书：

中新世

大地上流淌着奶与蜜。

第1章　迁移

天上有云彩飘过，

地上有牧群攒集。

时在 2300 万年前，中新世到来了，大陆基本上形成现代的模样。地球表面的地形、植被、气候和地势都渐成现代雏形。

此时，动物大迁移开始了。大迁移持续了数百万年。欧洲的原始鼬鼠、犬类、犀牛、熊罴和鹿向各个方向迁移。有些奔往东边到达亚洲。它们继续远行，有时候向北，有时候向南，但大部分还是向东，直到西太平洋挡住它们的去路为止。在那里，它们的远行停止了。数十万年过去了，接着，"优良动物"沿太平洋海岸北上和南下。有些到达西伯利亚东边。在那里，它们跨过狭窄的白令海峡到达加拿大，就好像它们列队前进，跟列队爬上跳板进入挪亚方舟的大群动物一样。这些动物又向南迁移，遍布了整个北美，北美成了它们的家园。

地球上的哺乳动物四散移动。鼠类在全球各地繁殖，它们有恃无恐，越来越野，占据了地球各处肥沃的土地。它们挤满了世界各处的荒野和森林。其中有天竺鼠、老鼠、旱獭、金花鼠、海狸、仓鼠、田鼠、黄鼠、沙鼠、豪猪和松鼠。

哪怕在全新世，老鼠也是所有哺乳动物中繁殖最快的一种。在现代，人类偶然通过船只将它们带到了其他大陆。来自欧洲和亚洲的老鼠最后到达别的大陆。哪怕是在更新世还不存在的一些异域的孤岛上，到了全新世，这些令人不悦的动物就已经在那里四处肆虐了。

第2章　中新世哺乳动物

海豚、鲸鱼和小鲸鱼进化成现代模样。它们的听力特别好，对它们来说，声音是导航和寻找食物的仪器。声音就是视力。它们扭动自己的身体，扇动自己的尾巴，拍打海面，然后潜入水中。它们潜水游泳并寻找食物。

陆地上的哺乳类食肉动物经历了巨大的进化形变，成了现在的样子。渐新世的犬类进化成狐狸、豺狼和其他犬类动物。在树上筑巢，看上去像强盗的是浣熊。急跑、急停、站立和四周打量，然后一蹿而去的是獾、草原犬鼠和黄鼠。受到猛禽威胁就发出臭味的是臭鼬。有天鹅绒毛的是狼獾和貂。适应了水下生活的是水獭。淡水水獭以鸟蛋、鱼、两栖类动物、小动物和蜗牛为食，而海洋水獭以鱼、海草、螃蟹和蛤为食。它们有时候一边仰泳，一边用岩石敲碎蛤壳。

有很多跟现代狗差不多样子的犬类，它们的脑容量与其他哺乳类比较起来相对较大。它们经常成群结队迅猛追赶猎物。它们在树干、地上、原木和山洞里建起窝来养育后代。

熊在冬季来临之前吞进大量食物，然后在窝里睡过寒冷的月份。大部分熊都是棕色或黑色，但是，生活在极地的熊却是白色的。最大的熊是灰熊，体重可达700公斤，而最小的太阳熊重仅不到30公斤。极好玩的熊猫生活在地球上的竹林区内，经常吃竹叶为生。

猫科食肉动物进化出来，灵猫及猫鼬也出现了。有些猫科动物长成了更大的猫类动物。地球上有过美洲野猫、美洲豹和土狼。土狼为棕色，呈条纹状或者斑点状。斑点土狼称作笑狼，因为它们经常在夜里发出非常可怕的嚎叫声。

一只猫科动物在林中行走，它的胡须擦着灌木，跳到一边去了。另一些猫科动物也用它们的胡须作为指南。在别处，一只猫在黑夜中行走。它的眼睛如同一对弹子，一边寻找食物一边眨动着。当猫真的看见一只老鼠时，它立即便待在原地一动不动。它的身体放得很低，就好像要拥抱大地一样。它悄悄地向前移动几步，然后，它又停下来。五六秒钟过去了，它又向前移动几步，然后再次停下来。它积聚起力气，然后进行快速短跑，老鼠也开始跑动。猫用前爪捕住了老鼠，用牙齿和颚部咬住老鼠的脖子。猫数次攻击老鼠，直到老鼠一动不动为止。然后，猫用前爪剥掉老鼠的皮。它的舌头跟粗砂纸一样，舔走了一层内膜。猫吃完之后，会在橡树皮上摩擦，这样，当它离开的时候，爪子就会干净一点点，并比以前更尖锐。狮子、老虎、豹子、猎豹、刀牙豹和其他一些更大型的猫科动物都用跟这只猫差不多的方法攻击猎物。如果杀死了更大的动物，有些秃鹫和其他一些豹类便会很快赶走野猫，把剩下的无论什么东西都吃掉。然后，土狼会来到这里赶走秃鹫和一些豹类，自己吃个脑满肠肥，一般只剩下骨和皮。因此，从这样有代表性的例子看，许多动物都吃死物。

生存战斗使很多哺乳动物快速增大体积，大象亦是如此：它们的牙齿变得更长，耳朵和鼻子也越来越大。现在，最大的乳齿象有 3 米高，重达4 吨。大部分都没有下牙齿，而它们的上排牙齿却长到了一到两米长，而且稍稍有些弯曲，还常有 S 形的。变齿象是始乳齿象的后代，它们天生有短而圆的上排长牙，而下层的牙齿却是扁平的，用来铲动和拔起地上的植物。棱脊象的头不太像乳齿象那样呈隧道形。棱脊象生活在中国和印度，后来，它们遍布了非洲和欧洲。

这些巨型哺乳动物每天要吃 200 公斤的植物。它们的鼻子可从地上拔起深草，或者折断树木低层的枝叶。因此，大象不光通过前脚辅助进食，而且会通过鼻子辅助进食，它们还用鼻子喝水。有时候，它们把水喷在空中为自己降温。它们的尾巴经常前后扇动，赶走缠身的蚊蝇。

这时候，高级灵长类出现在欧洲和东非。长臂猿、大猩猩和黑猩猩及其他猿类已经学会直立行走，经常利用手上的关节作为拐杖。其他一些灵长类利用臂在树上飞动。

上述哺乳类只是中新世在地球上生活的众多哺乳类动物中的一部分。

第 3 章　非洲与西南亚连在一处

现在，亚洲北向的漂移使阿拉伯平原进入了亚洲西南部。蒂锡斯海被撕开了。因此，古代的蒂锡斯海消亡了。印度洋消化了其东部，留下来的唯一的水体是北非与欧洲之间的那些水体。这些就是原生地中海的水体。

阿拉伯继续穿透亚洲西南部，地球在数处折弯，形成了巨大的地壳褶皱。土耳其和伊朗的陶拉斯和扎格罗斯山形成了。其中有厄尔布鲁士山，是最高的高加索山峰。其中有阿勒山，据说，《圣经》所载的洪水退却后，挪亚方舟就是在这个地方停下来的。

这样，在新生代，非洲和亚洲第一次连接在一起。许多非洲动物跨过阿拉伯半岛进入了印度和欧洲。其中有大象和乳齿象，在接下来的数百万年间，乳齿象继续向中亚、西伯利亚、加拿大和北美的其他地区前进。

有些灵长猿类跟随一些动物一起迁移出非洲到了亚洲。因此，非洲和亚洲猿类会走不同的进化路径。亚洲猿类会进化成现代的长臂猿和猩猩，而非洲的猿类却进化成大猩猩、黑猩猩和人类。

第4章　地球气温突降

地球有了足够多的温室气体，天气多少温暖一些了。又有100万年过去，连绵不断的雨水冲走了额外的二氧化碳。地球气温又一次下降，在接下来的80万年内下降了3度。南极冰帽扩大了，南极洲所有的地方都披上了一层冰帽。

白垩纪一直非常温暖的深海水体也开始变冷了。海洋的温度在接下来的1000万年里平均下降了8摄氏度。

海水降温开始杀死一些海洋生物了，许多软体动物和浮游生物消失了。在接下来的数十万年里，这样的死亡过程还将继续下去，因地球的温度还在不断地下降。

300万年过去了，到了公元前1200万年。寒冷的气候使北极的一些地区结冰。冰川开始在阿拉斯加和加拿大北部、西伯利亚以及格陵兰形成。有些冰山在北冰洋里浮动。在两亿多年时间里，地球第一次有了北极冰帽，尽管这里的冰帽较小，微不足道。

第5章　灵长类继续进化

最先在地面生活的猴子出现了，它们开始在地上而不是在树上生活。某些原始的中新世猿类进化成上新猿、西瓦古猿、中新世古猿、腊玛古猿和森林古猿。这些中新世灵长类为原人。腊玛古猿生活在肯尼亚、巴基斯坦和印度。西瓦古猿与腊玛古猿类似，它们生活在中东、北非和南亚。最终，西瓦古猿进化成猩猩。长臂猿一样的上新猿生活在欧洲和东非。森林古猿生活在欧洲和中国。它们有黑猩猩一样的肢体，但其身体却像大猩猩。在非洲，中新世古猿生活在森林里，靠果实为生。雄性比雌性体积稍大一些，但是，两者都有狒狒那么大。它们有脚、肩和肘，跟黑猩猩差不多，但是，它们的腕还是像猴子。身体部位以不同的速度进化。一只猿样的西瓦猿的"邻居"名叫巨猿的会生长成巨大的"大猩猩"，高达近3米。它有可能就是猿人中的"金刚"。

一只黑猩猩从一株矮小的雪松上折断一根树枝，去掉树叶后再将小茎剥掉。它将这去了皮的树枝伸进一个白蚁洞，然后在里面插进插出。白蚁飞一样爬出来。黑猩猩拉出树棍，吃掉在树枝上面爬动的白蚁。

以前曾有秃鹫用岩石打碎坚硬的鸵鸟蛋，水獭用石头打破贝壳或者牡蛎壳，但是，这是动物第一次制造工具。

第6章　地中海

东边有强风吹来，

令海水倒流。

时日迁移，

沧海桑田。

数百万年过去了，时在 600 万年前。北非与南欧交接，原生地中海与东大西洋分开。10 万年过去，更冷的气候令北极冰帽变大。海水变成陆上冰块，海平面下降了。原生地中海干涸，该地区所有鱼并海洋干死了。非洲的动物到来了，它们吃掉死鱼和死虾。欧洲的动物也到来了，它们也吃掉死虾和死鱼。一些非洲动物经原生地中海跨进欧洲，因古地中海已经不是海，而是陆地了。有些欧洲动物也一样进入了非洲。蒸发盐和蒸发岩形成 30 米厚的岩层。大地如加利福尼亚州的死谷沙漠。

3 万年过去，海平面略微升起。大西洋的水注满非洲与欧洲之间的低地，原生地中海又成为海洋。又过了 3 万年，海平面再次下降，原生地中海的水再次流干，又一层盐层并沙层形成。

接下来有 100 万年，海平面、气候并地势上下波动，令古地中海的海水干了满，满了干，来回有三四十次之多。

最后，非洲东北部和欧洲东南部永远分开了。直布罗陀海峡打开了，水体注满了非洲与欧洲之间的低地，现代地中海形成了。到今天，它还是原来的样子。

第 7 章　动物遍布草原

自然乃伟岸工匠，"定造"广袤草原供苍生栖息。动物广布其间，慢慢适应这里的生活。众多哺乳类动物发育出臼齿，好啃那稻草般的坚草，比如马匹生出长臼齿，覆以水泥般的牙套。许多食草哺乳类动物的双腿变得又细又长，但又不失坚实有力。它们是自然的造化物，"设计好"要没命奔跑。天地广阔，猛兽横行，速度乃保命根本。偶蹄动物、食肉动物和大象进化出新种属，野生动物遍布全球各处的草原。大型猎物纵横驰骋，栖息之所大如今天东非的草场。地球各处的森林生命涌动，有狐狸、树懒、野猪、野狗、鹿、羚羊、食蚁兽、貘、猴子、熊猫、野狼、老鼠、黄狼、松鼠、犰狳、幼豹、野猫、豪猪和田鼠。哺乳类动物四野奔跑，从河流到河流，从山冈到山冈，从这座平原到那座平原。自然突现壮丽时刻，地球遍布芸芸众生。

新生代之第五书：

上新世

地上有羊儿成群。

第1章　夏威夷岛屿

时在 530 万年前，为上新世。地球温度继续下降，冰川在阿根廷南部形成，冰山在邻近南极洲的海洋里浮动。因海水变成陆上冰层，海平面下降了。海平面每 100 万年下降 10 米。

皇帝岛沉落到海面以下，因其不堪自身重负。这一串下沉的岛屿被重新命名为皇帝海山。培雷是地幔热点，早先是它造就这一串岛屿。如今，它已到了 3000 千米外的太平洋中部。当此时，培雷业已建成另一串海山岛屿链。中途岛处在此链中的一环。阿伯特乃西边最远一岛，它也沉入海面以下，称为阿伯特海山。

来自培雷的岩浆从海底硬壳冲出，形成另一处火山岛。此岛亦得名，为考艾。200 万年过去，太平洋板块将考艾岛搬到了西北边。培雷又燃起火把照亮地球，瓦胡岛因此而成。150 万年过去，这热点造就了毛伊岛。再过 100 万年，夏威夷升出海面。故此，培雷造就了夏威夷、皇帝海山和火奴鲁鲁西北边的海山岛屿链。在全新世，培雷占据了基劳厄火山坑，而沉入海底的活火山劳依西远离夏威夷的南部海岸。劳依西耐心等待，随后爆发形成新的夏威夷岛。

夏威夷诸岛提供了一处栖息地，因此地与大陆重重隔断。在这里，动植物种系自循其路，形成特别的进化通道。比如，那里唯一的活体哺乳动物是蝙蝠，没有蟾蜍，没有蜥蜴，没有青蛙，亦无蛇。在孤立的群岛上，生命的特别种群独自进化。事有巧合：夏威夷群岛独生 1500 种开花植物，为别的任何大陆所无。众多苔藓、藻类、真菌、蕨类和树木茁壮成长，遍布于岛上。草根和松土里，有 1000 多种蜗牛爬行。林中有果蝇成群，日日辛勤繁殖。奇异的昆虫、鸟类和植物蔓生夏威夷，使其成为地上乐园。

夏威夷自此为自然奇观，为奇异王国，一直到现代为止。约在公元 400 年，第一批人类到达此地。约在公元 1000 年，波利尼西亚人乘船而来，扎根此岛。他们带来结果的树木和其他植物。1778 年，第一批欧洲人踏上此岛的沙滩。随后，人类带来了哺乳动物，比如牛、猫、羊、鹿、狗、猪和老鼠。其中一些动物为食物计，另外一些纯属偶然。同样，蜥蜴、鹌鹑、野鸡、山鹬及火鸡随船而至。多年以后，这类生灵爬行于田野，纷飞于林中。牛、羊、鹿并猪重归野性，它们吃掉地上的植物。诸多奇异植物被野畜所毁。老鼠和野狗与夏威夷的小动物展开恶斗，青蛙、蜥蜴、蟾蜍和鸥鸟吃掉异域百虫。众多野生动植物由此消失，且永远灭绝。

事有巧合，在非洲，中新世的一种猪形哺乳类动物进化成巨型动物，柱形粗腿可承受其重达 3 吨的身体。这一偶蹄庞然大物便是地球最早的河马。

一些动物成群移动，计有野牛、黄牛、公羊、山羊、母牛和绵羊，时在 300 万年前后。不久之后，有牧人来此放牧，引领群畜。再过一些时日，人类便跨上马背、驼背、骡背和其他运物牲口。不久后，人类学会用棕榈、羔羊和葡萄榨油、剪毛和酿酒了。

第2章　北美与南美相接

飓风自海上卷起，

侵袭地球沿岸。

巴拿马地峡自海底升起，大西洋与太平洋之间的赤道水流终止了。美国东海岸以北的湾流日益湍急，终成气候。巴拿马海道不复存在，出现了名为巴拿马的地峡。北美及南美"握手言欢"，美洲大陆连成一体。巴拿马西边东太平洋中的海洋生物与巴拿马东边加勒比海的海洋生物彼此隔绝。在接下来的300万年间，两岸的海洋生物各自踏上自己的进化道路。

故此，大西洋和太平洋为一地峡所隔，此地峡直到今天仍然存在。但到现代，人类会以运河将彼此连接起来。在巴拿马附近，太平洋的海水就流入了大西洋。同样，大西洋的海水也借此流入太平洋。

因南北美洲合体，南美的动物即行北上，北美动物亦开始南下。美洲动物大交换由此开始。南美地獭、豪猪及犰狳出现在加利福尼亚、得克萨斯、佛罗里达和美国南部其他地区。北美的狼、浣熊、狗、马、貘、骆驼、猫和乳齿象入侵南美。美洲哺乳动物大战开始。北美"赢得战争胜利"，尽管这次战争大部分都是失败者。数以百计的南美哺乳动物物种由此灭绝。几乎所有的有蹄动物，比如南美的有袋动物和贫齿动物都消失了，犀牛从北美的地表也消失了。

海湾湾流将温暖的海水带到拉布拉多海和西北边的大西洋。那里有温暖和潮湿的空气升起，云层形成了。云几乎每天在加拿大的东边和格陵兰的东边浮动。几乎在每一天的下午，云都会释放其中的湿气，成为雨滴落下。雨滴从地球上空的大片冷云落下，小晶体形成了。于是，天降大雪。

加拿大的东边变成了雪与冰的白色世界。格陵兰从青棕色变成了白色。冰川在加拿大和格陵兰的东边形成。北极冰帽又多了一个地区。

第3章　地球变冷

地球温度继续下降。冰雪覆盖了南极的冰帽，北极冰帽扩大到其他一些地方。它先进入了北欧，后向南扩展到北美和俄国的北部。

时在250万年前，阿拉斯加刚刚从亚洲脱开。如今，两者之间出现一道隔离带。海水漫到阿拉斯加与西伯利亚之间的陆上。在漫长时间里，白令海峡第一次成为真正的海峡。北极和太平洋由一水道相连。因此，阿拉斯加与西伯利亚之间的大陆桥消失了，就好像一座桥已经坍塌了一样。美洲和亚洲之间的陆生动物迁移终止了。

随着冰层在北欧、加拿大、南极、西伯利亚和格陵兰积累，巨大的冰川形成了。冰块填满北极洋，地球的极地冰帽增大到了相当的规模。

热带与极地之间巨大的温差为洋流提供了动力。湍急的深海急流从极地流向赤道，同时，表层迅疾的洋流从赤道流向极地。如此，海洋和大地各处的深水都是冰冷的，只有几摄氏度。

与过去的几个世代相比，地球真是非常非常之冷——冰川纪开始了。

新生代之第六书：

更新世

大地降下奇寒。

第 1 章　哺乳动物适应极冷气候

时在 260 万年前，第四纪开始了。第四纪一直持续到现代。160 万年前，第四纪的第一个世代，即更新世开始了。更新世也称为大冰川纪，当时，地球已经处在冰纪中。

进化又朝前进了一步。猿人来到大地上，较少在树上生活了。直立人，也就是直立行走的原生人类约在这个世代出现于地球上。

一些鸟类进化成巨鸟。某些秃鹫成为地球上最大的飞行鸟类。但是，更大的鸟是一些不会飞的鸟，比如马达加斯加的大象鸟，有 3 米高，重近半吨。它的蛋极大，有 10 公斤。在澳大利亚、新几内亚和邻近的岛上，还有长达一米到两米的鸟在奔跑。棕色的鸟是鸸鹋，黑色和头部为彩色的是食火鸡。但是，曾经存在过的最高的鸟是恐鸟。在新西兰，生活着这种 3.5 米长，不会飞的恐鸟。象鸟和恐鸟几乎活到了现代。但是，公元第二个千年的下半世纪，人类来到马达加斯加和新西兰之后，这两种鸟就绝迹了。

在北美，上新马的后代斑马、驴和现代马都死亡并消失了。但是，这三种动物却在非洲和欧亚大陆保存下来。在公元第二个千年，西班牙人跨过大西洋，把这些动物重新带入北美和南美。

许多哺乳动物长出更厚的皮毛以对付严寒气候。有浓密毛层的猪是野猪，还出现了一类长毛的大象，生着极长、弯曲和粗重的象牙。这种动物长达4米，是一种毛象。这些毛象生活在亚洲北部、北美和欧洲。在欧亚大陆，有一种犀牛长出了厚粗的皮毛。后来，石器时代的一位画家还在一处山洞的岩壁上画下了这些毛乎乎的动物。20年后，这位穴居人死掉了。又过了很久以后，这种有毛的犀牛就在更新世灭绝了。但是，在那个山洞中，岩壁上的画却留存下来。

在南美还生活着一种后弓兽，那是生物反常的哺乳类动物。它有长颈鹿的脖子，有小象一样的鼻子，有骆驼的身体，而腿却长得像犀牛。这种动物非常大，3米长，3米高。

一些贫齿类动物也长成了大个子。陆上爬着一种雕齿兽，看上去像乌龟，壳却有4米宽。有些巨型地懒长到了6米长，重达3吨。它们比普通大象还要大。

大型哺乳动物还占据了地球上更温和的一些地区，有欧洲野牛、巨型野猪、地懒、巨型海狸、河马、大象和乳齿象。哺乳动物的进化好像在沿着中新世的爬行动物路线前进——"更大"好像就是"更好"。

第2章　冰川极盛期

曾几何时，它们

寻觅死亡，但死不得见，

它们情愿一死，

但死亡逃之夭夭。

地球与太阳和月球之间的引力互动一直在不停地干扰地球。在地球演化的这一时期，引力互动使地球轨道更圆了一些。南极和北极的冰帽在扩大。冰帽越大，反射的阳光就越多，因为冰帽是白色的。而反射光穿透大气层逃逸到外太空去了，因此，地球保持的热量越发少了，地球温度又下降了，冰帽越长越大。

因为极地雪和冰使北极和南极地区温度降低，热带和极地之间的温差就越大。温差形成了迅猛的气流，水文周期因此而加速。在极地地区，大雪很快积存下来。别处的雨水很快冲走了大气层中大量的二氧化碳。二氧化碳的总量减少了，地球所保存的热量就减少了，因此，地球温度下降更多了。

冰雪堆积起来，冰雪构成的白色山峰形成了。"冰雪之山"在加拿大、俄国北部、北欧、格陵兰和南极达到数千米的高度。因为高度越高，气温越低，雪在夏天都不怎么融化，极地冰帽越来越大了。

在地球的各处，雪在山上积存。比如，在落基山脉、阿尔卑斯山脉、安第斯山脉和其他许多山系里，雪遍布各地，一直到夏天都不融化。中国、中美和新西兰及墨西哥、塔斯马尼亚和南非的一些山都有常年不化的冰川。

在北半球的冬天，冰川在生长，并向南推进。在美国，冰川延伸到了宾夕法尼亚、新泽西、爱荷华、纽约、俄亥俄、南达科他、伊利诺伊、怀俄明、俄勒冈和爱达荷州。在欧亚大陆，冰川盖住了德国、英国、波兰、俄国北部和西伯利亚。南美的最南端也被冰层覆盖住了。

再后，冰川盖住了4500万平方千米的陆地，那是地球三分之一的陆地。地球 5% 的水域也被冰层所覆盖。海洋比现代水面低 100 米。冰层堆积起来，冰层下面的大陆地壳下沉了数百米。

大冰川纪时代的冰川极盛期到来了。

春天到来了。经由大自然一次偶然行动，一处山槽里的冬季冰形成了一道冰坝，冰坝上面是一座湖。事实上，是冰挡住了湖水。一个月过去了，冰坝上的冰融化了一点点，冰坝薄了一些，因而破溃。湖水下冲，像雪崩一样，但不是雪，而是平常的水。湖水冲进山下的峡谷。突然间，山谷成了湖。又一个月过去了，洪水泛滥的山谷又干了，山谷重新干燥起来。

在地球的别处，春天发生的冰雪消融造成巨大的洪灾。

山中冰川在夏天后退一些。冬天形成的冰川滑下山坡。就这样，冰川在最小阻力的路线上形成，山顶也不断有积雪滑下来。冰雪下降的时候，山体的边缘也磨光了。山上的峪地更深了，面积也更大更圆。

在北半球，冰川继续向南扩张。冰摩擦着石头，因而使石头发亮。有些岩石嵌在冰中。冰前进的时候，冰中岩石也一同滑动。有些岩石被搬到了极远的地区。同时，嵌在冰层底部的岩石摩擦着地上的岩石。地球岩石上的划痕讲述着冰川移动的故事。

冰川磨走了岩石的表层，一些岩石破散了。黏土、砂粒、小块石头和卵石与一些岩石和巨石的碎片混在一处。这就是冰碛，它们是冰蚀留下的残迹。一些从冰碛中形成的巨石压缩在一起以后被称为冰碛岩。冰碛和冰碛岩给我们讲述冰川的往事。

在许多地方，植被冻结了，然后死在冰中。不断前进的冰层使动物离开熟悉的栖息地而被驱赶到别的地方，迫使它们迁移到更温和的地区。而在仅仅剩下来的不多的一些地区，动物又发生了土地争夺战，生命遭殃。地球上的动物数量锐减。

当夏天来临时，冰融化成水，水冲下山坡，有时候会通过岩壁。地球的山体满是湖泊、陡壁和瀑布。

冰川湖中每年都有沉积物沉淀下来。湖泊每年冬天又都冻住。一系列沉积物层形成了，这些就是冰湖季泥。

水，也就是一氧化二氢，是由两个氢原子和一个氧原子构成的。水可以是重水，也可以是轻水。重水里面包含一个很重的氧–18核，一个氧同位素。轻水是正常的水，里面含有一个正常的氧–16核，大部分海水为正常的水。但是，少量的海水为重水，它们的移动速度更慢一些，其蒸发率也较低。当海洋里面的水蒸发时，进入空气中的多半是正常水。因为堆到极帽上的多半是水蒸气形成的雪，极帽的主体就是正常的冰，所以也就没有多少重冰。由于正常水更易于蒸发，更多重水就留在了海洋里面，因此，在冰川纪的极盛期内，海水制造了更多的重水—氧化二氢。甲壳类动物为了形成自己的甲壳，就要利用海水中的氧气，使其与钙及碳结合。这样，在此时期内，壳体动物相对重一些，因为它们包含有更多的氧–18。当壳体动物死亡时，它们的壳会沉积在海洋底部，形成一个沉积层，后来又变成石灰石。这样，在此时期，地球的石灰石最厚，因为它包含了更多的氧–18。

第3章　冰川衰落期

8万年过去了，行星和月球的运动对地球围绕太阳的转动产生了一些干扰，使地球轨道稍微不那么圆了。接近近日点时，地球得到较多阳光。在此时期，南北极地的冰帽开始退缩，融冰地区的棕色土地吸收到阳光。地球得到了更多的热能，大地稍微温暖一些了，地球温度回升了半度，极帽更小了。

因为极地冰雪少了，热带与极地之间的温差缩小了，大气中的气流走动稍慢一些。由于湿热气流不像以前那样上升得频繁了，因此，下雨的机会也小一些了。地球雨水引起的二氧化碳的流失速度也慢了下来。大气中所含二氧化碳总量增多，因而有助于地球保持其热量。地球温度又上升了许多。

冰雪在更高的地方融化，冰雪构成的山体也矮了下来。由于更低高度的空气温暖一些，又有冰层更快地融化。

在地球的温带，群山中雪的总量下降了，地球赤道地区高山上的雪也不见了。在夏季的北半球，冰川开始后退，棕色的土地在原来的冰雪地带出现，好像棕色的大地正在向北移动。不久，潮湿的棕色土地上出现了草。棕色地区变成了绿色。小的灌木丛、植物和树木生长起来。动物进来了，它们生活在陆地上。

再过了 2 万年，冰川后退到了北极圈。现在，只有北冰洋、格陵兰和加拿大的北部处在冰层下。

地球平均温度在短期内到达最大值，其比现代气温高出一点儿。

融雪形成的水使河流横溢。洪水一时横行大陆，最后，这些水又干涸了。这些水循环到了海洋里。因为这种陆地水主要是正常水，海洋的重水得到一些稀释。海水中氧 -18 的百分比下降了，同样，甲壳动物和海洋沉积物中的氧 -18 也有所下降。

冰层融化成水并干涸以后，大陆地壳上的重量减轻了，加拿大、北欧和西伯利亚的地壳上升了数百米。

第 4 章　冰川的种类

每隔 10 万年左右，地球的轨道都会从几乎全圆变为椭圆形状。因此，冰川极盛期约每隔 10 万年就出现一次，冰川极低期也是每隔 10 万年出现一次。在这 10 万年间，广泛的冰川活动会持续 8 万年，而较为"温暖"的冰川之间的时期会占到余下的两万年，此期间，绿草会广布于地球的北部地区。另外，地球的自转轴会随时间发生变化，它相对于太阳系平面的角度也会变化。这些变化会影响到气候，引起地球温度额外的一些小变化。这些变化会与地球轨道形状的变化叠合起来。在公元前200万年和全新世之间，地球共经历了20次大型冰川活动，还有10多次小冰川活动。

在冰川纪极盛时期的中国东部，天气干冷，大风从戈壁沙漠刮来，尘土和砂粒遮天蔽地，其中的一些尘土和砂粒就是冰川侵蚀的后果。黄土高原由此形成。有些黄土在周围山区落下。中国中部在冰川纪的低潮期相对较为温暖湿润。黄土之上覆盖有普通的土壤。因此，冰川纪的变化形成了不同的土层和黄土。中国中部的山丘记录下了时代的变迁。

在冰川纪的低潮期间，海平面上升了100多米。在冰川纪的高潮期间，海平面下降了100多米。海平面的波动对海洋生命形成了大浩劫。刺丝虫类、珊瑚虫类、软体动物、苔藓虫类和甲壳类有时候会在陆上灭绝，有时候在深海送命。

到现代，科学家们钻探海底，在海洋地壳上取出一些岩芯进行分析。壳体动物和石灰石中的氧–18水平得以测量。科学家们钻探到加拿大北部、南极和格陵兰岛一带的极帽，然后取出一柱柱的冰块。检查这些冰柱看其灰尘含量，看其氧–18的水平，看其构成，看其冰雪模式，看地球过往历史的其他部分。冰中捕捉到的气泡成为时间胶团，对它们进行检查后得出二氧化碳的含量，并检查其他分子的百分比。地球的沉积岩也会得到检查。古代花粉、黄土、纹泥和冰碛岩将会找到。迁移巨石、刮擦岩和磨光的石头也会被发现。根据所有这些信息，就可以推断出来地球在更新世和全新世的气候变化。

广大的冰川进入北美中部的低地，在那里，可以找到一些不太硬的岩石。冰层推动岩石和沉积物，因此在地球上形成巨大的盆地。在无数世代里面，冰层一直保持冻结的状态。冰层最后化解时，会使盆地光溜溜。冰雪融化形成的水以及雨水注满了盆地，数个大湖由此形成。它们是安大略湖、休伦湖、苏必利尔湖、伊利湖和密歇根湖。

在世界的其他地方，冰川也雕刻出盆地。其他的湖也在这些盆地里形成。

巨型哺乳动物发现自己很难适应波动的气候，雕齿兽灭绝了。地懒的数量大减，长颈鹿、野猪、犀牛、巨型海狸、欧洲野牛、河马、大象以及乳齿象都大幅减员，陆地上不时刮过一阵狂风，令大批哺乳动物倒地而死。另外一些动物也大批灭绝。

此时，直立人进化成智人，这新的物种被称为人类。因此，人类出现了，并在人世间存活。人类大大繁殖起来，遍布世界各地，开始了统治世界的历程。

第5章 地球气候变暖

时在公元前6万年，最后的大冰纪到达顶峰。从此以后，地球会一直变暖。由于海洋比现代的海平面低100多米，大陆比现在大得多，更多的空地暴露在空气中，因此空气非常干燥。在接下来的8000年里，冰川会从美国北部地区消失。又过了几千年，加拿大南部的冰川会停下来。在欧亚大陆的北部，冰层也同样退却。

第6章 大规模生长和最后的大灭绝

人类一刻不停地大量繁衍，

牛羊、骆驼和驴子满地奔跑。

人类在温暖的气候里感到舒适，生活不再残酷、艰苦和寒冷。人类开始更快地繁殖，智人的数量达到百万。

为了获取食物，人类狩猎哺乳类动物为食，还抓鸟类和其他生物。人类学会了有效地狩猎。比如，在地上掘坑，上面盖上树枝、树叶和部分树干，动物一不小心便掉了下去。或者，在接近悬崖的地方，一长排人类会高举武器对着一群吃草的水牛吼叫。那些动物一下子惊慌失措，成群朝着一个方向奔跑，它们会一直没命地奔跑，直到平原的尽头。第一批看到悬崖的水牛想停下来，但是，后面的水牛却停不下来，成群的水牛就坠下山崖。几个小时以后，人类就开始剥这些动物的皮。它们用兽皮做成衣服和帐篷，人类还吃掉动物的肉。

此时，人类主要还是因为饥饿而觅食，人类得让自己吃饱。根据"自然法则"，这一点没有任何罪恶可言。但是，有些人类是为施虐而狩猎，它们猎杀动物是因为猎杀本身能产生快感。按照大自然的法则，这些人就是犯了罪。

智人并不能控制自己，它们频繁地性交，这样做是因为性交会产生极大的快感。人类不断繁殖，它们的数量不断翻番。人类四散出击，在地球的各处寻找栖息之地。它们占据了地球的各个角落。

有天籁自高处传来，云：

"尔等现时虽少，以后会多。"

只可惜无人得听。

因为刚刚学会了狩猎技术，人类就可以杀掉地球上最大的生物。有了人类以后，身体更大并不意味着更好，因为更大的动物更容易被杀死。而且，它们还是最被人喜欢的，因为它们有更多的肉、更多的皮。人类手握武器，感到自己不可战胜，如同上帝一般。但是，人并不是神，因为在大自然的眼中，有一些人在犯罪。

地懒绝种了。但是，生活在树上，手和矛都够不着的却活了下来。许多猛犸类、乳齿象和巨型海狸永久性地从地球上消失，其他十多种大型哺乳动物也绝种了。

> 大自然寂静的声音发出悲鸣，
>
> 她的声音不为人所感知，
>
> 因寂静的声音无法听见。

为了食物和肉类而猎杀无可厚非，但是，为了快感而屠杀和毁灭却是罪过。屠杀和毁灭永远不可再生的物种是最大的罪过。

人类继续进行肆无忌惮的屠杀活动。大自然的"孩子"，就是那些动物，被一群群地杀绝。

这样，地球演化史上最后的大规模灭绝活动开始了。

> 有天籁自高处传来，云：
>
> "悲哉，广结茅庐屋宇连栋者，
>
> 悲哉，聚敛资财不知其所止者，
>
> 因大地有限，空处不再，
>
> 尔等将茕茕孑立，形影相吊。"

更新世晚期，人类在地上整齐地培育出植物、菜蔬和树木，此即为农耕。人类又令动物为"奴"，此即为驯养。猪关进猪栏，牛关进牛栏，牲口在牧场上放牧，周围围有篱笆。绵羊和山羊亦用绳子隔开。猫狗亦各自入笼。骆驼、骡子和驴的后背扛上了木箱。马匹用于骑乘,公牛用来拉车,如此等等。

有天籁自高处传来,云:

"尔何不为哺乳动物之饲育者?"

智人的数量大增。现在的情形如同细胞的爆炸性分裂。智人如同恶性细胞,寄主就是地球。这是早期的癌症。跟活体有机物一样,这一阶段的地球生了一个瘤子,瘤子极小,很难注意到。但是,如果不加注意,这个恶性肿瘤有可能不断增大,最后,它会使寄主殒命。

自此以后,人类的生长没有力量可阻挡了。人类的密度会直线上升。人类会为土地激战,人类会占领所有的土地。除开荒芜和雪中的南极以外,到了 20 世纪,每寸土地都被人类所拥有,或者为某个政府或机构所征用。

有天籁自高处传来,云:

"人类获取整个世界,

同时又丢失了灵魂,

此于人类何益之有?"

在公元头两千年,人类引起的哺乳类大灭绝会继续下去,可以从下述情况得知一二。

在公元 2 世纪,最后的北非小象被人类灭绝了。公元 4 世纪,最后的美洲乳齿象被人类所灭。20 世纪,最后的非洲丛林大象死在人类手中。

一些以打猎和杀生取乐的人类会滥杀无辜。由于狩猎,欧洲的鹿群成群死灭。

水牛和欧洲野牛也被屠杀掉。

有天籁自高处传来，云：

"杀牛者即同杀人。"

人类甚至与人类自残，这也是一种罪过。战争经常因土地而起。欧洲人会与欧洲人作战，亚洲人会杀亚洲人，欧洲人和亚洲人会卷入某种战争，欧洲人也扬帆远征北美，他们将疾病、火器和马匹带到那里。美洲印第安土著会生病，经常死掉。印第安人以战斧和弓箭作战，他们会被杀死，几乎所有的印第安人都死掉了。还会有更多的战争，一战和二战，以及二战之后的许多战争。

因此，人会杀掉动物，人类甚至还会杀死人类。

在现代，灭绝运动还在继续。1741年，白令海峡的某些岛上会发现海牛。这些长10米的巨型生物是性情最为温驯的哺乳动物之一。不幸的是，它们并不怕人。当猎人到来时，这些不侵犯人的动物并不逃避，它们成了轻而易得的猎物。因此，贪婪的俄罗斯海上猎人猎取海牛为食，它们的肉实在太美味了。在27年的时间里，它们会被毫不怜惜地杀掉。到1768年，屠杀终于停止了。这次屠杀之所以停了下来，并不是因为人类想到海牛处在痛苦当中，而是因为所有的海牛已经被杀完了。

还有俄国南部的灰色野马，它们也在19世纪灭绝了。还有一种小型红棕色的野马，人们最后一次在蒙古国和中国看见它们是在1968年，再后，就不知道它们是死是活了。

这样的受害者多不胜数。

到了20世纪，人类会用杀虫剂来杀虫。人类还用脱叶剂灭树。人类还用药剂杀昆虫。人类还攻击人。这样的事情成系统地针对一种文化或者一个种族的时候，人类的种族灭绝活动就开始了。

在不久的将来，地球子嗣的根绝活动还会继续下去，因人类无法停下手来。人类明白有问题存在，但数量太大了。地球上已经有数十亿人，一切都已经太晚了。

有巨眼自高处注视着地球，巨眼看到了病症所在。作为有机物的地球罹患癌症，是一些无法控制的寄生细胞在生长。基督赴死时，巨眼看到了 2 亿个癌细胞。到公元 1000 年，巨眼看到了 3 亿个癌细胞。到 1850 年，癌细胞数量到达 10 亿。第三个千年开始的时候，癌细胞达到 60 亿。癌细胞就是人类，寄主是地球，因此，地球上有数十亿居民在消耗地球所能提供的一切。巨眼看到，地球表面布满人造的建筑物、道路、耕过的田地、机场和无数其他的结构。地球已经面目全非。

癌症对地球提出无边的要求。它在衰弱并开始消耗地球。跟所有无法抑制的癌细胞一样，除非采取措施，否则，它会毁灭寄主。癌和身体都被押上了赌桌。自 19 世纪中期的工业革命开始，人类及人类的机器向大气中喷射了足够多的二氧化碳，使大气层二氧化碳含量增高了 25%，地球温度增高了 1.5 摄氏度。因触动了大气层，人类就开始以无法预知和极危险的方法扭动了地球的温度计。

大自然能够做什么？大自然无法阻止滥杀，大自然在人类的身上种下了为所欲为的本能。从这个意义上说，大自然有其自身的过错，应该负间接责任。自然和通过生存法则产生的进化制造了欲望和奢求。现在，这样的法则无法更改，智人是一些无休止地交配的动物，它们以极快的速度繁殖。进化的法则必须走完自己的路。人们只能等待，直到危机到达顶峰。也许生活质量会剧烈下降，迫使人类采取严格的人口控制措施。也许，人类会转向人类，进行大规模的自相残杀。那就是最后的大屠杀。这次大屠杀会使人类引起的大规模灭绝活动告一段落。此后，也许会有一个男人和一个女人活下来，他们会等待方舟到来，人类生命重新开始。

第 7 章　更新世的终结

时在公元前 11 700 年，更新世结束了，全新世开始。按照地质学术语，时间就差不多指向当前了。地球仍然很活跃，接下来的一万年构成全新世。全新世发生的一切都为人类所熟知。

时间的线条如此画就，现已宣定：此线之前为旧，越此线者曰新。旧的一切写在一本书里，所谓《旧约》是也。